Hartwin Möhrle Hg.

Krisen-PR

Hartwin Möhrle Hg.

Krisen-PR

**Krisen erkennen, meistern und vorbeugen –
Ein Handbuch von Profis für Profis**

Frankfurter Allgemeine Buch

Bibliografische Informationen Der Deutschen Nationalbibliothek –
Die Deutsche Nationalbibliothek verzeichnet diese Publikation
in der Deutschen Nationalbibliografie; detaillierte bibliografische
Daten sind im Internet über http://dnb.ddb.de abrufbar.

Hartwin Möhrle Hg.

Krisen-PR

Krisen erkennen, meistern und vorbeugen –
Ein Handbuch von Profis für Profis

F.A.Z.-Institut für Management-,
Markt- und Medieninformationen,
2. Auflage, Frankfurt am Main: 2007

ISBN 978-3-89981-135-3

Frankfurter Allgemeine Buch

Copyright	F.A.Z.-Institut für Management-, Markt- und Medieninformationen GmbH
	Mainzer Landstraße 199
	60326 Frankfurt am Main
Satz Umschlag	F.A.Z., Verlagsgrafik
Buchgestaltung	Nicole Jäger
Druck	Jütte-Messedruck Leipzig GmbH, Leipzig

Printed in Germany

Inhalt

Einleitung

Gammelfleisch, Lustreisen, Bestechung, Untreue, eine fürwahr treffliche Begriffsmischung für die großen Krisenthemen der letzten Zeit. Mal geht es dabei um Lebensmittel, deren Herkunft oder Beschaffenheit alles andere als in Ordnung sind. Oder es geht um Mittel, die der eine oder andere offensichtlich zum Leben braucht, deren Zuführung aber weder juristisch noch politisch korrekt ist. Vor allem die Verstöße gegen die so genannten Compliance-Richtlinien in Unternehmen bestimmen immer wieder die Schlagzeilen. Und nicht immer ist die damit einhergehende Kommunikation dazu geeignet, für eine Versachlichung der öffentlichen Meinungsbildung zu sorgen. Im Gegenteil, nicht selten befeuern ungeschickte Statements, konsequentes Schweigen oder untaugliche Beschönigungsversuche noch die öffentliche Skandalisierung der Situation: Kommunikation also als Krisentreiber und nicht als Krisenmanagementinstrument.

Mit der um zahlreiche Praxisberichte erweiterten und aktualisierten zweiten Auflage von Krisen-PR wollen wir dem Umstand Rechnung tragen, dass die „Licence to operate" aus öffentlicher Akzeptanz, Image, Reputation und Vertrauen zu einer immer härteren Kategorie des Wettbewerbs um wirtschaftlichen oder ideellen Erfolg wird. Die Medien wirken dabei als eigene Gewalt: Sie schüren und richten, sie spitzen zu und korrigieren, sie lösen Krisen aus und helfen, sie zu bekämpfen. Das gilt umso mehr, als die neuen Formate und Plattformen im Internet – die Blogs und Communities – Meinungs- und Themenbildung noch zusätzlich beschleunigen und die allgemeine Verwirrung darüber, was falsch, richtig oder halbrichtig ist, auf ein noch höheres Niveau befördern. Man braucht nicht gleich ein „Second Life" zu führen, um zu wissen, dass die Synapsen zwischen den On- und Offline-Öffentlichkeiten immer besser funktionieren.

Wir wissen es längst: In der Kommunikationsgesellschaft sind öffentliche Krisen normal. Wer als Unternehmen, als Organisation oder auch als Einzelperson exponiert handelt, wird schneller zum öffentlichen Akteur, als so manchem lieb ist. Die Hoffnung, man könnte irgendwo in der modernen Welt noch für längere Zeit „unter sich" sein, ist trügerisch. Der „Strukturwandel der Öffentlichkeit", den der Philosoph Jürgen Habermas Anfang der 60er Jahre in seinem gleichnamigen Buch beschrieb, fängt seit dem Entstehen des Internets heute schon im Privaten an. Mit dem Einlogg-Vorgang in die virtuelle Welt macht man vom heimischen PC aus den Schritt vor die Tür, auf den Marktplatz der Informationen, Geschäftsvorgänge, Verpflichtungen, Meinungen, Gerüchte und Bedrohungen. Die direkte und interaktive Kommunikationsmöglichkeit zwischen dem Absender einer Botschaft und dem Empfänger hat zu einem zusätzlichen Beschleunigungsmoment geführt.

Die Watzlawick'sche Erkenntnis über die Unmöglichkeit der Nichtkommunikation wird zusehends von der Einsicht verdrängt, dass alles Kommunikation und somit Kommunikation alles sei. Auch wenn das in dieser Konsequenz nicht stimmt, reicht es, um Angst zu erzeugen. Kein Wunder, dass vor wenigen Jahren ein Trend zum „cocooning" als ein Art Selbstschutzreflex vor der Totalität des Öffentlichen ausgemacht wurde. So manches Unternehmen reagiert mit diesem bewussten oder unbewussten Verhalten auf die Herausforderungen der Kommunikationsgesellschaft.

Ein Konzept, was letztlich nicht weit trägt, will man in dieser Welt nicht nur bei einer warmen Tasse Tee überleben, sondern sie aktiv gestalten, etwas unternehmen, Position beziehen und Neues wagen. Das funktioniert nur, wenn wir diese Öffentlichkeit, so wie sie ist, annehmen und lernen, selbstverständlich auch mit Krisen jeder Art und zu jeder Zeit umzugehen. Krisenbereitschaft gehört heute zum normalen Bestandteil unserer kommunikativen Routinen. Schließlich gibt es den Schutz vor Krisen nicht als Bürgerversicherung.

Mit der Neuauflage dieses Buches wollen wir erneut dabei helfen, Krisen zu erkennen, zu meistern und aus ihnen zu lernen. Dabei geht es immer noch nicht um das einzig wahre Krisenmodell oder ein methodisch-analytisches Reinheitsgebot des Krisenmanagements. Krisenkommunikation lernt man am besten aus Erfahrung. Krisenerfahrungen aus erster Hand und unterschiedlicher Perspektive stehen deshalb wieder im Zentrum von „Krisen-PR". Das bedeutet sowohl unterschiedliche Schlussfolgerungen und Interpretationen als auch kritische Analysen und schonungslose Bewertung von Krisenszenarien.

Dabei lag uns in der Darstellung der einzelnen Fallstudien jede Häme gegenüber den Beteiligten fern, wohl wissend um die schwierigen Entscheidungssituationen, die Krisen mit sich bringen. Gleichzeitig ging es aber auch darum, kein Blatt vor den Mund zu nehmen und möglichst konkret jene Entwicklungen und Dynamiken zu beschreiben, die typisch für Krisenverläufe sind. Das gilt für die Fehler, die dabei gemacht werden, als auch für die Lösungen, die daraus entstehen. Und davon werden als Anregung für die eigene Praxis ebenfalls einige vorgestellt. Aus nachvollziehbaren Gründen mussten wir dabei bestimmte Beispiele anonymisieren. Allerdings haben wir sehr genau darauf geachtet, dass die Fälle im Sinne des Wahrheitsgehalts der typischen Krisensituation authentisch blieben.

Mein Dank gilt an dieser Stelle den Autorinnen und Autoren, die mir ihren sachkundigen theoretischen und praxisbezogenen Beiträgen ganz wesentlich zur Qualität und dem Nutzwert dieser Veröffentlichung beigetragen haben.

Ganz besonderen Dank gilt auch denjenigen, die mich bei der Realisierung der zweiten Auflage von „Krisen-PR" mit Beiträgen, Ideen, Vorschlägen und Kritik so hervorragend unterstützt haben: Petra Hoffmann, Katrin Rettig-Nesemann, Silke Balsys, Anja Wolfram und Susanne Wienand.

Hartwin Möhrle
Frankfurt am Main, April 2007

I

Krisen sind normal

Plädoyer für ein erweitertes
Verständnis der Kommunikationskrise

Hartwin Möhrle

Ende 2006 hatte der Vorstand des Siemens-Konzerns eine besonders schwere Zeit. Nach der für deutsche Verhältnisse üppigen Erhöhung der Vorstandsgehälter und der Arbeitsplatz vernichtenden Pleite der von Siemens an den taiwanesischen Handyhersteller BenQ veräußerten ehemalige Handy-Sparte, bescherte ein veritabler Bestechungsskandal den Münchnern eine negative Schlagzeile nach der anderen. Damit nicht genug. Die Art und Weise, wie das Unternehmen in dieser Zeit mit und in der Öffentlichkeit kommunizierte, fügte dem Ansehen von Siemens und den Verantwortlichen zusätzlichen Schaden zu. Nahezu einhellig fiel in Medien, Politik und Branche dann auch das Urteil aus: verheerend. Ein neues Beispiel, wie man es nicht machen sollte?

Die Auseinandersetzung mit der Krise als kommunikativer Kategorie ist mindestens so alt wie die PR selbst. Es gibt Dutzende von Büchern, Hunderte von Trainingsangeboten und Tausende von Krisenprogrammen in Unternehmen und Institutionen. Und dennoch: Die theoretische Erkenntnis, dass Krisen normal sind und die beste Prävention für den Fall einer Kommunikationskrise vor allem eine grundsätzlich gut funktionierende, professionelle Kommunikation insgesamt ist, zeigt immer noch sehr unterschiedliche Konsequenzen in der Praxis.

Doch selbst bei denen, die sich mit Krisenkommunikationsplänen und -trainings auf potenzielle Krisen vorbereiten, taucht immer wieder die Frage auf: Warum nutzt das oft so wenig? Zugespitzt lautet eine der möglichen Antworten: Weil die überwiegende Mehrzahl einem tradierten Verständnis von Krise als absoluter Ausnahmesituation folgt, die es im normalen Leben eigentlich nicht geben darf, aber irgendwann so sicher kommt wie das Amen in der Kirche. Deswegen beten so viele Leute, wenigstens heimlich. Und wenn der Fall der Fälle eintritt, wird engagiert und kollektiv auf ein Wunder gehofft.

Kein Wunder also, dass der Umgang mit diesem Thema in der Regel vom Versuch der Verdrängung geleitet wird. Das geht bis hin zur offenen Ignoranz selbst gesetzter und propagierter Grundsätze zur präventiven Krisenbewältigung. Kein Wunder, dass viele Verantwortliche ihren eigenen Plänen, vor allem aber den im Fall der Fälle als Krisenmanager ausgesuchten Personen nicht wirklich trauen. „Widerstand ist zwecklos, aber sinnvoll." Der Satz des leider viel zu früh verstorbenen Kabarettisten Matthias Beltz bringt auf den Punkt, was auch für die Kommunikationskrise gilt: Sie kommt irgendwann sowieso, geht möglicherweise für eine ganze Weile nicht mehr weg und hinterlässt absehbare wie unabsehbare Folgen. Also konzentrieren wir uns auf den Umgang mit ihr.

Die Entdramatisierung der Krise

Je stärker sich Unternehmen und Institutionen als Akteure in der Öffentlichkeit bewegen, desto größer ist logischerweise das Risiko, in unvorhergesehener Weise ins Rampenlicht zu geraten. Daraus können Situationen entstehen, die mal mehr, mal weniger krisenhafte Züge tragen.

Krise ist das, womit wir – im doppelten Wortsinne – zu rechnen haben, und zwar jeden Tag. Also müssen wir, um Schaden für Image, Wert und Wertschöpfung abzuwehren, krisenhafte Szenarien antizipieren, geeignete Frühwarnsysteme aufbauen, Menschen trainieren und Instrumente bereithalten, mit denen wir auch in krisenhaften Situationen handlungsfähig bleiben. Die Chance hierfür steigt in dem Maße, in dem wir lernen, souveräner mit krisenhaften Situationen umzugehen. Anders ausgedrückt: Es geht um die Entdramatisierung der Krise, und zwar schon, bevor sie entsteht. Die präventive Änderung der Haltung im Sinne eines selbstverständlicheren Umgangs mit potenziell krisenhaften Situationen ist schon eine der wesentlichen Voraussetzungen dafür, in einer Krise nicht sofort unterzugehen oder den Untergang durch zusätzliche Fehler zu beschleunigen.

Die Vorbereitung für den Krisenfall

Zunächst geht es also um eine veränderte Haltung zur Krise. Die Mediengesellschaft, in der wir leben, liebt und produziert deswegen unentwegt große und kleine Krisen, indem sie schlicht jede Gelegenheit zur

Berichterstattung nutzt. Schließlich ist die Krise – mehr noch als die bloß schlechte Nachricht – ein hervorragend verkäufliches Gut. Der Grad der Ungeschicklichkeit, mit der sich betroffene Protagonisten im Gestrüpp von Gerüchten, Unterstellungen und ernsten Sachverhalten verheddern, wird vom Medienpublikum mit wohligem Schauern goutiert. In solch eine Situation kann heute nicht nur ein exponiertes Großunternehmen oder eine Großbehörde, sondern auch ein mittelständischer Suppendosenhersteller geraten, selbst wenn er noch so gerne einfach nur ein Suppendosenhersteller bleiben möchte. Ein bisschen Blei im Abwasser oder eine farbige Rauchfahne aus den Fabrikschornsteinen, und schon wünscht sich das Management an einen anderen Ort.

Die Haltungsänderung setzt in vielen Unternehmen und Institutionen einen Paradigmenwechsel voraus. Im Endeffekt geht es jedoch um nichts anderes als um das konsequente Bekenntnis zur Rolle als öffentlichem Akteur – und zwar in guten wie in schlechten Zeiten. Nicht selten prädisponiert ein fragmentiertes Verständnis von Öffentlichkeit, in dem die unerwünschten Teile einfach ausgeblendet werden: die kommunikative Katastrophe im Krisenfall. Einer der häufigsten Gründe übrigens, warum selbst scheinbar gestandene Kommunikationsprofis in schwierigen Situationen so ins Schlingern geraten können.

Die Einübung in die Rolle des öffentlichen Akteurs in Krisenzeiten verfehlt ihren Sinn, wenn sie nur einmal im Jahr wie eine ungeliebte Reservistenübung abgehalten wird. Der Philosoph Ernst Bloch hat dem Prinzip Hoffnung eine enorme gesellschaftsverändernde Kraft zugeschrieben. Wem in der Krise allerdings nur die Hoffnung bleibt, der hat weder den Philosophen noch das Prinzip Öffentlichkeit verstanden. Bequemlichkeit und Ignoranz sind schlechte Berater für das Krisenmanagement. Die Angst vor dem Ernstfall ist freilich ein noch schlechterer Lehrmeister: „Angst essen Seele auf", der Filmtitel des Fassbinder-Klassikers hat gerade zu programmatischen Charakter beim Weg zu einem erweiterten Verständnis von Kommunikation in Krisen.

Die Öffentlichkeit ist immer präsent

Immer wieder zeigen sich Betroffene überrascht über das Ausmaß an (medialer) Öffentlichkeit, das in Krisensituationen entsteht. Dabei wird genauso offensichtlich, dass diese Öffentlichkeit schon immer da war, nur eben nicht in der Wahrnehmung der Betroffenen. Der Unterschied ist: Jetzt richten sich die Scheinwerfer der Aufmerksamkeit auf die Protagonisten, das Thema, das Ereignis, den Anlass. In der Regel bleibt da zunächst nur die reaktive Schadensbegrenzung. Und genau hier passieren mitunter fatale Fehler. Der klassische Doppelfehler im Krisenmanagement ist: wegducken und mauern. Und wenn das nicht hilft: Salamitaktik – also nur zugeben, was sowieso schon im Rampenlicht steht.

Das funktioniert immer weniger. Mit der Etablierung der so genannten Bloggosphäre[1] und der wachsenden Zahl der Online-Communities etablieren sich neben den klassischen On- und Offline-Medien weitere quasi-mediale Plattformen. Die permanente Kommunikation vernetzter Individuen, Unternehmen, Initiativen und Institutionen lässt die Hoffnung schwinden, die Taktung der eigenen Pressestatements würde helfen, ein Thema zu managen geschweige denn dessen Entwicklungsdynamik zu steuern. Dazu bedarf es heute wesentlich mehr.

Krise als Gefahr und Chance

Die meisten Krisen ereignen sich nicht wirklich überraschend. Oder wie der Markt- und Kommunikationsforscher Thomas Strätling in diesem Buch schreibt: Sie sind oft genug nur „die Zuspitzung eines bestehenden Problems".

Tritt der Ernstfall ein, kommt die Erkenntnis zu spät. Sie muss in der Vorbereitung gewonnen, ja erarbeitet werden. Krisenprofis wissen: Das chinesische Schriftzeichen für Krise setzt sich aus den Symbolen für Gefahr und Chance zusammen. Die Chancen, eine Krise im positiven Sinne zu nutzen, steigen in dem Maße, wie man mögliche, krisenhafte Szenarien antizipiert. Kommt die Krise über uns, sehen wir zunächst nur den Schaden und nicht die Chancen. Dabei bietet die Aufmerksamkeit, die Krisen produzieren, immer auch Potenziale für effektive öffentliche Wirkung. Fehlt die Vorbereitung auf das denkbar größte Ausmaß an öffentlichem Interesse, kann diese auch nicht zur Selbstdarstellung genutzt werden.

Voraussetzung dafür jedoch ist, dass die Aufmerksamkeits-, sprich Themenpotenziale einer möglichen Krise vorab konsequent genug analysiert und der öffentliche Handlungsraum mit seinen potenziellen Akteuren definiert wurden. Und dass die geeigneten Akteure für die eigene kommunikative Intervention zur Verfügung stehen.

Die Chancen einer Krise zu nutzen, bedeutet, sich kontinuierlich und unaufgeregt darauf vorzubereiten. Die Vorbereitung auf krisenhafte Situationen sollte genau so selbstverständlich sein wie der nichtkrisenhafte Umgang mit Öffentlichkeit. Das heißt freilich nicht, jeden Tag künstlich Krisenstimmung zu verbreiten, nur damit alle Beteiligten das irgendwann für normal halten. Das potenzielle Drama verliert dann an Schrecken, wenn die handelnden Personen den Umgang damit als Teil ihrer professionellen Kommunikationsroutine begreifen und gleichzeitig erfahren, dass auch schwierige öffentliche Situationen gestaltbar sind. Das Studium von Krisenhandbüchern und -präventionsprogrammen vermittelt jedoch meistens eine andere Grundhaltung. Auf beinahe jeder Seite steht da der Satz „Ruhe bewahren" – und schreibt damit doch nur die Panik schon in die Verhaltenanweisungen mit hinein.

„Hoffentlich passiert uns das nie". So oder ähnlich lauten zu häufig die Kommentare der Teilnehmer von Krisentrainings. Eine vernünftige Prävention sollte doch besser dazu führen, dass die Leute sagen: „Jetzt kann ruhig mal eine Krise kommen." So provozierend es klingt: Die Krise sollte mehr denn je zum Grundverständnis professioneller Öffentlichkeitsarbeit gehören. Dabei können viele Unternehmen und Institutionen von denen lernen, zu deren Alltag es gehört, mindestens drei kleine oder mittlere Krisen pro Tag zu managen. Vor allem ehemals öffentliche und jetzt privatisierte Unternehmen wie beispielsweise die Deutsche Post oder die Telekom können davon ein Lied singen. Gerade für das Managen von Kommunikationskrisen gilt: Souveränität kommt vor allem durch Erfahrung. Die bewusste Verarbeitung jeder noch so kleinen Krise ist die beste Vorbereitung auf die nächste, vielleicht größere. Im Grunde muss jede Kommunikationsabteilung dankbar sein für kleine und mittlere Krisen, an denen sie ihr eigenes Verhalten trainieren, reflektieren und für die Prävention aufbereiten kann.

Ansonsten passiert das, was Kommunikationsexperten salopp als „Krisen-Booster" bezeichnen und fürchten: Als 1993 durch einen Störfall bei der damaligen Hoechst AG in Frankfurt ein benachbarter Stadtteil eingenebelt wurde, warb ein Mitglied der Öffentlichkeitsarbeit beim Telefonat mit einem Journalisten um Verständnis für seine Situation: „Sie können sich gar nicht vorstellen, was hier in der Pressestelle los ist." Danach konnte der Medienmann sich das vorstellen.

Über die Intervention zur Prävention

Wer kommunikativ souverän sein will, muss sich für drei kommunikative Anforderungsszenarien wappnen:

- Ad-hoc-Krisenkommunikation für die Krise, die unmittelbar eintritt.
- Interventions-PR für jede Situation, die schnelle kommunikative Intervention erfordert. Das beinhaltet selbstverständlich auch eigen initiierte strategische Vorgehensweisen.
- Präventions-PR, die Menschen, Strukturen, Verhaltensweisen und Instrumente auf beide Situationen vorbereitet.

Neben den beiden ersten Anforderungsszenarien erhält die Prävention eine für die Krisenkommunikation immer größere Bedeutung. Genau an dieser Stelle gilt es, die Haltung zur Krise zu ändern und damit einhergehend auch die Konzepte für eine effektivere Prävention. So lange sie aber in ihrer strategischen Anlage und instrumentellen Umsetzung einem tradierten Krisenverständnis folgt, limitiert sie selbst ihre mögliche Wirkung.

Präventive Kommunikation antizipiert krisenhafte Szenarien aus der Alltagserfahrung des öffentlichen Handels. Jede kleine Krise ist ihr willkommener Anlass zur kontinuierlichen Optimierung der eigenen Handlungsfähigkeit. Sie entwickelt jenseits der jährlich wiederkehrenden Krisentrainingsrituale – die nicht verschwinden werden, aber eine andere Funktion erhalten – Instrumente, mit denen Öffentlichkeitsarbeiter und ihre Stäbe, aber auch Manager befähigt werden, ihre kommunikativen Gestaltungsmöglichkeiten in Krisenzeiten beständig zu optimieren. Sie wird zum alltäglichen Prozessinstrument, ähnlich wie einst der von Ferdinand Piech bei Volkswagen implementierte kontinuierliche Verbesserungsprozess, kurz KVP genannt. Konsequente Präventions-PR hilft kontinuierlich, die Chancen zu souveränem Handeln auch in öffentlichen schwersten Turbulenzen zu erhöhen. Oftmals sind es ja nur minimale Spielräume, Gelegenheiten und Zeitfenster, deren Nutzung darüber entscheidet, ob man untergeht oder nicht. So eingesetzt, erzielt sie ihre Wirkung nicht nur in Krisenzeiten, sondern täglich als Teil professioneller Öffentlichkeitsarbeit insgesamt. Der Schweizer Kommunikationsspezialist Cyril Meier hat das einmal als die „Friedensdividende" bezeichnet, der ein vergleichsweise geringes Investment gegenüber steht. Zur Auszahlung kommt sie allerdings nur dann, wenn man die Investition auch tatsächlich tätigt.

Zur Typologie der Krise

„Die Krise kommt meistens anders, als man denkt." Der Satz eines krisenerprobten Unternehmenssprechers drückt nur im ersten Moment Hilflosigkeit aus. Im Grunde ist die Haltung die einzig vernünftige, um mental für Krisen gewappnet zu sein. Der Beschleunigungsfaktor von Nachrichten, Meinungen und Gerüchten in der modernen Mediengesellschaft lässt in der Regel kaum Zeit für lange Vorbereitungen im Moment der Katastrophe.

Entweder man ist bereits gut vorbereitet, dann ist man auf die potenzielle Unberechenbarkeit einer akuten Krisensituation zumindest psychisch eingestellt. Oft ist das eine entscheidende Voraussetzung, um überhaupt handlungsfähig zu bleiben. Ein Schock lähmt oder verleitet zu Panik. Beides ist für den kontrollierten Umgang mit einer Krise nicht hilfreich. Oder man ist nicht darauf vorbereitet, dann bleiben sowieso nur die eigene Intuition, die richtigen Mitstreiter und das Glück, um eine Krisensituation einigermaßen unbeschadet zu überstehen.

Zur Vorbereitung gehört deshalb die Vorstellung über Krisenart, Krisenmerkmale und Krisenverlauf, die das eigene Unternehmen/die Institution treffen könnten.

Die Krisenliteratur hat dazu bereits eine Reihe plausibler Definitionen hervorgebracht, die an dieser Stelle als Grundlage der Erörterung dienen[2]. Eines sei jedoch vorausgeschickt: Immer häufiger zeigt sich, dass komplexe Krisensituationen verschiedene Arten von Kommunikationskrisen zum Teil im parallelen zeitlichen Ablauf hervorbringen. Krisenverläufe in der Öffentlichkeit richteten sich in der Regel nicht nach irgendeiner wissenschaftlichen Definition. Deshalb taugen die nachfolgenden Einordnungen zwar als Grundlage zur Krisenanalyse. Dem Wesen ihrer jeweiligen öffentlichen Wahrnehmung und Dramatik folgend, müssen sie von Fall zu Fall und immer wieder neu bewertet, aufbereitet und definiert werden.

Eine übergreifende und nützliche Kategorisierung von Krisenursachen nimmt Kathrin Stolzenberg zum Thema Krisenkommunikation und Internet vor[3]:

Wirtschaftskrisen: ausgelöst durch sinkende Gewinne, fehlende Innovationen, härteren Wettbewerb oder bedrohliche Konkurrenz.

Technisch-ökologische Krisen: ausgelöst durch Störfälle, Unglücke oder Unfälle, als brisante, unvorhergesehene Ereignisse, bei denen besonders häufig Menschen und Umwelt zu Schaden kommen.

Produktkrisen: bedingt durch Produktmissbrauch, Produktsabotage oder Produktfehler.

Innerbetriebliche Krisen: bedingt durch Umstrukturierungen, betriebliche Arbeitsbedingungen, wie Personalprobleme, Streiks oder Entlassungen sowie Führungsprobleme.

Politisch-ideologische Krisen: ausgelöst durch kritische Interessengruppen, Konflikte mit Bezugsgruppen oder politische Strömungen.

Die strukturellen Veränderungen der ökonomischen Systeme sowie konjunkturelle Ausschläge nach oben und unten haben in den letzten Jahren zusätzliche Krisentypen hervorgebracht, die man zunächst in die Kategorie Wirtschaftskrisen einordnen kann. Feindliche wie freundliche Firmenübernahmen und -fusionen, Zerschlagungen von ehemaligen Großkonzernen oder der durch die Deregulierung der Märkte forcierten Umbau von ehemaligen Staatskonzernen haben zum Teil Situationen provoziert, die man nur als Dauerkrise beschreien kann. Und daran hat sich gezeigt, dass schematische Definitionen von Krisen – und hier vor allem der daraus abgeleiteten kommunikativen Krisensituationen – nicht mehr viel taugen. Die Übernahme der Mannesmann AG durch das britische Mobilfunkunternehmen Vodafone war nur das prominenteste Beispiel für einen vielschichtigen, ökonomischen Transformationsprozess, der mehrere Krisenfacetten gleichzeitig ausgelöst hat:

- die wirtschaftliche Existenzkrise, hervorgerufen durch den Übernahmeangriff, der allerdings nur wegen des Börsenbooms und der damit verbundenen Schutzlosigkeit vieler Aktiengesellschaften gegen feindliche Übernahmen möglich geworden war.

- die politische Krise, ausgelöst aus dem zunächst durchaus nationalistisch gefärbten Reflex, hier kaufe so ein waghalsiger Brite in Hosenträgern das gerade modern sich wandelnde Symbol des rheinischen Kapitalismus und damit auch ein Stück Erneuerungsfähigkeit der Deutschland AG auf. Erst im Laufe der Übernahme verstummten die protektionistischen Töne aus den Landes- und Bundesministerien, nachdem allen Beteiligten klar geworden war, dass hier der Anschluss von Deutschland an die Gobal Economy stattfand.

- die interne Krise, die für Management wie Mitarbeiter ein bis dahin noch nicht erfahrenes Krisenszenario schuf. Das Topmanagement agierte im Abwehrkampf nach außen, für den es keine Routinen, keine Erfahrungen gab. Gleichzeitig fühlten sich viele Mitarbeiter schlecht bis gar nicht, sprich, nur durch die Medien informiert. Die Unruhe im Unternehmen machte eine zweite Front auf, die Führungskapazitäten band und das Unternehmen während des Übernahmekampfes lähmte.

- die eigentliche Kommunikationskrise, die zunächst darin bestand, dass zum einen Vodafone nahezu unbekannt und zum anderen das Thema „feindliche Übernahme" in seiner ganzen Dimension den meisten Journalisten ebenfalls neu war und somit wilde Spekulationen den Boulevard wie die Fach- und Tagesmedien bestimmten. Im weiteren Verlauf allerdings wurde das Kommunikationsverhalten von Mannesmann selbst zum „Krisen-Booster": Die Wagenburg-Kommunikation trieb seltsame Blüten. Deutsche sowie ausländische Journalisten und Kamerateams machten die gleiche Erfahrung, wenn sie auch nur versuchten, eine Kamera am Mannesmann-Ufer aufzustellen: Sie wurden vertrieben, ohne Genehmigung durften sie noch nicht mal das Gebäude aus der Nähe filmen und so weiter und so fort. Die Kommunikationsstrategen der Engländer setzten gegen solch kommunikative Steifheit die bekannte angelsächsische Lockerheit gezielt als Waffe ein: In Newbury, dem mittelständischen Sitz von Vodafone, durften die Teams im Büro von CEO Chris Gent ohne Probleme drehen, selbst wenn der gar nicht da war und seine Sekretärinnen gerade Weihnachtsgeschenke für die Mitarbeiter einpackten. Das war durchaus Teil der „keep them busied"-Strategie der Angreifer und zielte auf die Verschärfung der internen Krisenmomente beim Gegner.

An dem Beispiel zeigt sich deutlich, dass die hier genutzte Definition der Krisen nur ein Hilfsmittel sein kann, um die damit verbundenen Phänomene und Implikationen fassen zu können.

Auch bei der Produktkrise tauchen schnell unterschiedliche Krisenfelder auf, deren Grenzen verschwimmen. Bei der BSE-Krise spielte neben dem Nahrungsprodukt Fleisch die Zukunft der Viehwirtschaft eine zentrale Rolle. Damit war es nicht nur eine ökonomische, sondern auch eine politisch-ökologische Krise. Eine Kommunikationskrise war es für die Beteiligten sowieso, denn wer konnte schon guten Gewissens mit gesicherten Informationen der Spekulationswut mancher Medien Einhalt gebieten. Noch dazu wurde von so manchen Vertretern aus Politik und Agrarverbänden das Problem in bekannter Manier heruntergespielt, womit ab einem bestimmten Punkt der Krisenwahrnehmung in der Öffentlichkeit deren Wirkung nur noch gesteigert wurde.

Oder nehmen wir die so genannte technologisch-ökologische Krise. Das ICE-Unglück in Eschede war ein im Krisendeutsch typischer Katastrophenfall, also unvorhersehbar mit extrem hoher öffentlicher Aufmerksamkeit, Toten und Verletzten vor dem High-Tech-Aushängeschild der vernünftigen Mobilitätsgesellschaft. Nur technologische Krise? Mitnichten. Hier stand neben dem technischen und menschlichen Versagen auch die Hypermobilität als Gesellschaftszweck auf dem Prüfstand und damit alle ihre Repräsentanten aus dem Unternehmen Bahn wie der Politik. Die ideologische Diskussion löste schnell die Betroffenheit ab und nährte Zweifel an der Beherrschbarkeit des immer komplexer werdenden Verkehrssystems, nicht nur die der Bahn.

In der vorangestellten Definition der Krisenbereiche fehlt allerdings ein äußerst wichtiger:

Gesellschaftlich-personale Krisen: Sie trifft Personen des öffentlichen Lebens und zwar nur im Zusammenhang mit ihrem öffentlichen Leben. Sie beinhaltet Skandale um Menschen, deren Leben an die Öffentlichkeit gezerrt wird, ob sie wollen oder nicht. Sie produziert damit als Folge Krisen für Unternehmen, Institutionen und Branchen – Moritz Hunzinger zum Beispiel war für die PR eine Krise – jedoch nicht als Primärauslöser, sondern als Abfallprodukt einer Form von Öffentlichkeit, die in erster Linie durch die Medien selbst bestimmt wird.

Diese Krise kann jeden treffen. Je nach Amt, Position und Würde, ob in einem Unternehmen, einer Institution, einer Partei oder einem Fußballclub. Und je nach öffentlicher Verwertbarkeit des Vorfalls oder Vergehens wird daraus eine kleine oder große Krise, auch für die mittelbar Beteiligten. Wenn die Buch gewordenen Selbstentblößungen eines Dieter Bohlen oder Stefan Effenberg Krisen bei den ehemaligen Lebenspartnerinnen auslösen, mag das zum bewussten öffentlichen Spiel der Beteiligten gehören. Bei dem Manager eines prominent in der Öffentlichkeit stehenden Unternehmens könnte ein vergleichbarer Vorgang direkte Negativauswirkungen auf das Image bei Geschäftspartnern und Kunden haben.

Welches Zwischenfazit ziehen wir daraus? In der modernen Mediengesellschaft, die über so vielfältige und schnelle Informations- und Kommunikationsplattformen verfügt, gibt es kaum mehr eine scharf abgrenzbare Krise. Unsere Kommunikationsfähigkeit fordert von jeder Einzelperspektive aus letztlich die Gesamtsicht auf die Dinge, und zwar gnadenlos. Darauf müssen wir uns einstellen.

Die Kommunikationskrise als die eigentliche Krise

„Wenn die Medien nicht gewesen wären, hätte das doch keiner gemerkt. Dann hätten wir auch keine Krise gehabt und den Schaden in Ruhe beheben können." Solche oder ähnliche Sätze fallen nach Krisen zuhauf. Dabei sagen das nicht nur Menschen mit böswilligen Vertuschungsabsichten, solche Seufzer kommen vielfach aus dem Munde nicht sonderlich öffentlichkeitserprobter Manager. Das Problem ist nur: Die Medien mit den ihnen eigenen News- und Themeninteressen existieren nun einmal, ebenso wie das öffentliche Interesse – und das ist auch gut so. Ob wir wollen oder nicht, müssen wir konstatieren: In der Mediengesellschaft kann man sich nicht verstecken, zumindest nicht auf Dauer.

Es ist also nur logisch, dass ein Vorfall, ein Unfall, ein Fehler oder auch ein länger anhaltendes Versäumnis letztlich durch seine Bekanntmachung erst eine Krise auslöst. Somit ist die Kommunikationskrise immer Teil der eigentlichen Krise selbst. Eine künstliche Trennung zwischen einer Strukturkrise in einem Unternehmen und der daraus möglicherweise folgenden Kommunikationskrise sowohl in der Wirtschaftsöffentlichkeit als auch in der internen Öffentlichkeit ist demnach schwer durchzuhalten. Vielfach ist es ja so, dass erst eine Kommunikationskrise auf strukturelle Probleme, auf Fehler und Versäumnisse, aufmerksam macht.

Damit sie in ihrer Eigendynamik die Dinge durch ungeschickten Umgang mit den involvierten Öffentlichkeiten nicht noch zusätzlich verschlimmert, bedarf es einer Charakterisierung der krisenrelevanten Elemente. Allerdings geht es hierbei nicht um ein starres Definitionsmodell, sondern um ein dynamisches Verständnismodell von Kommunikationskrisen, deren Eigenschaften, Verläufe und Anforderungen. An dieser Stelle wird auf den Versuch verzichtet, das „definitive Krisenmodell" zu postulieren und damit neben die vielen anderen zu stellen, die es schon gibt. Weit verbreitet in der Literatur wie in der Praxis ist die dreiteilige Krisenphasentypisierung:

- die plötzlich auftretende Krise, wie zum Beispiel Unfälle und Katastrophen,

- die latent vorhandene und sich langsam aufbauende Krise, wie zum Beispiel nicht entdeckte oder jahrelang kaschierte Umweltvergehen,

- die Dauerkrise mit unterschiedlichen thematischen Variationen und Konjunkturen, zum Beispiel bei großen Behörden oder Unternehmen mit starker Aufmerksamkeit in der Öffentlichkeit; man nehme die Telekom oder die Deutsche Bahn.

Vielfach eingesetzt wird auch das Vier-Phasen-Modell für die Charakterisierung des einzelnen Krisenverlaufs[4]:

- Die Grünphase: Der Normalfall, alles scheint in Ordnung.

- Die Gelb-Phase: Die Krise droht, es gibt Anzeichen, erste Vorkrisenphänomene.

- Die Rot-Phase: Im Auge des Hurrikans.

- Die Blau-Phase: Erholung, Auswertung, Schlussfolgerungen und Konsequenzen ziehen.

Ich verweise hier auf bereits bestehende Ausarbeitungen, zum Beispiel die 1997 herausgegebene Studie der Agentur KothesKlewes zum Thema „Kommunikation und Krisenmanagement" und die ebenfalls 1997 veröffentlichte Schrift von Wolfgang Reineke „Krisenmanagement" im Stamm-Verlag[5].

Die treibenden Elemente einer Krise

Was sind nun, quer zu allen feststellbaren Krisentypen und -modellen, die elementaren Faktoren, von denen die kommunikative Dynamik einer Krise und der Umgang mit ihr abhängen? Bei dem Vergleich bestehender Erkenntnisse und Kommunikationskrisenerfahrungen aus jüngster Zeit haben sich vier Elemente herauskristallisiert. Sie entfalten ihre Wirkung selbstredend nicht unabhängig voneinander, sondern stehen in einer engen Wechselwirkung zueinander.

1. Die Zeit

Zeit ist immer ein knappes Gut während einer Krise. Fehlende Zeit oder Vorkommnisse zur Unzeit sind stets Treibstoff für eine Krisendynamik. Wer mit der Ressource Zeit in der Ad-hoc-Anforderung besser umgehen kann als alle anderen Krisenbeteiligten, hat einen wesentlichen Vorteil. Das gilt für Situationen, in denen unmittelbarer Handlungsdruck besteht, und erst recht dann, wenn es noch Handlungsspielraum gibt.

Der Umgang mit dem Faktor Zeit ist deshalb so wichtig, weil in Krisensituationen meistens mehrere Dinge gleichzeitig in Gang gesetzt und kontrolliert werden müssen. Dazu bedarf es einer konsequenten Top-down-Priorisierung der Kommunikationshandlungen nach außen wie innen. Gerade in einer dunkelroten Krisenphase, wenn kaum mehr Zeit für strategische Überlegungen zu bleiben scheint, müssen prospektive Schritte vorbereitet werden. Wenn alle Beteiligten gleichzeitig dem Unmittelbarkeitsdruck erliegen, verschenken sie die Möglichkeit, Vorbereitungen für eine Intervention für die nächste Stunde oder auch für einige Tage später zu treffen, die zur Entschärfung der Krisensituation beitragen kann. Hilfreich ist es in solchen Situationen, einzelne Personen zu bestimmen, die einerseits den Faktor Zeit in seiner Bedeutung für den jeweiligen Krisenverlauf im Blick haben und andererseits parallel zu den laufenden Ereignissen bereits zukünftige Interventionsstrategien entwickeln und vorbereiten.

Trotz der enormen Beschleunigungsmöglichkeiten durch die modernen Medien, vor allem durch das Internet, zeigt die Erfahrung, dass viele Krisen typische zeitliche Verlaufskurven zeigen (siehe Abbildung 1). Das hängt nicht zuletzt auch von dem Grad und der Dauer des öffentlichen und medialen Interesses an einem Krisenthema ab. Wer dies frühzeitig genug antizipiert und zum Gegenstand der eigenen Strategie macht, kann positive Überraschungsmomente landen und hat sofort einen dramaturgischen Vorteil erzielt. Das kann helfen, nicht mehr nur Spielball zu sein, sondern zum eigenständigen Akteur zu werden.

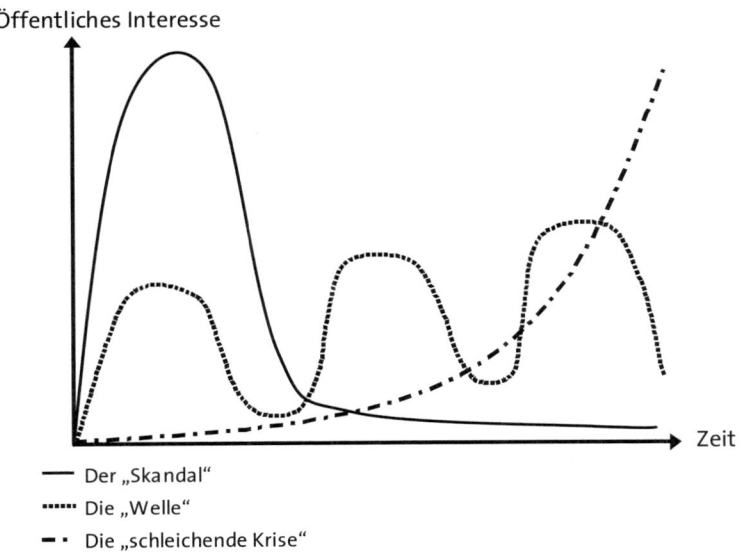

Öffentliches Interesse

Zeit

— Der „Skandal"

····· Die „Welle"

— · Die „schleichende Krise"

Abb. 1: Krisenverlaufskurven

2. Die Dynamik

Jede Krise hat ihre eigene Dynamik. Sie hängt vom Krisengegenstand, von der kommunikativen Situation, der öffentlichen Reaktion und vielem mehr ab. Doch auch hier ist die Antizipation der möglichen Verlaufsmomente im Hinblick auf steigernde oder dämpfende Wechselwirkungen aller Beteiligten von enormer Bedeutung.

Welchen Personen, welche Interessengruppen, welche Medien mit welchen professionellen Eigeninteressen sind involviert? Wie reagiert Medium A, wenn Medium B diese oder jene Story bringt? Was können mögliche, vielleicht sogar bewusst gestreute Kommentare der Konkurrenz auslösen? Was passiert, wenn Mitarbeiter so oder so reagieren und die Krise von innen nach außen schwappt, oder umgekehrt? Es gibt eine Fülle von Reaktionsmustern, die den Verlauf einer Krise bestimmen können. Der Entwurf einer „Was wäre wenn"-Dramaturgie sowohl für die eigenen Handlungsoptionen als auch für mögliche „Krisen-Booster" in den Reiz-Reaktions-Mechanismen der potenziell beteiligten und betroffenen Öffentlichkeiten gehört zu den Pflichtübungen eines jeden Krisenteams. Für die Einschätzung des jeweiligen Krisenphasenverlaufs ist eine solche Dramaturgie zwingend notwendig.

3. Die Information

„Wissen ist Macht. Wir wissen nichts. Macht nichts." Der alte Sponti-Spruch aus den siebziger Jahren scheint noch heute seine Wirkung bei manchen so genannten Krisenmanagern zu haben. Dabei liegt hier die Ursache für einen mehr oder minder katastrophalen Verlauf einer Kommunikationskrise. Falsche oder fehlerhafte Informationen gehören zu den kraftvollsten „Krisen-Boostern". Wir kennen die Wirkung aus der Weltraumtechnik: Einmal gezündet, brennen sie unerbittlich, bis der Treibstoff ausgeht. Da hilft kein „War nicht so gemeint". Die Aussage: „Wir wissen es noch nicht" in der Phase unmittelbar nach dem Ausbruch einer Krise kann besser sein, als eine halbgare Teilinformation zu geben, die einem irgendwann sowieso um die Ohren fliegt. Von entscheidender Bedeutung dabei ist allerdings, dass der Öffentlichkeit und den Medien ein verlässlicher Zeitrahmen vorgegeben wird, in dem neue Informationen erfolgen. Die Botschaft lautet hier: „Wir wissen, was wir tun." Hier kommt der Zeitaspekt zum Tragen. In der Zwischenzeit muss selbstverständlich alles getan werden, um potenzielle Schäden zu vermeiden, koste es, was es wolle. Sonst kostet es die Glaubwürdigkeit, die man dann umso dringender benötigt, wenn es gilt, den wirklichen Sachverhalt in der Öffentlichkeit zu vermitteln und damit die Informationshoheit zurückzugewinnen. Und daraus entstehen möglicherweise noch weit höhere Folgekosten.

Vielfach unterschätzt wird auch die Wirkung von ungefilterten Veröffentlichungen von inhaltlich richtigen, aber interpretationswürdigen Informationen. Ein Datenblatt zu einem chemischen Stoff, das den Begriff „Wasserschadensklasse 1" enthält, sagt dem unbedarften Betrachter: Der schadet dem Wasser: Eine – möglichst bereits präventiv erfolgte – Übersetzung von Informationen aus ihrem fachlich logischen Verständniszusammenhang in eine veröffentlichbare, die Wirkung bei den Empfängern bereits antizipierende Form, ist unerlässlich. Sämtliches Bestreben im Umgang mit der Ressource Information in der Krise zielt darauf ab, so schnell es geht (wieder) zur glaubwürdigen „Source of Information" Nummer eins zu werden, und dabei weder zu vertuschen noch zu verheimlichen.

4.   Die Projektion

Krisen finden auch im Kopf statt. Sie werden getrieben von den Projektionen aller Beteiligten und Betroffenen auf das, was kommen könnte, und überlagern vielfach das, was wirklich ist. In der Praxis geht es also darum, schnell und nüchtern die eigenen Projektionen und vor allem die der Außenstehenden zu identifizieren bzw. zu antizipieren. Eine wichtige Rolle dabei spielt das Krisengedächtnis einer potenziell betroffenen oder beteiligten Öffentlichkeit. Jede mittelbar oder unmittelbar erlebte Krise verbleibt mit wenigen Kernerfahrungen im Gedächtnis der Öffentlichkeit haften. Selbst in den Medien verbleibt das Kondensat der öffentlichen Aufarbeitung und Beurteilung eines Krisenfalls, nicht zuletzt die Kommentierung anderer Medien, als Erinnerung und damit als Projektionsfläche für die Rezeption einer neuen Krise.

So wird die Wahrnehmung und damit die öffentliche Dynamik einer Krise nicht selten mitgetrieben von der Erinnerung an ein, sei es auch nur scheinbar, vergleichbares Ereignis. Wenn heute ein neu auf den Markt gebrachtes Automodell aus welchen Gründen auch immer umfällt, weckt das sofort die Erinnerung an die A-Klassen-Krise von Mercedes. Und wer in Zukunft neue Preissysteme einführt, wird sehr genau darauf achten müssen, nicht gleich Assoziationen zum gescheiterten Preissystem der Bahn AG zu provozieren. Der Wirkungsmechanismus gilt für große und kleine Krisen, für mehr oder weniger öffentliche gleichermaßen. Das öffentliche Krisengedächtnis kann zum zentralen Momentum für den Verlauf und die Dynamik einer neuerlichen Krise werden. Oder es versagt und man hat Glück. Aber darauf sollte keine Kommunikationsstrategie aufgebaut sein.

In der Psychologie der Krise spielen Projektionen eine enorme und oftmals unterschätzte Rolle. Die Bewertung der eigenen Krisenhistorie und deren Rezeption gehört zum Pflichtenheft eines jeden Programms zur Krisenprävention. Das bezieht auch Kriterien wie Vertrauen, Misstrauen und herrschende Vorurteile mit ein, und zwar nicht nur in Bezug auf ein konkretes Unternehmen oder eine Institution, sondern auch auf öffentliche Themen und deren Korrelation mit den jeweils Beteiligten und deren Rolle als öffentliche Akteure. Ein paar Liter Öl in irgendeinem Bachlauf haben vor Jahren noch heftigere öffentliche Reaktionen und Brandmarkungen der Verursacher ausgelöst als heute. Ein paar zu privaten Zwecken missbrauchte Bonusmeilen können heute für ein Öffentliches Amt schon zu viel des Guten sein.

Die Themenkonjunkturen der gesellschaftlichen Umfelder haben großen Einfluss auf Dramatik und Dramaturgie von Krisen. Allerdings gibt es genau hier die Möglichkeit, mitunter sogar große Chancen, mit kommunikativen Mitteln Krisen zu bewältigen, in ihren Auswirkungen abzuschwächen oder gar zu verhindern. Das jedoch setzt ein Verständnis von Öffentlichkeit voraus, bei dem jeder Akteur – ob als Person, als Unternehmen, als Interessensvereinigung oder als Institution – potenziell Gegenstand eines krisenhaften Ereignisses werden kann. Die Mediengesellschaft mit ihrem kommunikativen Selbstverständnis und den im wahrsten Wortsinne korrespondierenden Instrumenten und Mechanismen wird dafür schon sorgen.

Also: Verdrängen hilft nicht, sondern schadet womöglich nur. Akzeptieren wir potenzielle Krisen als Teil jeder öffentlichen Rolle, entdramatisieren damit gleichzeitig ihre kommunikativen Wirkungsweisen und bereiten uns auf eine aktive öffentliche Rolle, auch und gerade in einer Krise, vor.

Fußnoten

1 Boelter, Dietrich; Zerfaß, Ansgar: Die Neuen Meinungsmacher: Weblogs als Herausforderung für Kampagnen, Marketing, PR und Medien. Graz 2005

2 Gerald Caplan löste Anfang der 60er Jahre auf dem Feld der Psychiatrie eine Welle der Krisentheorien und -diskussionen aus. Wenn auch Caplans originäre Sichtweisen heute überholt sind, so schuf er dennoch eine nachhaltige Grundlage für die Auseinandersetzung mit personalen Krisen und deren Bewältigung. Die Parallelen dieser Modelle zu denen der Kommunikationskrisen sind oftmals unübersehbar. Zur Psychologie der Krise siehe den Beitrag von Thomas Strätling in diesem Buch. Caplan, Gerald: Principles of preventive psychiatry. New York 1964.

3 Stolzenberg, Kathrin: Krisenkommunikation im Internet, Magister Arbeit, Westfälische Wilhelms Universität Münster 2002, vgl.: Herbst, Dieter: Krisen meistern durch PR: Ein Leitfaden für Kommunikationspraktiker. Neuwied, Kriftel 1999; 3f; Martini, Bernd-Jürgen: Krisenkommunikation II. In: Martini, Bernd-Jürgen (Hrsg.): Handbuch PR. 1998; 1 ff; Schweer, Dieter: Fakten und Emotionen. Krisenmanagement von Unternehmen. In: Rolke, Lothar/ Volker Wolff (Hrsg.): Wie die Medien die Wirklichkeit steuern und selbst gesteuert werden. Wiesbaden 1999; 145

4 Meier, Cyril: Allzeit bereit – Auch in „Friedenszeiten" gut kommunizieren. In: Möhrle, Hartwin (Hrsg.): Krisen-PR. Frankfurt am Main 2004; 84

5 Kommunikation und Krisenmanagement. Zur Bewältigung kritischer Situationen. K&K Kohtes & Klewes Kommunikation GmbH, Düsseldorf 1997. Reineke, Wolfgang; Pfeffer, Gerhard R.: Krisenmanagement: richtiger Umgang mit den Medien in Krisensituationen, Ursachen – Verhalten – Strategien – Techniken. Essen 1997

Die Psychologie der Krise –
Die Qualität kommt aus der Tiefe

Thomas Strätling

Ein Mann Mitte vierzig in einer Hotelbar in München. Groß, stattlich, ruhig, souverän. – Ein Mannsbild, ein Klischee in einem Clubsessel. Gedämpftes Licht, entspannte Atmosphäre. „Round midnight" perlt leise im Hintergrund. Zufriedenes Abhängen nach einem erfolgreichen Business-Tag.

Der Mann ist leitender Marketer in einem Technologiekonzern und freut sich, mich zu sehen. Wir sprechen über das Geschäft, über Herausforderungen, über neue Chancen und natürlich über die wirtschaftliche Gesamtlage, ein Problem hier, etwas Privates da. Er ist sichtbar müde, doch seine Augen blitzen. Der Mann strotzt vor Gestaltungswillen, und sein Job macht ihm sichtlich Spaß – trotz aller Erschöpfung.

„Daten, Fakten, Hintergründe" – dieser alte Slogan scheint ihn anzuspornen: Servietten mutieren zu Mini-Flipcharts mit sich auftürmenden Umsatzkurven und an der Anzahl kunstvoll geschichteter Erdnüsse lässt sich der zwingende Erfolg zukünftiger Marketingmaßnahmen unzweifelhaft ablesen. Es ist alles machbar.

Der gleiche Mann etwa ein Jahr zuvor: Eben hat er eine Krisensitzung verlassen. Der Umsatz eines wichtigen Produktes ist auf breiter Front eingebrochen, die Ursachen und die zu ergreifenden Maßnahmen erscheinen noch nicht klar, der Vorstand hat ihn kurzfristig einbestellt, der Betriebsrat besteht auf einer Personalversammlung. Am Morgen hat ein Wirtschaftsblatt aus internen Unterlagen zitiert, die auf geheimnisvollen Wegen das Unternehmen verlassen haben müssen. Der Pressechef erklärt sich außer Stande, die Quelle der Indiskretion im „vertraulichen Gespräch" mit dem Redakteur in Erfahrung bringen zu können. Also ruft der Mann den Chefredakteur entgegen aller gültigen Regularien schließlich selbst an. Seine ohnehin angeschlagene Verfassung kippt im Laufe des Gespräches – er droht mit einer Gegendarstellung, er wird laut, er wirft den Hörer auf. Als er eine Stunde später das Büro des Vorstandes betritt, ist dieser bereits im Bilde. Der Chefredakteur hatte sich sofort mit der Unternehmensleitung in Verbindung gesetzt. Am nächsten Tag erscheint ein Kommentar, der sofort zu weiteren Presseanfragen und besorgten Anrufen von Handelspartnern, Banken und Lokalpolitikern führt. Die Situation ist endgültig eskaliert. Zwei Wochen später verlässt der Marketer das Unternehmen.

„Es ging schließlich um meinen Kopf!", meint er jetzt nachdenklich. „Das Schlimmste war, dass ich mich selbst nicht mehr zu kennen schien. Alles passierte gleichzeitig. Ich fühlte mich bedroht, vom Vorstand, von den Kollegen, von der Presse, von den eigenen Mitarbeitern. Mein Wissen um die Dinge schien plötzlich nichts mehr wert oder falsch zu sein. Ich wusste nicht, was ich tun sollte. Ich war wie gelähmt." Welche Schlussfolgerungen hat er aus dieser Krise für sich gezogen? „Ich habe Fehler gemacht, das passiert mir nicht mehr. Jedenfalls mache ich um Chefredakteure jetzt einen großen Bogen!"

Krisen sind Psychologie pur

Diese halbherzige Auseinandersetzung mit den Präventionsmöglichkeiten und den Folgeerscheinungen von Unternehmenskrisen sind in der Regel immer noch üblich. Krisen sind für einzelne Menschen und Unternehmen Grenzerfahrungen, die Alltagsroutinen durchbrechen, in hohem Maße verunsichern, Selbstbilder ins Wanken bringen. An den Kontrollverlust, das Gefühl der diffusen Bedrohung, an das ungesicherte, existenzielle Ausgeliefertsein an einen unbeherrschbaren Prozess erinnert sich niemand gern. Krisen legen strukturelle und persönliche Defizite offen, sie machen Mitarbeiter intern und Unternehmen im Markt angreifbar.

Der entscheidende Schlüssel zur Beherrschung von Krisenszenarien und zur Prävention solcher Ereignisse ist die offene, vorurteilsfreie und profunde Analyse des psychologischen „Urschlamms", der aus einem beherrschbaren Störfall erst eine Krise wachsen lässt: So lange keine Menschen zu Schaden kommen und der Strom ausfällt, ist ein „Störfall" in einem Müll-Heizkraftwerk für die Öffentlichkeit in der Regel nur von begrenztem Interesse. Ein „Störfall" in einem Atomkraftwerk, und sei er noch so klein, findet jedoch sofort eine große öffentliche Aufmerksamkeit und eine Krise mit ihren unkalkulierbaren Folgeerscheinungen ist sehr viel wahrscheinlicher: Die Politik, Umweltgruppen und die Anwohner werden sich melden, Experten aller Couleur, von denen die Kraftwerksbetreiber vielleicht noch nie etwas gehört haben, werden in die Öffentlichkeit gehen, die Medien werden ihnen bereitwillig Raum bieten und alte Geschichten wieder aus den Analen graben.

Psychologisch entscheidend: Tiefendimensionen und persönliche Kompetenz

Im Gegensatz zum Störfall hat die Krise immer ein hohes Ausmaß an „Irrationaliät". Krisen lassen sich nur erfolgreich bewältigen, wenn die beiden entscheidenden psychologischen Ebenen – 1) die persönliche Stabilität und psychologische Kompetenz der im Krisenfall handelnden Personen und 2) das „Wirkungsfeld", in dem ein Unternehmen tätig ist – strategisch und funktional berücksichtigt werden.

Zum Wirkungsfeld gehören sowohl das Produkt und das Markenbild als auch die psychologischen Tiefendimensionen der eigenen Unternehmenskultur. Vor allem in der Krise wirken diese Faktoren zusammen und erhöhen die Komplexität der ohnehin schon verwirrenden, unkalkulierbaren und beängstigenden Vorgänge.

Diese Tiefendimensionen sind oft nicht bekannt – oder werden verdrängt. In überraschenden Krisenfällen neigen Menschen dazu, sich an „bewährte" Verhaltensmuster zu klammern und das eigene Selbstbild zu stabilisieren: Da, wo ein Umschwenken und eine hohe Flexibilität notwendig wären, setzt oft eine merkwürdige Starre ein („Wir haben Recht!"), der die Öffentlichkeit dann oft nicht mehr bereit ist zu folgen – das Unternehmen verliert an Einfluss in der öffentlichen Diskussion. Statt die eingeschränkte Handlungsfreiheit zu erhöhen, verengt es weiter den eigenen Spielraum und wird endgültig zum Objekt der öffentlichen Diskussion.

Krisen sind sui generis psychologische Prozesse. Erstaunlich ist jedoch immer wieder, welche Geringschätzung diese Binsenweisheit in der kommunikativen Bewältigung von Krisen erfährt: Erst indem die unternehmensinternen und öffentlichen – oft unbewussten – psychologischen Prozesse zusammenwirken und eine ganz eigene Wirkung erzeugen, können „Blockaden" verhindert, neue Handlungsoptionen aufgezeigt und offengelegt werden, die Unternehmen oft erst wirklich in eine Krise geführt haben.

Das Ziel der Krisenkommunikation: Entdramatisierung

Ziel einer jeden Krisenkommunikation muss es sein, eine Krise zu entdramatisieren, die akute Lähmung zu überwinden und die eigene Handlungsfähigkeit wiederherzustellen. Flexibel agierende und durch Medientrainings geschulte Kommunikationsleute reichen hierfür nicht aus.

Tiefenanalysen von Krisensituationen zeigen, dass nicht nur offensichtliche Kommunikationsfehler, sondern vor allem auch die hoch wirksamen, aber verborgenen Wirkungsmechanismen der eigenen Produkte und Dienstleistungen, der Marke und der bisherigen Unternehmensgeschichte die positiven Erwartungen, aber auch die Vorbehalte und Befürchtungen der Öffentlichkeit bestimmen.

Von diesen einschränkenden Wirkungsmechanismen wissen die Unternehmen selbst in der Regel oft zu wenig. Quantitative Imageuntersuchungen führen nicht selten zu verzerrten Bildern: Sie geben Fragestellungen und Antwortmöglichkeiten vor und bewegen sich immer im Rahmen vorgegebener Szenarien. „Blinde Flecke" und Kenntnisse über wichtige Prozesse der Meinungsbildung in der Öffentlichkeit lassen sich hierdurch nur schwer ermitteln.

So zeigen Analysen über die Atomkraft-Diskussion, dass der Versuch, die kontrovers geführte öffentliche Diskussion durch eine „Rationalisierung" der Sicherheitsfragen, durch die Veröffentlichung von Statistiken und wissenschaftlichen Untersuchungen zu entdramtisieren, vor allem die ohnehin schon überzeugte Klientel erreicht hat.

Doch die wesentlichen Züge der öffentlichen Diskussion, die scheinbaren „Irrationalismen", wurden als „fortschrittsfeindlich" denunziert. Die Kritiker und Unentschiedenen fühlten sich nicht ernst genommen und ihre Vorbehalte gegen den Machbarkeitsglauben der Moderne wurden scheinbar bestätigt. Kraftwerksbetreiber sind Ingenieursunternehmen, und zur „Ingenieurslogik" gehört die Sicherheit des Planbaren. So wurde öffentlich kommuniziert. In dieser Welt haben „irrationale Tiefendimensionen" keinen Platz. Die öffentliche Stimmung wurde von einem Wirkungsfeld beherrscht, das, unzureichend analysiert, in der Diskussion strategisch nicht eingeplant war. Nach den Vorgängen um die Kraftwerke „Three Mile Island" und Tschernobyl war diese Form der öffentlichen Diskussion, die ausschließlich auf die Ingenieurslogik setzte, diskreditiert. Die politischen Auseinandersetzungen und vor allem die Art, wie sie geführt wurden, haben letztendlich die Vorbehalte gegenüber der Großtechnologie bis heute verstärkt.

Krisengerede und Krisenkern

Eine Unternehmenskrise ist sehr oft die Zuspitzung eines bestehenden Problems. Sie ist in der Regel kein plötzlich und isoliert auftretendes Ereignis, sondern der symptomatische Ausdruck eines schwelenden strukturellen Problems in einem Unternehmen oder in der Alltagskultur. Die fehlende Auseinandersetzung mit diesem Problem bereitet den Nährboden für den Ausbruch der Krise: Blinde Flecken, Tabus oder unbequeme Perspektiven engen die Handlungsmöglichkeiten eines Unternehmens zunehmend ein.

Gefährlich wird die Krise vor allem durch die Abwehrmechanismen Flucht oder Verdrängung. Problematische Reaktionsmuster wie Leugnung, Schuldzuweisungen oder Rationalisierungen sollen Krisen „ungeschehen machen" oder „herunterkochen". Solche Reaktionsmuster sind allerdings das eigentliche Verhängnis oder mentale Gefängnis, da sie die Handlungsfreiheit des Unternehmens drastisch einschränken.

Unter der Oberfläche der expliziten Krise geht es oft um ein weitreichendes und tieferes Problem, das oft nicht wirklich wahrgenommen oder offen ausgesprochen, aber immer in der Öffentlichkeit mitbewegt wird.

Diese Tiefendimensionen bestimmen im Gegensatz zum öffentlichen „Krisengerede" den eigentlichen „Krisenkern", der wiederum die Dramaturgie des Ablaufs als auch die öffentliche Auseinandersetzung mit der Krise bestimmt. Erfolgreiches Krisenmanagement setzt eine Kenntnis dieser Tiefendimensionen voraus – sonst läuft es Gefahr, fruchtlos zu bleiben oder sogar die Krise zu verschärfen.

Beispiel BSE: Von der Krise zum Skandalismus

Die Anzahl der öffentlich wahrgenommen Krisen nimmt zu. Schnell wird aus einer oft scheinbaren „Bagatelle" eine „Krise" konstatiert. Häufig verschwindet sie auch scheinbar wieder schnell aus der Öffentlichkeit, doch die wirklichen Hintergründe bleiben im Dunkeln – mit oft nachhaltigen Schäden für Unternehmen. „Rationale Erklärungen" für dieses Phänomen sind schnell bei der Hand: Mal sind es die unersättlichen Medien mit ihrem „Hunger nach auflagensteigernden Katastrophenmeldungen", mal ist es die fragile gesamtwirtschaftliche Lage, die für dieses Phänomen verantwortlich gemacht werden.

Der analytische Blick weist jedoch auf ein tief liegendes Phänomen hin, dass zunehmend den gesellschaftlichen Alltag bestimmt und in seiner Bedeutung weiter wachsen wird: der Skandalismus.

Er wuchert auf dem Bodensatz höchst wirksamer psychologischer Prozesse und setzt ein von einer Krise betroffenes Unternehmen in schwer kalkulierbare gesellschaftliche und kulturelle Meta-Zusammenhänge: Die Diskussion um die Krise des Unternehmens ufert aus, sein Name taucht plötzlich in Zusammenhängen auf, die mit der ursprünglichen Krisensituation scheinbar kaum etwas zu tun haben.

Hintergrund des Skandalismus ist das Bedürfnis der Öffentlichkeit nach Orientierung in einer Alltagskultur, in der sinnstiftende Instanzen wie Kirchen, Familien, Parteien und Gewerkschaften an Einfluss verloren haben und im Prozess der Bildung von ethischen und moralischen Normen immer mehr zurücktreten. An die Stelle der „Sinninstanzen" sind die Medien getreten: Sie entwickeln die Leitbilder, benennen die Beispiele, setzen die Maßstäbe. In der vehementen Auseinandersetzung mit scheinbaren und tatsächlichen Krisen werden im Skandalismus die gültigen Normen des Zusammenlebens überprüft oder in der Ablehnung von Produkten und Marken beispielsweise symbolische Bußhandlungen vollzogen. Im Skandalismus drängen die Tiefendimensionen von Krisen vehement an die Oberfläche.

Ein Beispiel ist die BSE-Krise: Obwohl sie schon jahrelang als schwelende Glut in der Öffentlichkeit einen Platz hatte, brach sie mit dem Einzug der Seuche nach Deutschland scheinbar plötzlich aus. Ihr Verlauf zeigt eindringlich, dass trotz der hohen Wahrscheinlichkeit ihres Eintretens keine Vorbereitungen getroffen worden waren. Die Verbraucher regierten mit einem Fleisch-Boykott. Von der plötzlichen Dimension dieser Reaktion waren vor allem der Handel und die Landwirtschaftsverbände doch sehr überrascht. Ein Kommunikations-Gau: Die ganzen offiziellen Abwiegelungen und Verdrängungen waren, trotz einer dreißigjährigen „Karriere" von BSE, scheinbar über Nacht hinweggespült worden. Die Öffentlichkeit, die sich lange Zeit bereitwillig hatte „ruhigstellen" lassen, änderte schlagartig ihr Konsumverhalten.

Die Tiefenanalyse der BSE-Krise zeigte ein überraschendes Ergebnis: Nicht die öffentlich diskutierte rationale Gefahr einer Infizierung mit der Creutzfeld-Jacob-Krankheit veranlasste die Konsumenten wirklich zu ihrem veränderten Verhalten, sondern mit dem Auftreten von BSE öffnete sich plötzlich ein Ventil für den tief sitzenden Ekel vor der heutigen Ernährungskultur und vor den eigenen „Schuldgefühlen": Bilder von Massentierhaltungen, Tiertransporten, der Verarbeitung von Tierleichen zu „Tiermehl", die ganze Kadaverwirtschaft der Ernährungsproduktion bestimmte das psychologische Moment der Krise. Die Verbraucher fühlten sich schuldig, denn sie hatten die achtlose, beliebige und kritiklose Behandlung der Nahrungsmittel in ihrem eigenen Ernährungsverhalten in Kauf genommen, weil sie auf die billige und sorglose Versorgung nicht verzichten wollten.

Mit der Beruhigung des eigenen Gewissens durch kurzfristige Verhaltensänderungen, symbolischen Verzicht und dem Ruf nach halbherzigen politischen Reformen bewiesen die Verbraucher sich selbst gegenüber ihre eigene Handlungsfähigkeit – und kehrten nach kurzer Zeit zu ihren gewohnten Verhaltensweisen zurück. Der bequeme Versorgungsalltag und die Vermeidung einer grundsätzlichen Auseinandersetzung mit den eigenen Lebensverhältnissen war unterschwellig immer das Ziel des Verbraucherverhaltens während der ganzen Krise.

Die BSE-Krise ist demnach keine „klassische Krise", die nach dem Motto „Wir haben verstanden!" zu veränderten Verhältnissen führt, sondern sie hatte als Skandalismus im Gegenteil eine systemstabilisierende Funktion – sie durfte nicht zu wirklichen Veränderungen (die durch Preissteigerungen hätten „erkauft" werden müssen) führen.

Im Vorfeld: Bedingungen für den Eintritt von Krisen werden öffentlich verhandelt

Eine Krise geht vielfach mit einer Verletzung von gesellschaftlichen Normen einher – Normen, die in den Medien zunehmend zur Disposition gestellt und neu ausgehandelt werden. Was gestern noch ein Störfall war, kann morgen schon eine Krise sein. In der Öffentlichkeit spielt es oft nur eine marginale Rolle, welche Normen der Gesetzgeber aufgestellt hat. Legal handeln und öffentlich anerkannt zu werden, sind zunehmend zwei verschiedene Dinge. Diese Entwicklung stellt vor allem die Krisenkommunikation vor große Herausforderungen, sie verlangt sehr gute Kenntnisse gesellschaftlicher Strömungen und eine hohe Fähigkeit zur Analyse.

Krise als Chance

Die Krise hat jedoch auch ein zweites Gesicht: Sie ist die Chance zur wirklichen Veränderung. Ohne Krise gibt es keine Weiterentwicklung.

Krisen sind oft genug der entscheidende Anstoß zur Selbstbesinnung, zur Qualitätsverbesserung, zur Eliminierung unproduktiver Routinen, zur intensiven Auseinandersetzung mit geänderten Verhältnissen in der Umwelt, zur produktiven Auseinandersetzung mit Kunden, Partnern und Mitarbeitern. Krisenkommunikation wird von vielen Unternehmen heute in der Regel als passive Reaktion auf einen Vorfall verstanden. Dieses Konzept greift zu kurz. Krisenmanagement ist Chancenmanagement. Vieles, was noch vor wenigen Jahren als Krisenszenario bezeichnet wurde, prägt heute den Alltag in vielen Unternehmen: Schnelle Veränderungen in den Märkten, verkürzte Produktzyklen, eine wachsende Abhängigkeit von fernen und fremden Entwicklungen verstärkt die Unübersichtlichkeit und das Gefühl der latenten Bedrohung.

Die besondere Herausforderung aller Kommunikationsverantwortlichen liegt in der Notwendigkeit, sich den neuen Herausforderungen zu stellen und die damit verbundenen Risiken und Ängste professionell zu bewältigen.

Das Paradox des Hamsterrades

Eine Reihe von Untersuchungen in mittelständischen Firmen weist auf ein scheinbares Paradox hin: Gerade in kritischen Situationen, die hohe Flexibilität und „neues Handeln" zwingend notwendig machen, verstärken Unternehmer und ihre verantwortlichen Mitarbeiter ihre Entscheidungsstärke – im Alltagsgeschäft! Das eigentlich Notwendige wird ausgeblendet. Das ist menschlich verständlich, das gibt Halt in ohnehin labilen Situationen und bietet eine probate Möglichkeit, vorhandene Ängste durch vermehrte Anstrengungen scheinbar erfolgreich zu bewältigen. Und so laufen die Dinge oft weiter wie bisher – mit einem immer höheren persönlichen Einsatz. Doch die Anstrengungen ähneln dem Lauf eines Hamsters in seinem Käfig. Letztendlich kommt nichts von der Stelle und irgendwann ist eine „latente Krise" letztendlich immer so weit, dass die Krisensymptome evident werden. Die Krise bricht aus und mit ihr die Begleitumstände, die eigentlich vermieden werden sollten, die Lähmung, die Bedrohung, der öffentliche Schaden. Doch in dieser Situation fehlt es den handelnden Menschen dann oft an Energie, an kreativem Elan und an psychischer Stabilität: Grundvoraussetzungen, die für eine erfolgreiche Bewältigung der Krise, für die notwendige Nachbereitung und den erfolgreichen Neustart unverzichtbar sind.

Im Krisenfall: Handeln und Wissen, was man tut.

Grundlage einer erfolgreichen Krisenbewältigung und -strategie, die auch die entscheidenden psychologischen Wirkungsfaktoren einschließt, ruht auf einem Konzept von gleichzeitiger Prozessgestaltung und Prozessreflexion.

Die erfolgreiche Krisenbewältigung hat sich schon im Vorfeld mit möglichen Krisenfeldern auseinander gesetzt und fußt auf ausgearbeiteten und trainierten Handlungsoptionen. Sie ist zu einer aktiven Gestaltung der Krise bereit, denn sie sieht diese nicht nur als Gefahr, sondern als Chance für Veränderungen.

Die analysierten Tiefendimensionen der Krise werden hierbei zum strategischen Ansatzpunkt, an dem sich auch die Evaluation der eingeleiteten Maßnahmen auszurichten hat.

Nach der Krise ist vor der Krise

Besonderes Krisenpotenzial ergibt sich, wenn Krisen scheinbar überwunden und Konsequenzen aus den vergangenen, belastenden Vorgängen zu ziehen sind: Oft erschöpfen sich diese in halbherzigen Aktionismen, in formalen Planspielen oder im Einsatz von Arbeitsgruppen, die ohne Esprit vor sich hin tagen, im Austausch von Mitarbeitern und in der Feststellung persönlicher Verantwortlichkeiten („Bauernopfer").

Eine genaue Analyse, was die Krise eigentlich für das Unternehmen bedeutet, welche „blinden Flecken" und „unbequemen Perspektiven" durch die Ereignisse sichtbar wurden, unterbleibt. Das ist wiederum menschlich verständlich, denn Krisen sind mühsam und anstrengend, kosten Geld, belasten Beziehungen in einem Unternehmen und die Tagesgeschäfte stauen sich. In einer solchen Situation tut die Wunschvorstellung gut, durch die Wiederaufnahme der gewohnten Routinen die Krise wie einen bösen Traum, wie einen plötzlichen Unfall oder einen böswilligen Anschlag erscheinen zu lassen. Doch hierin liegt eine besondere Gefahr: Zweimal in eine Krise zu schlittern, verzeiht die Öffentlichkeit einem Unternehmen nicht. Für menschliche Hintergründe, besondere Belastungen und Unzulänglichkeiten des Managements hat sie noch nie Verständnis gehabt.

Zusammenfassung: Krisenbewältigung und Krisenkommunikation als psychologisches Wirkungsfeld

Strategiefindung im Krisenfall, konkrete Maßnahmen der Krisenbewältigung und die Krisenkommunikation werden nicht nur durch wirksame und zum Teil unbewusste psychologische Faktoren bestimmt, sondern sie benötigen auch wirksame professionelle psychologische Unterstützung.

Dieses gilt nicht nur für den akuten Krisenfall, sondern für alle drei Phasen einer Unternehmenskrise, für die Analysen und Handlungsoptionen entwickelt werden müssen.

Latente Krisenphase (keine erkennbaren Krisensymptome)

- Entwicklung einer Kritik- und Konfliktkultur hinsichtlich Tabus, blinder Flecken, Routinen.
- Qualitative Bestimmung und Analyse von Krisenfeldern und deren Tiefendimensionen.
- Unterstützung bei der Entwicklung wirksamer Tools.

Akute Krisenphase

- Persönliches Coaching der handelnden Personen.
- Ad-hoc Reflektion.

- Prozessbegleitung und -beratung: Analyse von Tiefendimensionen, Evaluationen.

Nach-Krisenphase / Latente Krisenphase

- Analyse und Reflexion: Blinde Flecken, Schwachstellen, Tabus.
- Analyse eigener Veränderungen im Unternehmen durch die Krise.
- Produktive Umgestaltung von potenziellen internen Krisenherden.
- Entwicklung von psychologisch stimmigen Ansatzpunkten interner Veränderungen.
- Entwicklung stimmiger und wirksamer Handlungsoptionen.

Krisen werden heute im Wesentlichen von psychologischen Wirkungen determiniert: Wer sich nicht darauf vorbereitet, wer sich nicht mit den Tiefendimensionen seines Produktes, seiner Marke und des gesamten Wirkungsfeldes seines Unternehmens beschäftigt, läuft Gefahr, blind und unvorbereitet in die nächste Krise zu stolpern.

Die profunde psychologische Analyse, die Entwicklungen stimmiger Handlungsoptionen und das Training der eigenen Kompetenz bietet bereits im Vorfeld die Möglichkeit, sich durch Weiterbildung, Trainings, Workshops und individuelle, forschungsgestützte Beratung für den „Fall der Fälle" zu rüsten.

Medienkrise und Krisenmedien

Klaus-Peter Schmidt-Deguelle

Die ökonomische Situation der Massenmedien in der Bundesrepublik Deutschland hat sich – parallel zur allgemeinen Wirtschaftslage – in den letzten Jahren dramatisch verändert. Konnten Abonnenten- und Anzeigenverluste in vergangenen Krisensituationen in der Regel durch Kostensenkungen, kurzfristige Überbrückungskredite, verstärktes Marketing u. Ä. aufgefangen werden, so ist die Situation für einige Medien trotz langsam wieder steigender Auflage immer noch existenzbedrohend.

Zum ersten Mal seit dem 2. Weltkrieg war die dramatische Wirtschaftslage direkt in den Redaktionen angekommen. Mehrere 100 Journalisten/-innen wurden entlassen, bzw. „abgefunden", weit über 1.000 waren bzw. sind immer noch in ihrer Existenz bedroht. Das Anzeigengeschäft vor allem der Tageszeitungen stagnierte bis Mitte 2006 auf niedrigem Niveau und steigt erst seit dem letzten Quartal 2006 wieder deutlich an.

Früher Unvorstellbares wurde Realität, Süddeutsche Zeitung und F.A.Z. stellten Prestigeprojekte wie die NRW-Beilage bzw. die „Berliner-Seiten" binnen kurzem wieder ein, die „linke" Frankfurter Rundschau wäre ohne eine Staatsbürgschaft der CDU-Landesregierung unter Roland Koch in die Insolvenz geschlittert, Springer legte die Redaktionen von Welt und Berliner Morgenpost zusammen, verschiedene Parlamentsredaktionen in Berlin wurden geschlossen oder halbiert, Entlassungen auch bei teils lang gedienten Redakteuren waren und sind an der Tagesordnung.

Nicht viel anders sieht es bei den Nachrichtenagenturen aus: Auch hier ist ein Konzentrationsprozess unumgänglich und d. h. Agentursterben wohl unausweichlich.

Auch bei den elektronischen Medien ist die Situation kaum besser. Hier sind ebenfalls hunderte von betriebsbedingten Kündigungen erfolgt. Eine Bestandsgarantie für Pro Sieben und Sat.1 oder N24 wird auch heute wohl keiner dauerhaft abgeben, auch wenn die Geschäftsergebnisse inzwischen wieder schwarz sind.

N-tv wurde von RTL übernommen, mehr als die Hälfte der Mannschaft musste gehen. Die RTL-Gruppe ist eines der wenigen Medienunternehmen, das die allgemeine Wirtschaftsflaute fast unbeschadet überstanden hat, allerdings auch nicht ohne drastische Sparprogramme verbunden mit Stellenabbau und auf Kosten der Qualität. Somit hat sich auch bei den klassischen Medien vollzogen, was nach dem Ende des Internetbooms bereits viele Online-Redaktionen getroffen hatte.

Für fast alle Medien gilt zudem, dass die noch bestehenden Arbeitsverträge massiv verschlechtert wurden, Neueinstellungen meist nur als Zeitverträge und am liebsten mit Auszubildenden erfolgen. Die existenzielle Situation der einzelnen Medienunternehmen kam und kommt also bei den meisten Journalisten inzwischen direkt an. Diese Erfahrung ist in diesem Umfang bisher in der Bundesrepublik neu.

Die Notwendigkeit, die eigene berufliche Existenzberechtigung gleichsam täglich unter Beweis stellen zu müssen, hat zu einer dramatischen Veränderung journalistischer Arbeitsweisen, Grundsätze und Maßstäbe geführt. Dies gilt ganz besonders extrem für die Hauptstadt-Journalisten, aber im Großen und Ganzen für alle aktuellen Redaktionen inklusive der Wochenmagazine und -zeitungen. Deutschland unterscheidet sich oft kaum noch vom britischen oder spanischen Medienmarkt, um nur die unseriösesten zu nennen.

Die exklusive Schlagzeile, möglichst täglich, die von allen Agenturen aufgegriffen und von möglichst vielen Hörfunk- und Fernsehsendern bzw. Zeitungen zitiert wird, ist die beste Arbeitsplatzgarantie. Entsprechend sind die journalistischen Sitten mehr als nur verlottert, sie sind teilweise einfach nicht mehr vorhanden:

Die Zahl der bewusst selektiv bzw. nicht zu Ende recherchierten Storys hat sich vervielfacht. Die Schlagzeilen, die kaum oder gar nicht vom Inhalt der Artikel gedeckt werden, ebenso. Die Quelleneinordnung, sofern eine Quelle überhaupt vorhanden ist, wird nicht nach objektiven, sondern nach Verwertbarkeitskriterien willkürlich vorgenommen. Das heißt: Selbst der unbedeutendste Referatsleiter eines Ministeriums oder der letzte Hinterbänkler ohne Einfluss in einer Fraktion werden als absolut seriöse Quelle vorgeschoben, um die angeblichen Pläne eines Ministers, Streit in einer Fraktion oder sogar Widerstand der Partei gegen den/die Regierungschef/in zu belegen. Ein so begründeter Artikel, eine solche Schlagzeile haben dennoch

jede Chance, von Agenturen aufgegriffen und in Nachrichten-
sendungen zitiert zu werden.

Für manche Zeitung scheint die Häufigkeit des „Zitiert werdens" inzwischen wichtiger zu sein als die Qualität des Blattes oder auch die Höhe
der Auflage. Wie viele Falschmeldungen bzw. Dementis dabei sind, wird
gerne verschwiegen.

So werden Krisen beschrieben oder herbeigeschrieben/gesendet, die oft
keine sind, (gilt für Politik wie für Wirtschaft), es werden Probleme auf-
gebauscht, die längst einem Lösungsprozess zugeführt sind. Da werden
Personalaffären/Skandale erfunden, für die es keinerlei seriöse Quellen
gibt.

Ein Verfahren, dass vor allem die Bild-Zeitung, aber auch andere Sprin-
ger-Blätter praktizieren. Dies wäre angesichts der Auflage der Springer-
Zeitungen nicht besonders beachtenswert, zum Problem wurde und
wird diese Art der Berichterstattung erst dadurch, dass selbst normalerweise seriös arbeitende Nachrichtenagenturen wie Reuters, dpa oder AP,
aber auch Nachrichtenredaktionen der öffentlich-rechtlichen Radio- und
TV-Sender aus Konkurrenzgründen immer öfter ungeprüft übertrieben
bewertete oder gar falsch recherchierte Meldungen übernehmen. Aus
Bequemlichkeit oder mangels Personal oft sogar wörtlich die – falsche –
Vorabmeldung des Urhebermediums.

So entstehen in Unternehmen tatsächlich manchmal Führungskrisen,
Absatzkrisen und Schieflagen, die normalerweise keine wären (für „Scha-
densersatz-Anwälte" ein bisher unterbewertetes Terrain). Es entstehen
Regierungs-, Partei- oder Koalitionskrisen, die zwar virtuell ein paar
Tage sich selbst tragen, tatsächlich aber keine waren und – anders als bei
Unternehmen – auch selten welche werden. Dies füllt Tickermeldungen,
Sendeplätze und Zeitungsspalten und bringt den Urhebern kurzfristi-
gen, wenn auch zweifelhaften Ruhm, der die Existenzberechtigung in
der jeweiligen Redaktion bzw. die der Zeitung aber nicht auf Dauer
sichern wird.

Einen besonderen „Medienhype" hat Berlin entwickelt, das mit dem
Umzug der Regierung zum größten Nachrichtenumschlagplatz der
Republik geworden ist. Die technische Aufrüstung der Redaktionen, die
schiere Anzahl der Journalisten, Agenturen, Medien und vor allem der
privaten Hörfunksender (allein im Stadtgebiet Berlins sind zurzeit 14 zu

empfangen), die ebenfalls um ein Vielfaches gestiegene Zahl von Live-Übertragungen selbst unwichtiger Partei- oder Verbandspressekonferenzen (die in den Heimat- oder Zentralredaktionen vom Ressortleiter oder gar Chefredakteur oft selbst bewertet und/oder bearbeitet werden) sowie der „Auflagenkrieg" auf dem Berliner Zeitungsmarkt haben zu einer generellen Atomisierung des journalistischen Diskurses und damit des „Erkenntnisprozesses vor der Publizierung" geführt. Im Kontext der Konkurrenzsituation (s. o.) hat dies einen nicht unbeträchtlichen Anteil am Qualitätsverlust der bundesdeutschen Medien insgesamt.

Hinzu kommt, trotz geschrumpfter Redaktionsstäbe, der enorme Beschleunigungsfaktor von Informationen, verursacht durch die zahlreichen Online-Redaktionen der Medien und so genannten Newsportale von Online-Anbietern verschiedenster Art. Zwar sorgen sie nicht wirklich für substanziell neue, schon gar nicht neu recherchierte Informationen. Vielmehr verbreiten sie nur die gleiche Meldung, Spekulation oder Kommentierung in unterschiedlicher Aufbereitung – von der kompletten Übernahme bis hin zur schieren Verstümmelung – im Minutentakt. Faktisch haben wir es somit nicht mehr mit fünf, sondern mit fünfzig „Nachrichtenagenturen" zu tun, die ins Netz pumpen, was auch nur halbwegs nach „Content" aussieht. Nicht zu vergessen sind hierbei auch die zahlreichen Newsgroups, Chatforen und „private interest sites", die gerne als Recherchequellen für Themen und Gerüchte genutzt werden.

Von dieser Veränderung der Medienlandschaft, vor allem aber von der Art und Weise, wie dort inzwischen gearbeitet wird, ist aber nicht nur die Politik betroffen, sondern die meisten gesellschaftlichen Gruppen und sogar einzelne Unternehmen. Unternehmenskommunikation, Verbands- und Lobbyarbeit, die sich auf diese Mediensituation nicht einstellen, werden wenig Erfolg haben oder sind gar zum Scheitern verurteilt, wie sich nicht nur am Beispiel der Deutschen Telekom im Jahre 2002 belegen lässt, die lange Zeit nicht begriffen hatte, dass ihr zunehmend ins Negative abrutschende Image ganz wesentlich durch die Berliner Wirtschaftspolitik-Berichterstattung entstand, mit der die Kommunikationsabteilung der Telekom in Bonn offensichtlich keinen, auf jeden Fall zu wenig Kontakt hatte. Das Gegensteuern mit PR-Kampagnen und über die Unternehmensberichterstattung war zum Teil dilettantisch oder kam zu spät.

Aber generell gilt: Pressestellen, ob von der Regierung oder von Unternehmen, sind mit dieser Situation oft überfordert, weil sie mangels Erfahrung oder ausreichenden Personals dieser Entwicklung scheinbar hilflos ausgeliefert sind, denn selbst glasklare Dementis fallen immer öfter der Konkurrenz bedingten Opportunität zum Opfer. Hier sind die bereits entwickelten, vielfach auch erfolgreich erprobten und in diesem Buch an anderer Stelle beschriebenen Instrumentarien vielfach immer noch nicht bekannt, werden unterschätzt oder falsch bewertet. Fest steht meines Erachtens aber, dass sich diese Entwicklung nicht mehr vollständig zurückdrehen lässt. Wenn auch die schlimmsten Fehlleistungen in der Regel sanktioniert werden, so bleibt die Grundveränderung unumkehrbar, dass nämlich die Nachricht endgültig zur Ware geworden ist und als solche den schonungslosen Gesetzen des Medienmarktes unterworfen ist.

Dessen Wirkungsmechanismen zu antizipieren, gehört zur Grundausbildung und Vorraussetzung jeder professionellen Krisenkommunikation.

Krisentypen und typische Krisen

Die folgenden Beiträge beschäftigen sich mit unterschiedlichen Typen von Krisen, die jeweils typische Krisenmuster enthalten. In der Darstellung der Krisenszenarien geht es im Kern darum, typische Abläufe, sich wiederholende Eskalationsmuster, systemische oder allzu menschliche Verhaltensmuster, Fehlentscheidungen, aber auch Interventionsstrategien und Lösungsansätze zu erläutern. Wo möglich, werden Ross und Reiter genannt. Wo das nicht möglich ist, handelt es sich um anonymisierte, teilweise bewusst veränderte Fallbeschreibungen, die in ihrem Faktengehalt und den Zusammenhängen aber authentisch sind.

Die „Wie ein Blitz aus heiterem Himmel"-Krise – Krisenmanagement von Humana im Babynahrungsskandal

Rupert Ahrens / Hartwin Möhrle

Als am Samstag, 8. November 2003 in Israel die Sojanahrung für Säuglinge „Remedia Super Soya" aus den Regalen geräumt wurde, ahnte in der Humana-Zentrale im westfälischen Herford zunächst noch niemand etwas von der nahenden Krise. Ein Anruf aus Israel von einem Mitarbeiter der Firma Remedia und eine am folgenden Sonntag verbreitete Meldung von AP ließen jedoch schnell die Vermutung aufkommen, dass etwas Schreckliches passiert sein musste: Nach ersten Nachrichten waren drei Säuglinge gestorben und weitere zehn lagen in zum Teil lebensbedrohendem Zustand im Krankenhaus. Und die behandelnden Ärzte äußerten den Verdacht, dies könne in Zusammenhang mit dem Verzehr der genannten Sojamilch stehen. Israelische Untersuchungen hatten ergeben, dass das Produkt einen zu geringen Anteil an Vitamin B1 enthalte.

Bei „Remedia Super Soya" handelte es sich um eine koschere Sojamilch, die im Auftrag der israelischen Firma Remedia von der Humana GmbH in Herford ausschließlich für den israelischen Markt hergestellt wurde. Diese Nahrung muss – wie jede andere Babynahrung auch – einen bestimmten Anteil des Vitamins B1 aufweisen. Denn vor allem bei ausschließlicher Ernährung mit Sojamilch in den ersten Lebenswochen und -monaten ist das Vitamin lebenswichtig. Da der natürliche Vitamin B1-Gehalt in der Sojamilch nicht ausreicht, wird das Vitamin bei der Herstellung dieser speziellen Nahrung zusätzlich zugeführt. Ein Routinevorgang.

Noch am gleichen Tag ließ Humana von einem unabhängigen Institut die nach Israel gelieferte Soja-Fertignahrung untersuchen. Dabei wurde festgestellt, dass der tatsächlich vorhandene Vitamin B1-Gehalt nicht den 385 Mikrogramm pro 100 Gramm entsprach, die auf der Packung deklariert waren. Tatsächlich lag er zwischen 29 und 37 Mikrogramm. Was war geschehen?

Am Anfang stand eine Produktentscheidung. Die mehrheitlich zum US-amerikanischen Lebensmittel-Konzern Heinz gehörende Remedia wollte gemeinsam mit Humana aus zwei Vorgängerprodukten – der Fertignahrung Soya 1 (0 bis 6 Monate) und Soya 2 (6 bis 12 Monate) – ein neues Produkt Remedia Super Soya 1 (0 bis 12 Monate) und Remedia Super Soya Junior (ab dem 13. Monat) entwickeln. Damit verbunden war eine teilweise Änderung der Rezeptur. Ein an sich unspektakulärer Vorgang, in diesem Fall jedoch mit fatalen Folgen.

Die Krise annehmen

Den Verantwortlichen bei Humana war sehr schnell klar: Das wird eine echte, möglicherweise für das Unternehmen existenziell bedrohliche Krise. Die verantwortlichen Geschäftsführer der Humana GmbH, Albert Große Frie und Rolf Janshen, trafen daraufhin strategisch wichtige Entscheidungen: Sie holten sich Unterstützung von externen Krisenspezialisten der Frankfurter Agentur Ahrens & Behrent. Gemeinsam wurde für den Fall eigener Fehler eine Strategie der schonungslosen Aufklärung und konsequente Transparenz gegenüber der Öffentlichkeit, den Zulieferern und Partnern und den Mitarbeitern beschlossen.

Bereits am Montag, 10. November 2003 informierte Humana in Herford die Öffentlichkeit im Rahmen einer Pressekonferenz über den aktuellen Erkenntnisstand. Am Dienstag, den 11. November 2003 traten die Verantwortlichen erneut vor die Presse und informierten über die Ergebnisse der internen Analysen und den möglichen Hergang der Dinge. Danach waren vermutlich Analysedaten der Ausgangsrezeptur falsch interpretiert worden. In der Pressemitteilung hieß es:

„Diese fehlerhafte Berechnung führte zu der Auffassung, dass der natürliche B1-Gehalt den gewünschten Wert erreicht und daher eine zusätzliche B1-Supplementierung nicht notwendig sei, da es sonst zu einer Überdosierung von Vitamin B1 gekommen wäre. Mit einer richtigen Berechnungsformel wären Vitamin B1-Werte in Höhe des Deklarationswertes zu erwarten gewesen. Von der abgefüllten ersten Produktionscharge der neuen Rezeptur war am 21. März unverzüglich eine Probe entnommen worden, um umfassende Untersuchungen durchzuführen.

Die Ergebnisse hätten den vorhergehenden Berechnungsfehler aufzeigen können. Auf Grund eines Versäumnisses in der Prozesskontrolle ist die extern beauftragte Untersuchung nicht vollständig durchgeführt worden, die Vitaminanalyse blieb aus und wurde nicht erneut angefordert."

Sichtlich betroffen sprach Albert Große Frie von einer in diesem speziellen Falle „einmaligen Verkettung unglücklicher Umstände". Andere Humana-Produkte waren davon nicht betroffen, wie auch die in der Folge zur Sicherheit unmittelbar vorgenommenen Untersuchungen bestätigten.

Die sofort eingeleiteten internen Untersuchungen hatten ergeben, dass die engmaschige Qualitätskontrolle mit höchster Wahrscheinlichkeit durch eine Verkettung menschlichen Versagens und Fehlverhaltens durchbrochen worden war. Die dafür Verantwortlichen wurden sofort von ihren Funktionen entbunden.

Hohes Emotionalisierungspotenzial

Die Katastrophe aber war passiert. Zwar haben schon gleich nach dem Bekanntwerden der Ereignisse namhafte Wissenschaftler in Zweifel gezogen, ob der zu niedrige Vitamin B1-Gehalt allein für die gesundheitlichen Folgen verantwortlich gemacht werden könne. Das Management von Humana verzichtete jedoch darauf, öffentlich Spekulationen über mögliche weitere Versäumnisse nach Auslieferung der Nahrung anzustellen: „Wir kehren zuerst vor unserer eigenen Tür und kümmern uns zunächst schonungslos um das, was bei uns falsch gelaufen sein mag", betonte Geschäftsführer Große Frie entschlossen. Eine Position, die die volle und demonstrative Unterstützung des Vorstands und Aufsichtsrats der Humana Milchunion eG fand. Zum Hintergrund: Die Humana GmbH als einer der ältesten Hersteller von Babynahrung in Deutschland gehört zur genossenschaftlich strukturierten Unternehmensgruppe Humana Milchunion eG. Mit insgesamt 6200 Milchlieferanten, annähernd 3000 Mitarbeitern und einem Gesamtumsatz von rund 2,5 Milliarden Euro gehört die Gruppe zu den Marktführern unter den Herstellern von Milchprodukten in Deutschland. Sie exportiert ihre Produkte in insgesamt 35 Länder.

Die Reaktionen in der Öffentlichkeit und in den Medien ließen nicht auf sich warten: „Deutscher Babynahrungshersteller Schuld am Tod israelischer Babys?" Die Ingredienzen des Skandals generierten höchste Aufmerksamkeit und spektakuläre Berichterstattung. In den ersten zwei Tagen nach Bekanntwerden mischten sich Halbwahrheiten, lückenhafter Informationsstand und schiere Verdächtigung zu einer gefährlichen medialen Melange. Allein die spekulative Vermengung von fehlerhafter Babynahrung aus Deutschland und toten israelischen Babys mobilisierte die Medien. Headlines wie „Mysteriöse Todesfälle in Israel" (Spiegel Online), „Deutsche Milchfirma Schuld am Tod von Babys in Israel? (Passauer Neue Presse), „Gift aus dem Babyfläschchen" (Berliner Kurier) und „Hat Sojamilch drei Babys auf dem Gewissen" (Schwarzwälder Bote) bestimmten die Berichterstattung der ersten Tage. In den Herforder Hotels mieteten sich Journalisten aus ganz Deutschland und die Korrespondenten der internationalen Presse, vor allem auch aus Israel, ein.

Dort schlug der Skandal verständlicherweise noch viel höhere Wellen als in Deutschland. Tagelang machten Tageszeitungen, Fernseh- und Hörfunksender ihre Nachrichten mit den neuesten Erkenntnissen und Gerüchten um die toten und erkrankten Babys auf. Gerüchte, es könne sich um einen gezielten Anschlag gegen Israel handeln, wurden publik und zogen entsprechende Spekulationen nach sich. Reißerische TV-Sendungen und seitenlange Zeitungsberichte versuchten alle Facetten des Unglaublichen zu beleuchten. Die Tatsache, dass ein deutsches Unternehmen mitverantwortlich für den Tod israelischer Säuglinge sein könnte, war allerdings nur eines unter mehreren Treibmitteln für das öffentliche Entsetzen. Die Firma Remedia und vor allem auch die israelischen Gesundheitsbehörden standen wochenlang im Mittelpunkt der Kritik. Hätten Sie nicht verhindern können, dass die Säuglingsnahrung ungeprüft in den Handel kommt? Sind möglicherweise notwendige Kontrollen und Überprüfungen unterblieben?

Offene und kontinuierliche Öffentlichkeitsarbeit

Für die Humana GmbH selbst ging es neben der internen Suche nach den Ursachen in den ersten Tagen vor allem darum, der Öffentlichkeit glaubhaft zu vermitteln, dass außer dieser speziell für Israel produzierten Sojanahrung alle anderen Humana-Produkte einwandfrei waren. Der Krisenstab um die beiden Geschäftsführer Große Frie und Janshen hatte mit den ersten, sehr schnellen und offenen Informationen den Grundstein für die weitere Informationspolitik und deren Akzeptanz bei den

Medien gelegt. Nun kam es auf die schnelle, qualifizierte und kontinuierliche Bearbeitung der Medienanfragen und die Information der Öffentlichkeit, aber auch sämtlicher Handelspartner und nicht zuletzt der Mitarbeiter des Herforder Traditionsunternehmens an. Neben der strategischen Beratung unterstützten die externen Berater der Agentur die Unternehmensleitung, in dem sie als Sprecher des Unternehmens agierten und in wenigen Tagen mehr als hundert Presseanfragen mit Statements und Erläuterungen zum Sachverhalt beantworteten. Oberstes Ziel war es, möglichst viele Medien in einem möglichst kurzen Zeitraum so umfassend wie möglich über den Sachverhalt und die unternehmensseitig festgestellten Erkenntnisse zu informieren. Damit sollte der Anteil der Spekulationen und Gerüchte in der Berichterstattung eingedämmt und die Fakten in den Vordergrund gestellt werden. Außerdem galt es, eine für beide Seiten verlässliche und professionelle Informationsbeziehung aufzubauen. Zur fachlichen Unterstützung des Krisenkommunikationsteams standen von Beginn an die Verantwortlichen für Vertrieb und Marketing im In- und Ausland und ein neu eingesetzter Kreis von Ernährungsfachleuten sowie die juristische Abteilung zur Seite. Eine Zusammenarbeit, die sich in der Folge bewährte.

Parallel zur ersten Pressekonferenz, zwei Tage nach den ersten Meldungen aus Israel, wurde die Pressemitteilung auf der Humana-Website veröffentlicht. Ergänzend dazu stellte das Kommunikationsteam einen Fragen- und Antworten-Katalog ins Netz, der Antworten auf die am häufigsten gestellten Fragen der Journalisten, Hintergründe zu der betroffenen Nahrung, aber auch allgemeine Informationen über Humana enthielt. Dieser Katalog bildete zudem die Grundlage für die Informationen, die von der Humana-Hotline an besorgte Eltern weitergegeben wurde.

Versachlichung der Krise

Verständlicherweise konzentrierte sich die Medienberichterstattung in Deutschland nach dem ersten Schritt in die Öffentlichkeit auf die von Humana identifizierten Ursachen des Vorfalls und möglichen Fehler im Unternehmen. Das glaubwürdige Verhalten des Managements von Humana in der Krise und die intensive Medienkontaktarbeit in den darauf folgenden Tagen führte dazu, dass in zunehmendem Maße sachbezogen berichtet wurde und die Neigung zur diffusen Skandalisierung deutlich zurückging. Ein wesentlicher Teil der Informationsarbeit bestand zum Beispiel darin, den Medien die im Detail komplizierten ernährungswissenschaftlichen Sachverhalte und Hintergründe zum Vorfall so verständlich zu machen, dass diese für die Öffentlichkeit in verständliche Informationen übersetzt werden konnten. Entsprechend agierte die Hotline, und wie die Rückmeldungen vieler Anrufer zeigten auch mit Erfolg.

In dichter Abfolge wurden Maßnahmen zur internen wie externen Kommunikation ergriffen: eine Mitarbeiterinformation, die Information der Genossenschaftsmitglieder und Zulieferer von Humana sowie eine umfassende Information an Handelspartner und Marktleiter mit Garantieerklärungen über die Unbedenklichkeit der in Deutschland vertriebenen Humana-Produkte. Die Aktualisierung des Frage- und Antwort-Katalogs auf der Website erfolgte fortlaufend.

Besondere Dringlichkeit erhielt in dieser Phase der Krise die Unterstützung der Exportverantwortlichen. Denn zwischenzeitlich war in Russland, Aserbaidschan und Georgien ein Import- und Verkaufsverbot für sämtliche Humana-Produkte ausgesprochen worden, und im Iran gingen nach Medienberichten und Warnungen der Behörden die Verkäufe drastisch zurück. Die internationalen Agenturen griffen diese News auf, entsprechend fanden sie ihren Niederschlag in der deutschen Medienberichterstattung und lösten erneute Nachfragen, zum Beispiel nach der gesamten Dimension des Skandals, aus. Über die Verantwortlichen vor Ort und teilweise direkt aus dem Krisenteam wurden Behörden und Medien in den Ländern mit abgestimmten Informationen versorgt.

Schnelle Konsequenzen des Managements

Am Montag, den 17. November traten die Geschäftsführer von Humana in Herford zunächst vor die Mitarbeiter und unmittelbar danach erneut vor die zahlreich erschienene Presse, um über die ersten Konsequenzen, die aus dem Skandal gezogen wurden, zu informieren. Neben der Entlassung der für die Vorkommnisse bei Humana Verantwortlichen hatte das Management zusätzliche Sicherungen in die Qualitätskontrolle eingeführt, „damit selbst bei einer derartigen Verkettung von Fehlern und persönlichem Fehlverhalten die Auslieferung eines fehlerhaften Produktes in Zukunft unmöglich wird", wie Geschäftsführer Albert Große Frie erklärte.

Demonstrativ stellte sich das Management der Verantwortung in der aktuellen Situation: „Wir können zur Zeit nicht ausschließen, dass die von uns produzierte Sojanahrung möglicherweise zum Tod und zur Erkrankung der Säuglinge in Israel geführt hat. Das macht uns alle sehr betroffen. Wir empfinden tiefes und ehrliches Mitgefühl mit den betroffenen Familien", hieß es in der Pressemitteilung

Zu den ergriffenen Verbesserungsmaßnahmen bei Humana gehört unter anderem die Selbstverpflichtung zur obligatorischen Vollanalyse jeder Neurezeptur oder Rezepturänderung von Humana-Babynahrungsprodukten durch ein externes, unabhängiges Analyseinstitut. Gesetzlich ist dies nicht vorgeschrieben und obliegt der unternehmerischen Selbstkontrolle. Am gleichen Nachmittag trafen die Verantwortlichen von Humana mit der zuständigen Ministerin von Nordrhein-Westfalen, Bärbel Höhn, zusammen, um die Konsequenzen aus den Vorkommnissen zu besprechen. Diese hatte bereits Maßnahmen zur Restrukturierung der öffentlichen Kontrollbehörden angekündigt, betonte dabei allerdings die bestehende Selbstverpflichtung der Unternehmen zur lückenlosen Qualitätskontrolle. In diesem Zusammenhang lobte die Ministerin öffentlich das konsequente und offene Krisenmanagement und die Zusammenarbeit mit den Behörden von Humana als vorbildlich.

Nach der Pressekonferenz informierte Humana in einem Brief an rund 270.000 Eltern über die Konsequenzen, die aus der Affäre gezogen wurden. Zeitgleich informierte das Unternehmen über interne Medien die Landwirte der Genossenschaft über die getroffenen Maßnahmen. Mit einer Anzeige in den meinungsführenden überregionalen deutschen Tageszeitungen in der gleichen Woche verdeutliche Humana gegenüber der allgemeinen Öffentlichkeit seine Verantwortung und Selbstverpflichtung für die Herstellung von einwandfreier Babynahrung.

Die Berichterstattung der nächsten Tage war geprägt von großer Sachlichkeit und nahezu frei von Emotionalisierung. Es gab offene Anerkennung für das Verhalten von Humana gegenüber der Öffentlichkeit und den Medien. Nach etwa zwei Wochen endete die akute öffentliche Krise. Nun ging es daran, die juristischen und wirtschaftlichen Folgen aufzuarbeiten – unter verschärfter öffentlicher Beobachtung.

Die „Eskalations"-Krise – Wie die Polizei eine Hetzkampagne beendete

Bernhard Messer

Genau genommen war es eine unmögliche Mission. Der Auftrag an DIA-LOG-Medientraining lautete: Beenden Sie eine seit Monaten andauernde öffentliche Hetzkampagne. Entwickeln und testen Sie ein neues Kommunikationskonzept zur Vertrauensbildung. Coachen Sie die Organisation bei der Implementierung der neuen Kampagne. Das eigentliche Problem lag jedoch vor allem in der Zeitvorgabe: Innerhalb von fünf Wochen musste der Auftrag erfüllt sein.

Um es vorwegzunehmen: Die entwickelte Kommunikationsstrategie ging auf. Nur zehn Tage benötigte die Polizei Dortmund, um den Weg aus der Krise zu finden. Aus den Erkenntnissen wurde ein tragfähiges nachhaltiges Krisenpräventionskonzept entwickelt. Bis dahin waren aber einschneidende, richtungsweisende Entscheidungen notwendig.

Die Vorgeschichte

Eskalationsmuster: Unverständnis

Bei Ausschreitungen im Verlauf zweier Neonazi-Demonstrationen zur Jahreswende 2000/2001 wurden gewalttätige Gegendemonstranten eingekesselt und gegen sie insgesamt 900 Anzeigen erstattet. Ärger und Unverständnis machten sich in der Behörde über die öffentliche Polemik breit. Beamte wurden auf der Straße von Bürgern beschimpft. „Unsere Wut im Polizeikessel", „Nach Einkesselung Angst vor der Polizei" – dies sind nur einige der Schlagzeilen einer wochenlang andauernden Kampagne gegen die Dortmunder Polizei. Aus der Sicht der Polizeiführung handelte es sich dagegen um zwei erfolgreiche Einsätze. „Wir mussten feststellen, dass wir zwar rechtsstaatlich gehandelt hatten, es aber in der Öffentlichkeit nicht wahrgenommen wurde", so kommentierte der Dortmunder Polizeipräsident später die Situation.

Eskalationsmuster: Falsche Behauptungen

Unterstützt von Eltern und Rechtsanwälten meldeten sich in den Medien überwiegend Schüler zu Wort, die angeblich friedlich demonstriert hatten und dennoch stundenlang festgehalten worden waren. Tenor: Die Polizei schützt die Neonazis und verfolgt friedliche Jugendliche, die beim Aufstand der Anständigen mitmachen.

Eskalationsmuster: Schweigen

Die Dortmunder Demonstrationen im Oktober und Dezember 2000 hatten eine juristische Komponente: Die Vorwürfe gegen die Polizei mündeten in drei Dienstaufsichtsbeschwerden und zwei Strafanzeigen. Die übliche Praxis, dass sich Beschuldigte zu laufenden Verfahren nicht öffentlich äußern, wurde hier zum Problem. Denn Krisenkommunikation funktioniert nach zwei Grundregeln: „Wer schweigt, hat Unrecht" und „Schuldig bis zum Beweis des Gegenteils." Gerade für Juristen ist diese Erkenntnis bitter.

Eskalationsmuster: Isolation

In Dortmund führte das Schweigen in die Isolation. Die Liste derjenigen, die die Polizei kritisierten, war lang: Landespolitiker, Antifaschisten, Einzelhandel, Schüler und Eltern. Sogar der Oberbürgermeister attackierte den Polizeipräsidenten. Seitenweise veröffentlichten die Tageszeitungen polemische Leserbriefe. Die Grünen forderten den Polizeipräsidenten zum Rücktritt auf. Auch das ist typisch: Je höher der Druck auf eine Organisation, desto stärker richtet er sich auf die Führungsperson an der Spitze.

Die negative Stimmung drohte den Einsatz bei der dritten Neonazi-Demonstration in Dortmund im März 2001 erheblich zu erschweren. Es schien nicht ausgeschlossen, dass der öffentliche Konfrontationskurs gegen die Polizei zu einer erhöhten Gewaltbereitschaft gegen die Einsatzkräfte führen könnte.

Der Weg aus der Krise

Die Auswertung vergangener Neonazi-Demonstrationen von Polizeibehörden in verschiedenen Städten ließen allgemein erkennen, dass sich Fehlentwicklungen in der Kommunikation weitgehend nach vergleichbaren Mustern vollziehen. Der Polizei fehlten Erklärungsmuster für eine paradox erscheinende Situation: Politik, Gewerkschaften und Kirchen organisieren vor jedem Neonazi-Aufmarsch den „Aufstand der Anständigen" und mobilisieren breite Bevölkerungsschichten. Die Polizei dagegen bereitete Großeinsätze vor, um die demonstrierenden Neonazis vor gewalttätigen Übergriffen zu schützen. Regelmäßig stieß die Polizei auf Unverständnis, wenn sie juristisch korrekt mit dem Grundrecht auf Demonstrationsfreiheit argumentierte.

Als Konsequenz umfasste die Planung daher vier elementare Veränderungen:

• Radikale Abkehr von der bisherigen überwiegend juristisch geprägten Argumentation der Polizei

• Zuschnitt der Kommunikation auf den Polizeipräsidenten.

• Ein Aktionskonzept mit nahezu flächendeckendem Multimedia-Unterricht durch die Polizei in den Schulen zum Thema „Sicher demonstrieren".

• Frühzeitige Unterstützung der lokalen Pressearbeit durch das NRW-Innenministerium.

1. Lösungselement: Neue Botschaften

Wer den Wettbewerb um die öffentliche Meinung gewinnen will, benötigt einfache und überzeugende Botschaften, die eine emotionale Wirkkomponente besitzen und mit dem definierten Image in Einklang stehen. Das gilt vor allem für Themen mit hohem Krisenpotenzial. Diese meinungsbildende Kernaussagen stellen den verbindlichen Rahmen für die Kommunikation dar.

Die Untersuchung der Medienberichterstattung über verschiedene Neonazi-Demonstrationen belegte, dass die Polizei landesweit Schwierigkeiten hatte, ihr Handeln verständlich zu erklären. „Wir sind neutral" und „Wir handeln rechtsstaatlich" – so lauteten meist allgemein die Polizeiaussagen. Sie geben zwar den Auftrag der Polizei korrekt wieder, taugen aber nicht zur Standortbestimmung im allgemeinen Kampf gegen Rechts.

Verschärft wurde die Situation noch durch eigentlich gut gemeinte Sicherheitshinweise aus den Präsidien: Häufig wurden nur die aggressiven Gegendemonstranten ermahnt, sich friedlich zu verhalten, ohne die Neonazis zu erwähnen. Aus der Einsatzerfahrung war diese Warnung angemessen. Die Rechtsextremen halten im Allgemeinen die Auflagen ein, während sich häufig gewaltbereite Autonome unter die Gegendemonstranten mischen. Dennoch kann bereits diese Ermahnung der Polizei an die Gegendemonstranten von den Bürgern falsch verstanden werden, weil sie zwei versteckte Botschaften enthält:

- Die Polizei distanziert sich von den Gegendemonstranten.

- Die Polizei hat mit den Neonazis kein Problem.

Die neuen Polizeibotschaften mussten die am häufigsten genannten Vorwürfe wirksam entkräften. Sie wurden zum ersten Mal beim Neonazi-Aufmarsch in Hagen am 10. Februar 2001 umgesetzt. Es handelte sich um eine Art Generalprobe für die drei Wochen später folgende Demonstration in Dortmund. Dabei wurde die Polizei in Hagen von den Kollegen in Dortmund unterstützt.

Die Entwicklung der neuen Botschaften folgte drei Orientierungspunkten:

- Aussagen des NRW-Innenministers zu rechtsextremer Gewalt („Neonazi-Demonstrationen schaffen ein Klima, durch das rechtsextreme Straftaten steigen"),

- Antizipation möglicher Vorwürfe analog zu Dortmund („Polizei schadet dem Image unserer Stadt") sowie

- bereits erprobte Kernaussagen zum Auftrag der Polizei, die DIALOG-Medientraining bereits für den Castor-Transport 1998 mitentwickelt hatte: („Wir wollen Gewalt verhindern", „Wir schützen das Recht auf friedliche Demonstration").

Diese neue „Polizeisprache" wurde auf einem Workshop am 6. Februar 2001 in Hagen implementiert. In Abstimmung mit der Polizeipräsidentin und dem Einsatzleiter bereitete DIALOG-Medientraining insgesamt elf Pressesprecher aus mehreren Polizeibehörden auf ihre Kommunikationsaufgabe beim Großeinsatz in Hagen vor. Es herrschte Konsens über die vorgeschlagenen Kernaussagen wie zum Beispiel :

- „Wir gehen an die Grenze der Belastbarkeit, um den friedlichen Protest der Demokraten zu schützen."

- „Wir sorgen dafür, dass es den Neonazis nicht gelingt, Angst und Fremdenhass zu verbreiten."

Diese Kernaussagen hatten bisher in der Polizeikommunikation gefehlt. Die Teilnehmer waren es gewohnt, ihre Pressemitteilung nachrichtlich neutral zu formulieren. Um in der Öffentlichkeit wirksam zu überzeugen, übten die Pressesprecher im Workshop, wie man diese Kernaussagen sinnvoll und glaubwürdig in die Polizeikommunikation integriert.

2. Lösungselement: Personalisierung

Die aktive Einwirkung auf den öffentlichen Meinungsbildungsprozess verlangt eine gezielte Personifizierung. Namen sind Nachrichten. Die neu entwickelten Botschaften konnten nur funktionieren, wenn sie mit klar identifizierbaren Botschaftern in Verbindung gebracht werden. Durch diese Personifizierung verändert sich zwangsläufig die Wirkung von Kommunikation: Sie wirkt konkreter und offener. Die Zuordnung von Zitaten schafft Transparenz: Was denken die Menschen, die die Sicherheit in unserer Stadt führend verantworten? Polizeipräsidentin und Einsatzleiter stimmten dem neuen Kommunikationskonzept zu. Es wurde zudem beschlossen, die neuen Botschaften auch polizeiintern zu kommunizieren.

In Pressemitteilungen und auch im direkten Gespräch mit Medienvertretern und kommunalen Meinungsführern vermittelte die Polizeipräsidentin von Hagen kontinuierlich die neuen Botschaften. Nahezu automatisch avancierte sie zur Sympathieträgerin in Hagen. Alle Beteiligten werteten die friedliche Gegendemonstration auch als Erfolg des neuen Kommunikationskonzepts.

3. Lösungselement Aktionskonzept

Direkt im Anschluss an die Hagener Demonstration begann am 12. Februar die gemeinsame Arbeit im Polizeipräsidium Dortmund mit einem Workshop von Führungskräften und Pressesprechern der Polizei. Der Countdown lief: Noch 19 Tage bis zum nächsten Neonazi-Aufmarsch. Zur Vorbereitung des anstehenden Einsatzes erschienen die beiden neuen Kommunikationssäulen jedoch nicht tragfähig genug, um das bedrohliche Misstrauen gegenüber der Dortmunder Polizei aufzulösen. Es bedurfte zusätzlich einer überzeugenden Handlungsstrategie für die Vorbereitungsphase auf die Demonstration. Den Worten mussten Taten folgen.

Um die neuen Kernaussagen glaubwürdig in den Medien zu platzieren, waren Meldungen mit einem hohen Nachrichtenwert nötig. Anlass bildete eine Informationsreihe für Schulen zum Thema „Sicher demonstrieren". Die Erkenntnis, dass vielfach autonome Gewalttäter friedliche Jugendliche zum Mitmachen anstiften und in Schülergruppen Deckung vor der Polizei suchen, wurde in einem Unterrichtsvideo deutlich gemacht. Es zeigt Aufnahmen von Gewalt bei Demonstrationen. Die Schüler sollten sehen, wie gefährliche Situationen entstehen, wie die Polizei gegen Straftäter vorgeht und wie sich friedliche Demonstrationsteilnehmer vor Gewalt schützen können.

Vor der Neonazi-Demonstration am 3. März 2001 hatte die Dortmunder Polizei mit speziell geschulten Beamten rund 8000 Schüler im Unterricht an 71 Schulen in Dortmund und Umgebung erreicht. Diese enorme Leistung schuf die Voraussetzung, um das Bild der Polizei in der Öffentlichkeit aktiv zu korrigieren.

4. Lösungselement: Von der Meldung zur Medienstory

Von dem ersten Angebot zum „Demonstrationsunterricht" an Schulen bis hin zur extrem positiven Resonanz der Beteiligten zum Abschluss der Aktion wurde über zwei Wochen jeder einzelne Schritt von der Polizei-Pressestelle offensiv kommuniziert. Das funktionierte, weil die Polizei gezielt Medienstories anbieten konnte. Nicht mehr abstrakte Verlautbarungen zum Versammlungsrecht waren Gegenstand der Berichterstattung, sondern die Journalisten bekamen attraktive Angebote für Reportagethemen: Sind die Schüler noch sauer auf den Polizeipräsidenten? Welche Fragen stellen sie? Hat sich die Polizei wirklich geändert? Was will sie beim nächsten Mal besser machen? Werden sich die Schüler künftig an die Sicherheitsregeln bei Demonstrationen halten? Direkt im Unterricht und indirekt über die Medien wirkte die Polizei plötzlich modern, offen, und bürgernah.

Datum	Anlass	Aktionen
16.02.2001 für sofort	Besuch einer Schülergruppe des Helmholtz-Gymnasium beim Polizeipräsidenten	Presseeinladung an örtliche Journalisten (einschl. WDR TV). Teilnehmer: WAZ-Redakteur, WR Fotografin, WDR-Team
16.02.2001 für 18/19.02.2001	Vorstellen Konzept Schulprogramm verbunden mit Besuch des Polizeipräsidenten im Helmholtz-Gymnasium	Pressemeldung

19.02.2001	Gesetzlich vorgeschriebenes Kooperationsgespräch mit dem Demonstrationsveranstalter	Pressekonferenz, Auskünfte erteilt der Polizeipräsident
20.02.2001 für 21.02.2001	Rücklauf über Angebotsannahme aus Schulen	Pressemeldung über die sehr positive Resonanz
21.02.2001	Polizei Dortmund erlässt Verfügung über Sicherheitsauflagen gegen den Veranstalter der Neonazi-Demonstration	Einladung zur Pressekonferenz am selben Tag (15.00 h). Telefongespräch des Polizeipräsidenten mit der Lehrerin des Helmholtz-Gymnasiums über das Ergebnis
23.02.2001	Polizeipräsident nimmt im Helmholtz-Gymnasium an der Info-Veranstaltung der Polizei teil und spricht mit Schülern.	Pressemeldung am 22.02.2001: Einladung als PK-Termin in der Schule. Pressemeldung zum Besuch des Polizeipräsidenten im Helmholtz-Gymnasium

5. Lösungselement: Frühzeitig Unterstützung organisieren

Nach der monatelangen Negativberichterstattung konnten wir nicht sicher sein, dass die Schüler durchweg positiv auf die Polizeiaktion reagieren würden. Deshalb unterstützte das Landes-Innenministerium den Start des Demonstrationsunterrichts mit Ministerzitaten in einer Pressemitteilung (Tenor: „Landesweit vorbildliches Projekt"). Das Ergebnis: breite Zustimmung der Schüler für das Handeln der Polizei, umfangreiche Berichterstattung mit lobenden Ministerzitaten und eine sehr positive Resonanz in sämtlichen Medien. Auch in den Tagen danach setzte das Innenministerium das Prinzip der unterstützenden Pressemitteilungen fort.

Eine Woche nach dem Start der Kampagne hatten wir den Wendepunkt erreicht. Der Dortmunder Polizeipräsident – noch vor Wochen mit Rücktrittsforderungen konfrontiert – wurde als Integrationsperson akzeptiert. Wieder erlebte die Polizei eine enorme Dynamik in der öffentlichen Meinungsbildung. Dieses Mal war die Wirkung positiv. Spontan lobten der Regierungspräsident und verschiedene Landtagsabgeordnete das Engagement der Polizei. Und kurz vor der Demonstration am 3. März fragte Dortmunds Oberbürgermeister an, ob er nach der Kundgebung an der Pressekonferenz im Polizeipräsidium teilnehmen könne. Damit war öffentlich ein Schlussstrich unter die Auseinandersetzungen der Vergangenheit gezogen.

Einfach und wirkungsvoll: landesweite Einführung des Konzepts

Betrachtet man den Aufwand, stellt sich die legitime Frage nach dem Nutzen. In mehreren Interviews führten die Polizeipräsidenten den friedlichen Verlauf der Demonstrationen auf die intensivere Kommunikation zurück. Keine Gewalt, kein „Kessel" – so lautete salopp formuliert die Gleichung.

• Der Polizei blieben Rechtsstreitigkeiten nach der Demonstration am 3. März 2001 erspart.

• Die Kooperationsbereitschaft stieg: Die Organisatoren der Gegendemonstrationen schlossen sich wenige Tage vor dem 3. März 2001 auf Bitten der Polizei zusammen und verringerten so die Zahl der Kundgebungen von acht auf drei. Dadurch wurden weniger Einsatzkräfte gebunden.

• Der langfristige Nutzen liegt in der klaren gesellschaftspolitischen Positionierung der Polizei, mit der sie die emotional geführte öffentliche Kontroverse beendete. Die Vertrauensfrage „Wie rechtslastig ist die Polizei?" stellte nach dem 3. März für die Medien landesweit kein Thema mehr dar.

• Das Konzept ist als Instrument der Krisenprävention übertragbar. Gemeinsam mit dem Leiter der Pressestelle im Polizeipräsidium Dortmund führte DIALOG-Medientraining landesweite Workshops für Polizeipressesprecher und -Führungskräfte durch, in denen das Kommunikationskonzept vorgestellt wurde. Bei späteren rechtsextremen Demonstrationen passten die Behörden es auf die lokalen Gegebenheiten an und entwickelten es weiter. Der entspannte Umgang mit einem Krisenthema war eingeleitet.

Der eindeutige Erfolg in dem extrem knappen Zeitraum hatte gezeigt, dass es sich lohnt, den fachspezifischen Ballast über Bord zu werfen und über den eigenen Schatten zu springen. Die neue Kommunikation war präzise auf die Bedürfnisse der Öffentlichkeit zugeschnitten: Nicht opportunistisch, sondern klar, emotional und konfliktfähig. Für alle Beteiligten war es ein gangbarer Weg in einer Extremsituation: Die Besinnung auf eine verständliche Sprache und ein selbstverständliches Handlungskonzept, das einem klaren strategischen Leitgedanken folgt.

Die multiple Krise – Kommunikation in der Merger&Acquisition-Situation

Lutz Golsch / Ivo Lingnau

„Am 13. September 2006 läuft die bereits seit einigen Tagen erwartete Meldung über die Nachrichtenticker: MAN bestätigt sein Interesse an einer Übernahme des schwedischen Konkurrenten Scania. Der MAN-Vorstandvorsitzende Håkan Samuelsson wird die kommunikative Herausforderung dieses Projektes klar im Blick gehabt haben. Was er wahrscheinlich nicht erwartet hat, ist die wachsende Anforderung an Krisenkommunikation, die die Ankündigung dieses strategischen Schrittes in den nächsten Wochen und Monaten mit sich bringen würde. Samuelsson ging mit seinen Plänen an die Öffentlichkeit, bevor er sich die Unterstützung der Scania-Großaktionäre Investor und Volkswagen für sein Vorhaben sichern konnte. Nach diesem Auftakt geriet das Kommunikationsszenario für MAN schnell außer Kontrolle. Bald ging es nicht mehr um die industrielle Logik einer weiteren Konsolidierung in der Nutzfahrzeugindustrie. Im Vordergrund standen der erbitterte Widerstand des Scania-Vorstandsvorsitzenden Leif Östling und seine direkte persönliche Konfrontation mit dem ehemaligen Scania-Vorstandsmitglied Samuelsson. Auch der schwedische Großaktionär Investor positioniert sich in der Öffentlichkeit gegen den Deal. MAN kann trotz aller Bemühungen keine Unterstützung für seine Pläne gewinnen, und als VW sich plötzlich auch als größter MAN-Aktionär in Stellung bringt, ist MAN das Heft des Handelnden aus der Hand genommen. Das Scheitern der Übernahmepläne lässt Samuelsson um seine Position und MAN gegen eine drohende Übernahme und mögliche Zerschlagung kämpfen. Aus dem Akteur wird ein potenzielles Opfer.

Typen und Charakteristika von M&A-Kommunikationskrisen

Dieses Beispiel verdeutlicht die vielfachen kommunikativen Krisenpotenziale, die Fusionen und Übernahmen mit sich bringen können. So bedarf es selbst bei einer freundlichen Fusion oder Akquisition von nicht börsennotierten Unternehmen, bei der sich die Unternehmensleitungen einig sind, immer noch der Überzeugung von Kunden und Mitarbeitern der beteiligten Gesellschaften. Den Kunden müssen die Vorteile eines Zusammenschlusses für die Leistungsfähigkeit des Unternehmens vermittelt werden. Den Mitarbeitern, die häufig den Verlust von Arbeitsplätzen durch die Hebung von Kostensynergien befürchten, sollte bereits mit Veröffentlichung der Fusion oder Übernahme verdeutlicht werden, wo die Chancen und Zukunftspotenziale des fusionierten Unternehmens liegen, bevor dann ein Kommunikationsprogramm zur intensiven Begleitung der Post-Merger-Integration aufgesetzt wird. Öffentlicher Widerstand von Betriebsräten oder größeren Teilen der Belegschaft, die sich gegen eine Fusion mit Standort- und Arbeitsplatzargumenten wehren, kann die Legitimität einer Transaktion schnell auch über das regionale Umfeld hinaus beschädigen. Ist eines der beteiligten Unternehmen börsennotiert, müssen schließlich auch die Aktionäre von der Sinnhaftigkeit des Zusammenschlusses oder der Akquisition überzeugt werden.

Hohe Anforderungen an das kommunikative Krisenmanagement können auch die so genannten Auktions- oder Bieterverfahren stellen. Hierbei bewerben sich mehrere potenzielle Käufer um den Erwerb eines Unternehmens oder eines Unternehmensteiles, der von den Eigentümern zur Disposition gestellt wurde. Probleme treten dann auf, wenn der Bieterprozess überdurchschnittlich lange dauert oder gar in einer ersten Runde scheitert. In diesem Fall gerät das betroffene Unternehmen in eine anhaltende Unsicherheit über die Eigentümerstruktur, die sich sowohl auf die Geschäftstätigkeit als auch auf das interne Klima negativ auswirken kann. Management und Mitarbeiter müssen dann damit umgehen, dass öffentlich gesetzt ist, dass die alten Eigentümer das Unternehmen nicht mehr wollen. Kunden wissen nicht, ob es morgen möglicherweise von ihrem eigenen Wettbewerber erworben wird, und halten sich möglicherweise mit Aufträgen zurück. Bei Mitarbeitern kann ein derartiger Schwebezustand zu schleichender Demotivierung oder sogar zu aktiver Suche nach alternativen Arbeitsplätzen führen; umgekehrt wird es schwerer für das Unternehmen, neue Leistungsträger an sich zu binden. In einigen Fällen lagen zwischen der Ankündigung der Verkaufsabsicht durch den Eigentümer und der tatsächlichen Veräußerung mehrere Jahre: ein Zeitraum, in dem das Management in zunehmendem Maße kommunikatives Krisenmanagement nach außen und nach innen betreiben musste.

Die bei weitem komplexesten kommunikativen Herausforderungen stellen sich bei feindlichen Übernahmeangeboten. An ihnen werden die Charakteristika und die spezifischen Risiken einer M&A-Kommunikationskrise am deutlichsten. Im Gegensatz zu freundlichen Übernahmen gibt es bei einer feindlichen Transaktion, die von Vorstand und Aufsichtsrat des Zielunternehmens abgelehnt wird, am Ende in der Öffentlichkeit nur Gewinner und Verlierer. Dies betrifft natürlich in hohem Maße die beteiligten Personen, deren Reputation im Verlauf des Übernahmeprozesses schweren Schaden erleiden kann. Ein feindlicher M&A-Prozess kann sich allerdings auch massiv auf die Marken der beteiligten Unternehmen auswirken. Das per se aggressive Vorgehen birgt insbesondere für den Bieter immer die Gefahr, dass das Management der Zielgesellschaft sich unter anderem durch die Beschädigung der Marken des Bieters zur Wehr setzt.

Eine feindliche Übernahme kommt häufig für die Zielgesellschaft überraschend und bedroht mit der Eigenständigkeit des Unternehmens den Kern seiner Existenz und seiner öffentlichen Reputation. Durch eine feindliche Übernahme verändern sich mit großer Wahrscheinlichkeit die grundlegenden Parameter für ein Unternehmen: Management, Zuschnitt des Unternehmens und der Geschäftsfelder, Standorte, Mitarbeiterzahlen. Das gesamte Unternehmen steht im Zentrum des Prozesses, und nicht nur einzelne Konzernbereiche oder Produktsegmente.

Der Kommunikationsprozess wird in einer feindlichen Übernahme zunächst durch den Bieter gesteuert, der die kommunikative Agenda setzt und – sofern Leakages vermieden werden können – Zeitpunkt und Kommunikationskanäle der Ankündigung bestimmt. Er löst mithin die Kommunikationskrise für die Zielgesellschaft aus. Charakteristisch für eine solche Transaktion ist allerdings, dass der anschließende Prozess eine Vielzahl unterschiedlicher Verläufe nehmen kann. Wie bei zwei Schachspielern eröffnet eine kommunikative Aktion der einen Seite der anderen einen Optionsraum, in dem diverse Reaktionen wie in einem sich immer weiter verzweigenden Baumdiagramm einen bestimmten Eskalationspfad produzieren. Es entwickeln sich Konstellationen, die sich im Wechselspiel von bewusster kommunikativer Aktion und Reaktion stündlich verändern können. Damit stellt die feindliche Übernahme für beide Seiten höchste Anforderungen an das kommunikative Krisenmanagement. Für das Übernahmeziel gilt es, sich gegen einen Angreifer zur Wehr zu setzen, die eigenen Aktionäre zu überzeugen, verunsicherte Kunden zu binden, Mitarbeiter zu beruhigen oder auch für eine Abwehr zu mobilisieren. Der Bieter muss alle Zielgruppen von der Stichhaltigkeit seiner Argumentation überzeugen und nachhaltige negative Imagewirkungen für das eigene Unternehmen vermeiden.

Das Management findet sich dabei im grellen Scheinwerfer der Medienöffentlichkeit wieder. Kennzeichnend für feindliche M&A-Transaktionen ist eine starke Personalisierung der Kommunikation, die durchaus eine strategische Komponente hat, dient doch die Unterstellung persönlicher Motive beiden Seiten als ein wesentliches Argument im Konflikt. Jede Handlung und jede Unterlassung finden ihre Interpretation durch die professionellen Beobachter. Der Vorstand selbst wird in der M&A-Krise fast vollständig absorbiert durch das Management des Angriffs oder der Abwehr, denn alle relevanten Zielgruppen – Aktionäre, Medien, Kunden, Mitarbeiter – erwarten Stellungnahmen und gegebenenfalls persönliche Ansprache durch die höchste Unternehmensebene.

Juristische Auseinandersetzungen bringen zusätzliche kommunikative Komplexität in das Verfahren. Die mittlerweile in vielen Fällen erforderlichen kartellrechtlichen Prüfungen in unterschiedlichen Jurisdiktionen führen häufig zu mehrwöchigen oder mehrmonatigen Verfahren, in denen die Transaktion im Schwebezustand verharrt. Immer häufiger kommt es auch zu Klagen gegen die Vorstände und Aufsichtsgremien der beteiligten Unternehmen – angestrengt entweder von der Gegenpartei der Transaktion oder den Aktionären.

Kommunikationsmanagement in der M&A-Krise

Die vielfältigen Beispiele machen deutlich, wie leicht eine M&A-Transaktion Unternehmen in eine krisenhafte Situation führen kann. Damit stellt sich die Frage, was die beteiligten Manager unternehmen können, um potenzielle Kommunikationskrisen im Verlauf der Transaktion zu verhindern bzw. zu managen. Die Praxis zeigt zwei grundsätzliche Ansatzpunkte: zum einen die gründliche Vorbereitung auf eine derartige Situation und zum anderen das professionelle Prozessmanagement bei der Umsetzung.

Fast alle M&A-Transaktionen sind vom Aufeinandertreffen vielfältiger Interessen und Erwartungen der Beteiligten geprägt – Anteilseigner, Mitarbeiter, Kunden, Lieferanten, Politik und Wettbewerb. Bei der Vorbereitung einer Transaktion kommt es sowohl für den Bieter als auch für die Zielgesellschaft darauf an – basierend auf der Analyse der individuellen Interessenlagen –, die potenziellen Reaktionen der Beteiligten und Betroffenen möglichst punktgenau vorherzusagen. Insbesondere in feindlichen M&A-Prozessen gilt: Ein börsennotiertes Unternehmen, das auf Grund bestimmter Umfeldbedingungen (hoher Streubesitz, relative Unterbewertung etc.) ein gewisses Risiko für einen feindlichen Übernahmeversuch sieht, sollte sich intensiv auf diese Situation vorbereiten. Ein so genanntes „Defence Manual" liefert die kommunikativen Handlungsanweisungen für den Ernstfall, vergleichbar etwa mit einem Kommunikationshandbuch für einen Störfall in einem Produktionsbetrieb. Auf der Basis einer Szenarioanalyse sollte frühzeitig sowohl die Gesamtstrategie als auch die entsprechende Kommunikation des Unternehmens geplant werden. Das systematische Durchdenken solcher „What-if"-Szenarien im Vorfeld ist notwendig, weil im Ernstfall im M&A-Prozess wenig Zeit dafür verbleibt und es sich auszahlt, möglichen Gegnern immer einen Schritt voraus zu sein. Gleichzeitig ist es aber auch hilfreich, um das Management auf die besondere Situation vorzubereiten und ihm zu verdeutlichen, was es zu erwarten hat.

Das Kernstück der Kommunikationsvorbereitung ist neben der Szenarioplanung das Entwickeln einer für alle Zielgruppen tragfähigen und abgestimmten Transaktions- bzw. Defence Story. Dieses für alle Stakeholdergruppen ohne innere Widersprüche formulierte Argumentarium sollte allen möglichen Angriffen im Rahmen der Transaktion standhalten können. Bei der Umsetzung der Transaktion bzw. der Verteidigung kommt es vor allem darauf an, professionelles Kommunikationsmanagement in das Management des Gesamtprozesses zu integrieren. Dabei übernimmt die Kommunikation nicht nur die Funktion, die Argumentation in der Öffentlichkeit zu präsentieren, sondern leistet durch das konstante Monitoring der öffentlichen Kommunikation der anderen Stakeholder und Unternehmen auch eine wichtige Rolle als Frühwarnsystem. Wichtig bei der Umsetzung ist außerdem, dass die Kommunikation mit den verschiedenen Zielgruppen aus einer Hand geplant und umgesetzt wird, um eine abgestimmte und integrierte Argumentation zu formulieren.

Da M&A bei den wenigsten Unternehmen zum eigentlichen Kerngeschäft gehört, kann auch das Hinzuziehen von externen Beratern – Anwälten, Investmentbankern und Kommunikationsberatern – mit Erfahrung aus vielen ähnlichen Situationen dabei behilflich sein, ein fehlerfreies Kommunikationsmanagement zu ermöglichen und potenzielle Krisen im Keim zu ersticken.

Aufmerksamkeit und Reaktionsfähigkeit zum Schutz vor fremden Interessen

Auf Grund der vielen Beteiligten, Betroffenen und denkbaren Eskalationspfade bedeutet eine mögliche M&A-Krise für ein Unternehmen schnell eine Krisensituation, die facettenreicher und multidimensionaler ist als alles, womit man sich bisher konfrontiert sah. Diese Komplexität unterscheidet die M&A-Krise von vielen anderen denkbaren und nicht weniger existenzbedrohenden Krisensituationen. Um zu verhindern, dass das eigene Unternehmen zum Spielball fremder Interessen wird, gilt es aufmerksam und reaktionsbereit zu sein. Nur wer das Unternehmens- und Branchenumfeld sowie die möglichen externen Interessen ständig evaluiert, kann im Ernstfall gut vorbereitet auf eine potenzielle M&A-Krisensituation reagieren.

Die Rücknahme-Krise – Haribo nimmt Adventskalender 2004 zurück

Marco Alfter

Jedes Jahr bringt Haribo einen Adventskalender auf den Markt, der mit Fruchtgummi- und Lakritzprodukten in Minibeuteln sowie als zusätzliche Überraschung mit kleinen Spielzeugen befüllt ist. So auch im Jahr 2004. Doch in diesem Jahr sollte der Kalender dem Bonner Traditionshaus die erste und bisher einzige Rücknahmeaktion in seiner Geschichte bescheren.

Ende November ging beim Haribo-Kundencenter der Anruf einer Verbraucherin ein. Die Kundin hatte die Zeit bis zum ersten Dezember nicht abwarten können und das erste Türchen des Haribo-Adventskalenders schon gleich nach dem Kauf geöffnet. Statt der gewohnten Haribo-Qualität stellte sie jedoch eine Geschmacksbeeinträchtigung der Fruchtgummis fest, die sie mit „irgendwie chemisch" beschrieb. Kurz drauf folgte ein zweiter Anruf – das gleiche Produkt, die gleiche Reklamation.

Die Haribo-Qualitätsmanager wurden umgehend aktiv und untersuchten die Rückstellmuster der Adventskalender. Die ersten internen Untersuchungen der in Minibeutel verpackten Fruchtgummis ergaben keine Qualitätsbeeinträchtigung. Die Ware war in einwandfreiem Zustand von der Produktion ausgeliefert worden. Die Fruchtgummis aus den fertig verpackten Adventskalendern hatten allerdings eindeutig einen Fremdgeschmack angenommen und entsprachen nicht den Haribo-Qualitätsmaßstäben. Umgehend wurden nun die Rückstellmuster zusätzlich in externen Laboren untersucht und die zuständigen Behörden informiert. Beunruhigend war die Frage, ob möglicherweise eine Gesundheitsgefährdung vorliegt. Dies konnte jedoch glücklicherweise sehr schnell ausgeschlossen werden. Die Analysen der Lebensmittelchemiker wiesen geringste Mengen an Paraffin in den Produkten nach.

Die Konzentration betrug weniger als ein Hundertstel des Grenzwertes, ab dem gesundheitliche Beeinträchtigungen möglich sind. Doch selbst geringste Spuren von Paraffin machen sich geschmacklich deutlich bemerkbar.

Die Suche nach der Ursache

Die Qualitätsbeeinträchtigung musste bei der Verschließung des Kalenders entstanden sein – die genaue Ursache jedoch konnte erst nach intensiver Suche ermittelt werden. Die Fruchtgummiprodukte hatten alle Qualitätskontrollen des Hauses Haribo unbeanstandet durchlaufen und waren in einwandfreiem Zustand ausgeliefert worden. Wie war es also zu der Qualitätsbeeinträchtigung gekommen?

Die Haribo-Adventskalender werden – wie bei Saisonprodukten üblich – bereits im Sommer produziert. Haribo lieferte die in Minibeutel verpackten Fruchtgummiartikel, Lakritzschnecken, Konfekt und Maoam sowie Spielzeuge zur Konfektionierung schon seit vielen Jahren an denselben Dienstleister. Dort wird die in Minibeutel verpackte Ware in eine Kunststoffhalterung gefüllt, diese dann in den Karton mit den 24 Türchen verpackt und schließlich mit einer Folie überzogen. Die Kunststoffhalterung im Inneren des Kartons wird durch einen Klebestreifen am Karton befestigt, damit die Produkte nicht verrutschen.

Die Untersuchungen offenbarten den Verursacher der Geschmacksbeeinträchtigung: Der verwendete Klebestreifen hat bei einem Teil der Kalender Spuren von Paraffin ausgedünstet, die im Laufe der Zeit zwischen Produktion und Auslieferung durch die Folie der Minibeutel in die Fruchtgummi-Produkte gedrungen sind. Die Minibeutel-Folien dürfen nicht vollständig luft- und feuchtigkeitsundurchlässig sein, da die Produkte sonst verderben würden. Dadurch aber konnten die Ausdünstungen aus dem Klebestreifen langsam in die Produkte dringen. Bemerkbar war diese Qualitätsbeeinträchtigung, die sich erst nach und nach vollzog, erst nach der Auslieferung – also auch nach Abschluss sämtlicher Qualitätskontrollen.

Rücknahme und Kommunikation

Parallel zu den internen und externen Untersuchungen begannen bei Haribo bereits die Vorbereitungen für die Rücknahme der Adventskalender. Rund 700.000 Kalender waren verkauft. Und es war eine Woche vor dem ersten Dezember. Das hieß, dass keine Ersatzkalender zur Verfügung gestellt werden konnten – und es bald auch keine Adventskalender anderer Hersteller mehr zu kaufen gab, mit denen die Kinder getröstet werden könnten. Auch wenn nur ein Teil der Kalender betroffen war, die Entscheidung für die Rücknahme war dennoch im Hause unumstritten und einstimmig ausgefallen: Haribo ist ein Familienunternehmen, das sich immer besonders hoher Qualität verpflichtet hat – auch und gerade hinsichtlich der kleinen Kunden, für die Haribo eine besondere Verantwortung und Sorgfaltspflicht trägt. Die vorliegende Geschmacksbeeinträchtigung war – auch wenn keine Gesundheitsgefährdung bestand – nicht mit den Qualitätsmaßstäben des Hauses zu vereinbaren.

Für die Vorbereitung der Rücknahmeaktion mussten zunächst innerhalb kürzester Zeit die Rückgabemodalitäten und die Logistik organisiert werden. Mit den Handelspartnern kam Haribo überein, dass der Adventskalender dort zurückgegeben werden konnte, wo er gekauft wurde. Alternativ konnte er beim Verbraucherservice in Bonn eingesendet werden; Kaufpreis und Versandkosten wurden erstattet. Dabei spielte es keine Rolle, ob der Kalender bereits geöffnet wurde oder noch original verpackt war. Die hinter vier Türchen verborgenen Spielzeuge durften die Kinder selbstverständlich behalten.

Der offene Umgang mit dieser Situation ist ein Teil des Haribo Qualitätsverständnisses. Das bedeutete, aktiv und offen an die Öffentlichkeit zu treten. Die Journalisten verstand Haribo als Partner, um die Verbraucher über die wesentlichen Fragen zu informieren: Dass es keine gesundheitlichen Bedenken gegen den Verzehr des Kalenderinhalts gab und wie die Kalender zurückgegeben werden konnten.

Die Presseabteilung musste kurzfristig personell aufgestockt werden, um die anstehenden Aufgaben schnell und zeitnah zu erledigen. Dazu hat Haribo Krisenspezialisten der Agentur A&B hinzugezogen. Für die zu erwartenden zahlreichen Verbraucheranfragen wurde eigens ein Callcenter eingerichtet, das die Hotline für Deutschland, Österreich und die Schweiz besetzte. Alle Mitarbeiter richteten sich darauf ein, vor allem die Fragen besorgter Eltern schnell und verständlich zu beantworten. Den Journalisten standen mehrere Tage die Geschäftsführung, Ansprechpartner aus Produktion und Qualitätssicherung und die Mitarbeiter aus der Presse- und Marketingabteilung für Fragen zur Verfügung.

Die besondere Herausforderung bestand darin, einen komplizierten Sachverhalt möglichst einfach und plausibel zu erklären: Paraffin ist ein Stoff, der auch in geringster Konzentration zu starken Geschmacks- und Geruchsveränderungen führt. In Wasser sind Verdünnungen von 1:1 Million bis 1:1 Milliarde geruchlich und geschmacklich noch feststellbar. Wie kann man deutlich machen, dass ein Beigeschmack, der mit dem Begriff „irgendwie nach Chemie" erklärt werden konnte, nicht gesundheitsschädlich ist? Für viele Verbraucher – und vor allem für besorgte Eltern – ein Widerspruch an sich. In den Produkten war eine Paraffinmenge gemessen worden, die nur 0,75 Prozent des gesundheitlich bedenklichen Grenzwertes beträgt. Das heißt, dass ein Kind von 30 kg Gewicht etwa 260.000 Minibeutel – rund 2.600 kg – Fruchtgummis essen müsste, um den Grenzwert zu erreichen. In der Kommunikation zeigte es sich, dass mit dieser sehr bildhaften Veranschaulichung die Fragen der Verbraucher hinsichtlich möglicher Gefahren schnell beantwortet werden konnten. Die Journalisten lobten den offenen Umgang mit dieser Situation. Die Berichterstattung war denn auch – trotz des medienwirksamen Themas – überwiegend sachlich, und die Medien veröffentlichten die notwendigen Informationen.

Die informative und sachliche Berichterstattung wirkte sich auch an der eigens geschalteten Verbraucher-Hotline positiv aus: Es gingen wesentlich weniger Anrufe ein als erwartet. Die häufigsten Fragen beschäftigten sich mit der Rückgabe. Viele Anrufer fragten nach neuen Kalendern oder nach neuen Minibeuteln, um ihren Karton selbst neu zu befüllen. Nur wenige Verbraucher erkundigten sich nach den Ursachen und möglichen Gesundheitsgefahren. Dafür nutzen aber umso mehr Anrufer die Möglichkeit, ihre Vorlieben hinsichtlich der Produkte mitzuteilen. Besonders beliebt waren individuelle Wünsche nach mehr roten, weißen, gelben oder grünen Goldbären pro Packung. Auch bestätigte es sich nochmals, dass nur ein Teil der damaligen Produkte betroffen war: Viele Kunden hatten einwandfreie Ware und wollten ihren Kalender nicht zurückgeben.

Letztendlich waren die Rücklaufquote sowohl an der Hotline als auch die Anzahl der tatsächlich reklamierten Kalender wesentlich geringer als erwartet. Mit Sicherheit hat die fehlende Gesundheitsgefährdung wesentlich dazu beigetragen, dass die Rücknahmeaktion einen glimpflichen Ausgang nahm. Entscheidend dafür, das Vertrauen der Kunden aufrechtzuerhalten, waren jedoch das Image, auf dem das Familienunternehmen aufbauen konnte, aber auch die schnelle und unbürokratische Reaktion des Unternehmens. Der glaubwürdige und offene Umgang mit der Krise hat das Unternehmen vor einem Vertrauensverlust bewahrt und die Marke Haribo möglicherweise sogar gestärkt. Im darauf folgenden Jahr ist der Kalender in einer noch höheren Stückzahl verkauft worden und Haribo ist 2006 zum vierten Mal in Folge von den Verbrauchern als vertrauenswürdigste Süßwarenmarke ausgezeichnet worden.

Die SARS-Krise – Wie Lufthansa auf Krisenfälle mit internationaler Dimension reagiert

Martin J. Riecken

Ausgangslage

Von der Lungenkrankheit zur Flugzeugkrankheit

Wussten Sie schon, dass Flugzeuge krank machen können? Das geht so: Im November 2002 und den darauf folgenden Monaten sterben in der chinesischen Provinz Guangdong – von der Weltöffentlichkeit unbemerkt – mehr als 100 Menschen an einer „merkwürdigen ansteckenden Krankheit", wie es in einer E-Mail heißt, die am 10. Februar 2003 ein Außenbüro der WHO erreicht. Die Weltgesundheitsorganisation wird aufmerksam und nimmt ihre Arbeit auf. Wenige Tage später, am 21. Februar, kommt ein Arzt aus Guangdong im Metropole Hotel in Hongkong an. Er bewohnt im neunten Stock das Zimmer 911. Tagsüber fühlt er sich nicht wohl, besichtigt aber noch Sehenswürdigkeiten und Geschäfte. Einen Tag später wird er mit Atembeschwerden in ein Krankenhaus eingewiesen. Wiederum einen Tag später: Eine 78-jährige Touristin aus Toronto checkt im Metropole Hotel aus und tritt die Heimreise nach Kanada an. Am 26. Februar wird ein 48-jähriger Geschäftsmann in Hanoi, Vietnam, mit Lungenentzündung in ein Krankenhaus eingewiesen. Auch er hatte zuvor Hongkong besucht und den neunten Stock des Metropole Hotels bewohnt. Am 1. März wird eine junge Frau in Singapur im Krankenhaus wegen Atemwegsbeschwerden behandelt, auch sie war zuvor Gast im Metropole Hotel. In schneller Folge erkranken nun behandelnde Ärzte und medizinisches Personal in Hongkong, Hanoi, Toronto und Singapur.

Am 12. März gibt die WHO eine weltweite Warnung vor einer untypisch verlaufenden Lungenentzündung heraus. Einen Tag später stirbt in Toronto der Sohn der kanadischen Touristin. Spätestens jetzt ist die merkwürdige asiatische Krankheit eine „Bedrohung der weltweiten

Gesundheit", wie die WHO am 15. März 2003 erklärt. Am gleichen Tag gibt sie der Bedrohung einen sprechenden Namen: Severe Acute Respiratory Syndrome, kurz SARS. Ein Name, dessen Klang allein schon Angst und Schrecken verbreitet. Und auch in weiterer Hinsicht ist dieser Tag bemerkenswert: Die WHO spricht erstmals an, dass sich die Epidemie durch den Luftverkehr verbreitet. Mit dieser und darauf folgenden Aussagen mutiert SARS von einer Atemwegs- zu einer Flugzeugkrankheit. Und wird hoch ansteckend für eine weitere Spezies: Journalisten.

Das Virus breitet sich aus. Ende März werden 386 Fälle und 11 Todesopfer aus 13 Ländern auf drei Kontinenten gemeldet. Am 8. April sind es bereits 2.671 Fälle, 103 Opfer und 17 betroffene Länder. Am 2. Mai erreicht die Zahl der Fälle die 6.000er-Marke. Zugleich sinkt die Zahl der Neuinfektionen. Vietnam ist Mitte Mai das erste Land, dem es gelingt, SARS einzudämmen. Immer mehr Gebiete werden von der Liste genommen, zuletzt Beijing, Hongkong, Toronto und Taiwan. Am 5. Juli erklärt WHO die Epidemie für besiegt. Die Schreckensbilanz: 8.096 Fälle, 774 Todesopfer in 29 Ländern auf allen Kontinenten. Sagte ich Schrecken?

Auch wenn man die Ungewissheit in Betracht zieht, die einige Zeit in Bezug auf Nachhaltigkeit und Gefährlichkeit von SARS herrschte, muss man rückblickend festhalten, dass die mit der Krankheit einhergegangene Medienberichterstattung in einem krassen Missverhältnis zu der tatsächlichen Bedrohung stand. Dies wird umso deutlicher, wenn man die Zahl der SARS-Opfer im Verhältnis zu denen betrachtet, die Jahr für Jahr (!) von der Öffentlichkeit unbeachtet an einer normalen Grippe erkranken und sterben: Pro Jahr schätzt die WHO drei bis fünf Millionen Infektionen mit 250.000 bis 300.000 tödlichen Verläufen. Hat man je jemanden die Grippe als „Schreckgespenst für die globale Gesundheit" bezeichnen hören?

SARS und Luftfahrt – eine perfekte Mischung

Wer verstehen will, warum SARS in kurzer Zeit eine so steile Medienkarriere machen konnte, muss verschiedene Aspekte in Betracht ziehen, die in ihrer Kombination einen perfekten Cocktail für die Medien ergeben haben. Am 20. März 2003 begannen die USA den dritten Golfkrieg mit dem Luftangriff auf Bagdad. Dieser Krieg war von allen Medien lange erwartet und versprach vor allen den großen Nachrichtensendern spannende Bilder. Diese Erwartungen wurden durch die restriktive Medienpolitik der US-Streitkräfte und das Konzept der „embedded journalists" sehr bald enttäuscht. Es entstand ein Vakuum der Nachrichten und Bilder. Gerade recht kamen hier erste Bilder von Flughäfen, bevölkert von Massen von Reisenden mit Mundschutzmasken, die schließlich mit Hightech-Geräten auf mögliche Symptome gescannt wurden. Männer in weißen Schutzanzügen desinfizierten ganze Straßenzüge und Häuser. Unter Folienzelten lagen Patienten in Isolierstationen. Eine opulente Bilderschlacht, die das tödliche, aber unsichtbare Virus da bot, Gänsehaut inklusive. Und on top lieferte die Kombination mit dem Thema Fliegen weiteren Zündstoff für zahllose Spekulationen. Fliegen selbst ist ein Mysterium – und dies schon seit Ikarus und Daedalus –, etwas Besonderes, das gleichermaßen Faszination und Angstgefühle auslöst. Der Gedanke, dass es nun eine „Flugzeugkrankheit" geben sollte, beflügelte die Fantasie der Journalisten und ihrer Zuhörer. Diese Situation ist übrigens ein wunderbarer Beleg für die oft geäußerte These, dass sich ein relativ harmloser Sachverhalt zu einer ausgewachsenen Krise entwickeln kann, wenn nur die Umstände „stimmen".

In dieser Gemengelage befand sich die Deutsche Lufthansa AG im ersten Quartal 2003. Zu dieser Zeit setzten die andauernden Spekulationen über den Beginn der Irak-Offensive und die schwache Weltwirtschaft dem Luftfahrtkonzern wie der gesamten Airline-Branche ohnehin bereits stark zu. Selbst wenn Optimisten bis dato nur von einer schwierigen Situation sprachen, spätestens jetzt sah jeder ein: Das Unternehmen steckte in einer Krise!

Krisenkommunikation bei Lufthansa

Fluggesellschaften sind naturgemäß gut auf Krisen vorbereitet. Das hängt damit zusammen, dass ihr Inventar in aller Regel ständig unterwegs ist. Das ist auch erwünscht, birgt aber natürlich Risiken. Treten solche Risiken – Notlandungen, Unfälle, Entführungen, Drohungen – ein, können sich Fluggesellschaften dem exklusiven Interesse der Medien sicher sein. Es ist die Faszination Fliegen, es ist die Geschichte „gewöhnlicher Menschen, die aus ihrem gewöhnlichen Leben gerissen werden"[1], es sind fast immer packende Bilder[2] und es sind die fatalen und weitreichenden Folgen, die ein Zwischenfall oder Unfall in der Regel mit sich bringt.

Airlines sind also gut beraten, sich auf etwaige Krisen vorzubereiten, auch wenn das Eintreten der beschriebenen Risiken statistisch gesehen sehr unwahrscheinlich ist. Lufthansa hat sein Krisenmanagement über die Jahre immer weiter verfeinert. Es steht auf drei Säulen:

- Erstens das operative Krisenmanagement, das durch den Krisenstab koordiniert wird. Hier kommen Experten aller relevanten Fachbereiche zusammen, beraten und entscheiden, wie zu reagieren ist. Der Krisenstab koordiniert während der Krise sämtliche krisenbezogenen Aktivitäten des Unternehmens, die dann durch so genannte Arbeitsstäbe ausgeführt werden. Im Vordergrund steht die Bewältigung der Krisensituation, die Sicherstellung der Fortführung des Geschäftes sowie die Zusammenführung, Auswertung und Verteilung von Informationen;

- Zweitens die „Special Assistance Teams" – ausgebildete Lufthansa-Mitarbeiter unterschiedlichster Berufsgruppen, deren Aufgabe darin besteht, betroffenen Passagieren praktische Hilfe zu leisten, und die behilflich sind, eine traumatisierende Situation besser zu durchstehen;

- Drittens die Krisenkommunikation, deren vornehmliche Aufgabe es ist, die Informationsbedürfnisse unterschiedlicher Interessengruppen zu befriedigen sowie Handlungen und Zustand des Unternehmens transparent darzustellen.

Der Krisenkommunikation kommt eine zentrale Funktion zu. Einerseits versorgt sie die entsprechenden Stellen des Unternehmens mit neuesten Informationen und Sprachregelungen, andererseits ist sie auf Informationen aus erster Hand angewiesen und leitet aus den vorliegenden Fakten die Strategie für das kommunikative Verhalten des Unternehmens. Daher ist es unabdingbar, dass ein Vertreter der Konzernkommunikation ständig im Krisenstab vertreten ist. Krisenkommunikation am Katzentisch funktioniert nicht.

Die Krisenkommunikation manifestiert sich in einem umfangreichen Manual. Dieses steht jedem PR-Mitarbeiter zur Verfügung. Es ist zunächst Nachschlagewerk zur Durchführung von Maßnahmen in der akuten Krisensituation, schreibt konkrete Handlungsabläufe und Organisationsformen vor; es bietet aber auch praktische Vorlagen, Formulare und Checklisten für unterschiedlichste Situationen. Ebenso wichtig wie das Manual sind das Training der entsprechenden Mitarbeiter in der Nutzung des Manuals und das Üben von bestimmten Arbeitsabläufen. Dies erfolgt durch monatliche, kurze „Refresher" – alle zwei Jahre durchzuführende, zweitägige Trainings – sowie durch unangemeldete Übungen, die unregelmäßig, meistens einmal im Jahr durchgeführt werden.

Basis des Geschäftsmodells von Lufthansa ist die Mobilität. Das Unternehmen fliegt zu 181 Zielen in 76 Ländern (Winterflugplan 2005/06). Es liegt auf der Hand, dass man nicht in jeder Destination einen PR-Vertreter haben kann. Andererseits muss damit gerechnet werden, dass Krisen auch immer einen lokalen Aspekt haben[3]. Nur 5 Prozent aller Flugzeugunfälle geschehen in unmittelbarer Nähe des Firmensitzes. Darum legt Lufthansa großen Wert auf die Ausbildung der lokalen Manager in den Grundzügen der Krisenkommunikation. Hierzu werden jährlich rund 30 Krisen- und Medientrainings vor Ort durchgeführt. Durch die intensive Einbindung der internationalen PR-Kollegen mit Sitz in London (Europa), Singapur (Asien-Pazifik), Dubai (Mittlerer Osten und Afrika) sowie New York (Nordamerika) und Sao Paolo (Süd- und Mittelamerika) wird eine weltweit konsistente Krisenkonzeption sichergestellt.

Die Verantwortung für die Krisenkommunikation liegt beim Leiter Konzernkommunikation, Klaus Walther, der direkt dem Vorstandsvorsitzenden berichtet. In der konkreten Krisensituation ist der Krisenstab das Entscheidungsgremium, auf das seitens des Vorstands nur in Ausnahmen Einfluss genommen wird. Die Mitarbeiter der Konzernkommunikation organisieren sich im echten Krisenfall zu einem „Arbeitsstab Presse", der unter der Leitung eines „Chef vom Dienst" steht und einer strengen Hierarchie unterliegt. Zuletzt war dieser Arbeitsstab in der unmittelbaren Folge der Ereignisse des 11. September 2001 aktiv. Bei kleineren Krisen wird eine Task Force gebildet, welche die Krisenkommunikation durchführt und nötigenfalls auf Ressourcen anderer PR-Mitarbeiter zugreifen kann.

In „Friedenszeiten" beobachtet die Konzernkommunikation zudem Entwicklungen, die für das Unternehmen relevant werden könnten. Diese Radarfunktion ermöglicht es, frühzeitig Bedrohungen zu erkennen und geeignete Maßnahmen zu entwickeln.

Kommunikationsziele

Aufbauend auf der Erkenntnis, dass eine reale Gefahr durch SARS zwar gegeben war, aber in keinem Verhältnis zur Berichterstattung in den Medien stand, lag bei der Bewältigung der Krise ein besonderes Augenmerk auf der Kommunikation. Wie oben erwähnt, erklärte die WHO SARS (wenn auch unbeabsichtigt) zur „Flugzeugkrankheit". Beteuerungen, dass es „bis dahin keinen Beweis dafür gibt, dass die Krankheit während eines Fluges übertragen werden kann oder dass der Aufenthalt einer erkrankten Person an Bord Mitreisende in Mitleidenschaft ziehen kann" (Quelle: Pressemeldung WHO vom 24. März 2003), verhallten ungehört.

Nun war SARS in mindestens zwei Dimensionen ein Problem für die Fluggesellschaften und damit auch für Lufthansa: Erstens hatten Passagiere und Mitarbeiter Angst, sich an Bord oder in den Zielgebieten anzustecken. Zweitens führten die von nahezu allen Unternehmen erlassenen Dienstreiseverbote und die Angst Privatreisender zu sinkenden Auslastungen und wurden somit zu einem wirtschaftlichen Problem.

Daher war es vorrangiges Ziel, durch Beisteuerung von abgesicherten Fakten die tatsächliche Bedrohung von SARS darzustellen und zur Versachlichung der Diskussion beizutragen. Dies war vor allem für die internen Zielgruppen wichtig, schließlich hätte die Business Continuity auf dem Spiel gestanden, wären Piloten, Stewardessen oder Check-in-Mitarbeiter aus Angst vor einer Ansteckung in großem Umfang zu Hause geblieben (was ihnen vertraglich sogar zugestanden hätte). Gleichzeitig hatte die Kommunikation einen Bildungsauftrag, schließlich sollten Flugbegleiter in die Lage versetzt werden, mögliche SARS-Erkrankungen an Bord zu erkennen und richtig darauf zu reagieren. Und schließlich wollte Lufthansa ihre Mitarbeiter als Multiplikatoren gewinnen, die ihren Fluggästen zeigen, dass man keine übertriebene Angst vor einer Ansteckung haben muss. Zugleich galt es, die wirtschaftlich schwierige Lage glaubhaft darzustellen und um Verständnis für die Notwendigkeit der daraus folgenden Maßnahmen, z.B. Kurzarbeit, Gehaltsverzicht, zu werben. In der externen Kommunikation war neben der erwähnten Versachlichung wichtig, die getroffenen Vorsichtsmaßnahmen der Lufthansa darzustellen. Dadurch sollte deutlich werden, dass Lufthansa die Sicherheit ihrer Gäste an Bord sowie der Mitarbeiter ernst nimmt, auch wenn nur eine minimale Gefährdung besteht. Zudem war gegenüber der Financial Community eine kontinuierliche Berichterstattung über die wirtschaftlichen Auswirkungen von SARS für das Unternehmen von großer Bedeutung.

Besondere Herausforderungen

SARS stellte Lufthansa vor eine Vielzahl unterschiedlicher Herausforderungen. Einerseits war die Faktenlage über die Bedrohung, die von SARS ausging, lange Zeit undurchsichtig. Vom ersten Bekanntwerden bis zur Eindämmung der Verbreitung Mitte Mai war unklar, wie sich SARS epidemisch entwickeln würde. Dies machte es schwierig, überzeugend und ohne Klauseln zu kommunizieren. Die Darstellung der Geschichte von SARS (Abschnitt 1) lässt erahnen, wie rasch sich die Situation immer wieder änderte. Getroffene Aussagen mussten laufend überprüft und ggf. revidiert werden. Hinzu kamen unterschiedliche nationale Regelungen, deren Konsequenzen für Reisende von Lufthansa kommuniziert werden mussten, etwa besondere Einreisebestimmungen oder -formalitäten aufgrund von SARS.

Weiterhin bestand laufend die Gefahr, dass Lufthansa durch zuviel eigene Kommunikation selbst zu stark mit der Krankheit assoziiert würde. Schließlich handelte es sich um eine Krankheit, die nicht an Bord von Flugzeugen und schon gar nicht bei Lufthansa entstanden war.

Die Berichterstattung erschwerte es zudem, Fakten in die Diskussion einzubringen. Die Kakophonie unterschiedlichster Absender, die zu diesem Thema etwas beisteuerten, diente eher der Verwirrung der Öffentlichkeit als deren Aufklärung. Waren die Aussagen von WHO, Robert-Koch-Institut und Auswärtigem Amt weitestgehend abgesichert, gelangten im Laufe der SARS-Krise auch fragwürdige Publikationen in Umlauf. Beispielsweise verteilte das Gesundheitsamt der Stadt Frankfurt auf dem Flughafen Frankfurt Flugblätter, die in großen Lettern vor einer „hoch ansteckenden Seuche" warnten. Bis heute sind sich allerdings Fachleute einig, dass SARS nur durch direkten Kontakt zwischen zwei Personen übertragen werden kann. Weitere Informationsgeber waren Bundespolizei (damals Bundesgrenzschutz), Flughafenbetreiber, lokale und nationale Gesundheitsbehörden, Polizei, und – natürlich – die so genannten „Experten", die willfährig und bereitwillig in allen möglichen Sendungen Auskunft gaben. Dass dabei der weitreichende Unterschied zwischen „Reisehinweisen" und „Reisewarnungen" des Auswärtigen Amtes schon mal übersehen wurde, war in dieser Zeit an der Tagesordnung. Und so erschien eine Reise nach Thailand (für das Reisehinweise bestanden) plötzlich ebenso gefährlich wie ein Flug in den Irak oder nach Somalia[4].

Schließlich war auch die eigene Kommunikation nicht immer widerspruchsfrei. Riet man eigenen Mitarbeitern von Dienstreisen in betroffene Länder ab, sofern sie nicht unbedingt erforderlich waren, so ermutigte man Flugbegleiter, ihren Dienst unter Beachtung von Sicherheitsvorkehrungen auch weiterhin auf Strecken zu versehen, die in eben solche Länder führten – ein echter Spagat also!

Kernaussagen

Am Anfang der kommunikativen Bewältigung der SARS-Krise stand die Formulierung von Kernaussagen. Diese sollten Bestand haben und glaubhaft vermittelbar sein. Im Einzelnen waren dies folgende Aussagen:

- SARS ist keine „Flugzeugkrankheit".

- SARS wird von Menschen übertragen, nicht von Flugzeugen.

- Eine Infektion an Bord hat es bislang nicht gegeben.

- Die Luft an Bord wird mehrfach gefiltert, ist dadurch genauso rein wie in einem Operationssaal, zudem wird sie von oben nach unten geleitet, nicht – wie man meinen könnte – von vorne nach hinten.

- SARS muss ernst genommen werden; eine normale Grippe ist aber um ein Vielfaches gefährlicher.

- Die Sicherheit von Crew und Passagieren hat für Lufthansa immer oberste Priorität, ohne Kompromisse.

- Wir kommunizieren offen und ehrlich, umfassend und verantwortungsvoll.

Je nach Zielgruppe oder Anlass wurden unterschiedliche Aussagen in den Vordergrund gestellt. Die Aufstellung dieser Botschaften zu Beginn der Kommunikation und ihre konsequente Anwendung über den gesamten Zeitraum der Krise gewährleisteten über alle Medien hinweg eine konsistente Kommunikation, die über die Wiederholung der Botschaften Wirkung entfalten sollte.

Maßnahmen

Die Maßnahmen der Krisenkommunikation wurden auf Basis der Erkenntnisse entwickelt, die zuvor im Krisenstab gewonnen wurden. Dieser trat ab März bis Ende Mai einmal wöchentlich zusammen, zusätzlich kurzfristig bei besonderem Bedarf. Die Entwicklung und Umsetzung der Kommunikationsmaßnahmen erfolgten in der Abteilung Konzernkommunikation. Es wurde kein wie unter Abschnitt 3 beschriebener „Arbeitsstab Presse" gebildet. Vielmehr sorgte ein Expertenteam aus allen Bereichen der Abteilung Konzernkommunikation für die Umsetzung der Maßnahmen.

Externe Kommunikation

Die externe Kommunikation richtete sich in erster Linie an Medien, aber auch direkt an die Kunden. Des Weiteren wurden die Vertriebspartner der Lufthansa, z.B. Reisebüros adressiert.

Statt aktive Pressearbeit zu betreiben, stellte Lufthansa Journalisten über die eigene Website und ihren Presseverteiler einen Hintergrund zur Verfügung, der exakt das Thema „Luft an Bord eines Flugzeugs" beschrieb. Später entstand hierzu sogar eine eigene Publikation mit verschiedenen Diagrammen und Expertenaussagen. Der Sachverhalt wurde weiterhin anrufenden Journalisten in unzähligen Gesprächen verdeutlicht. Die Formel „SARS wird durch Menschen übertragen, nicht durch Flugzeuge" zeigte Wirkung, aber sie musste erst viele Male wiederholt werden.

Um nicht selbst mit SARS assoziiert zu werden, wurde gemeinsam mit anderen Fluggesellschaften der Dachverband der internationalen Luftfahrtindustrie, IATA, herangezogen, um die Argumentation gegen das Gerücht der „Flugzeugkrankheit" vorzunehmen. In mehreren Pressemeldungen im April und Mai stellte die IATA die Schutzmaßnahmen ihrer Mitglieder dar, verwies auf bereits bestehende Verfahren und die jahrelange Erfahrung im Umgang mit solchen Situationen.

Daneben gelang es immer wieder, in den Medien Experten zu finden, die Lufthansa das Wort redeten. Diese Form des „third party endorsement" schien hier besonders geeignet, sind solche Meinungsführer doch in der Regel glaubwürdiger als ein betroffenes Unternehmen selbst. Aber auch medizinische Experten von Lufthansa wurden in den Medien eingesetzt, um sachliche Informationen über mögliche gesundheitliche Gefahren beim Fliegen zu liefern.

Eigene Pressemeldungen zum allgemeinen Thema SARS hat Lufthansa aus den genannten Gründen zunächst nicht erstellt. Erst als Anfang April bei einem Passagier aus Hongkong SARS diagnostiziert wurde, der am 30. März mit Lufthansa nach Deutschland geflogen war, anschließend fünf Lufthansa-Flüge innerhalb von Europa nutzte und schließlich am 4. April wieder zurück nach Hongkong flog, veröffentlichte Lufthansa am 10. April eine Pressemeldung. Diese gab allein die Fakten wieder und zitierte die allgemeine Einschätzung offizieller Behörden, dass in alltäglichen Situationen (wie etwa einem Aufenthalt an Bord eines Flugzeuges) eine geringe Gefährdung durch SARS bestünde. Von großer Bedeutung hierbei war die Tatsache, dass Lufthansa durch die konsequente Umsetzung von zuvor eingeführten Empfehlungen der WHO in der Lage war, sämtliche Passagiere, die auf den insgesamt sieben Flugstrecken in den Reihen vor und hinter dem Patienten gesessen hatten, persönlich zu kontaktieren. Dies und die Tatsache, dass Lufthansa überhaupt aktiv über den Fall informierte, führte zu einem großen Vertrauensgewinn in der Öffentlichkeit und unterstrich die Aussage, dass Lufthansa die Situation sehr ernst genommen hat.

Natürlich stellte das Internetangebot von Lufthansa eine hervorragende Plattform dar, um Kunden und Medien gleichermaßen über SARS zu informieren. Auch hier wurde darauf verzichtet, sich des Themas SARS selbst zu bemächtigen, stattdessen verwies Lufthansa nach kurzer Einführung auf Informationsangebote seriöser Quellen, wie etwa WHO oder RKI. Lediglich solche Themen, bei denen Lufthansa Kompetenz und dadurch Glaubwürdigkeit besitzt, wurden ausführlich bespielt: getroffene Schutzmaßnahmen, Klimaanlage und Luftzirkulation an Bord usw. Dennoch war die Veröffentlichung intern nicht unumstritten, befürchtete man doch, arglose Reisende durch eine zu prominente Platzierung des Themas auf der Homepage erst auf den Gedanken zu bringen, SARS könne an Bord eine Gefahr darstellen. Wie so oft in solchen Situationen lag die Lösung in einer richtigen Modulation, sowohl sprachlich als auch optisch. So wurden drastische Ausdrücke ebenso vermieden wie eine zu auffällige Bebilderung. Auch die Platzierung auf der Homepage war eher dezent und nicht auf den allerersten Blick zu entdecken. Die Zugriffszahlen der Sonderseiten waren beeindruckend und spiegelten das Bedürfnis der Öffentlichkeit nach gesicherten zuverlässigen Quellen wieder.

Zusammenfassend kann die externe Kommunikation als eher passiv, korrigierend beschrieben werden. Es war klar, dass Lufthansa den Kampf gegen das SARS-Gespenst nicht gewinnen konnte. Daher hat sich das Unternehmen auf seine Kompetenzen beschränkt, eigene Schutzmaßnahmen dargestellt, offen und sachlich informiert und damit unterstrichen, wie ernst es die Sicherheit ihrer Mitarbeiter und Kunden nimmt.

Interne Kommunikation

„We care" – diese zwei einfachen Worte standen als unsichtbare Überschrift über allen Aussagen, die Lufthansa nach innen gerichtet zum Thema SARS getroffen hat. Überzeugende interne Kommunikation kann natürlich nur im Einklang zu den tatsächlichen Handlungen des Unternehmens stehen. Dass Lufthansa beim Schutz von Crews und Stationsmitarbeitern höchste Sorgfalt walten ließ, machte es für die interne Kommunikation leicht, die Botschaften glaubhaft zu vermitteln.

Kernstück der internen Kommunikation war ein Portal im Intranet (das bei Lufthansa „eBase" heißt). Es informierte in verschiedenen Abschnitten umfassend über die Krankheit, über erfolgte Schutzmaßnahmen, gab Anweisungen, wie im Fall eines SARS-Falls an Bord zu verfahren sei, und stellte wiederum Kommunikationsmittel zur Verfügung, die sich an Kunden, Reisebüroagenten und eigene Mitarbeiter richteten und vom lokalen Management heruntergeladen und verwendet werden konnten. Das Portal wurde mehrmals wöchentlich aktualisiert, enthielt stets aktuelle Zahlen (z.B. neuer Infektionen weltweit) und lieferte neueste Nachrichten über SARS. Damit trat man bewusst in Konkurrenz zu dem Angebot der öffentlichen Medien und versorgte durch aktuelle fundierte Berichterstattung die Belegschaft mit sachlichen Informationen. Der personelle Aufwand hierfür war zwar hoch – die Tatsache, dass man jeden gut informierten Mitarbeiter nicht nur „bei der Stange hält", sondern auch zum Botschafter des Unternehmens machen kann, lässt den Aufwand jedoch als gerechtfertigt erscheinen. Sowohl die „Thekenfestigkeit" bei Diskussionen im privaten Umfeld als auch die Standhaftigkeit bei Kundengesprächen erschienen Lufthansa von großer Wichtigkeit zu sein.

Eine Liste häufig gestellter Fragen und ein täglicher Report, der bei Bedarf heruntergeladen und vor allem lokal verteilt werden konnte, vervollständigten das Online-Angebot.

Über das SARS-Portal, das übrigens durch eine einfach zu merkende URL direkt angewählt werden konnte, wurde zudem das Angebot einer persönlichen Beratung durch den medizinischen Dienst der Lufthansa gemacht. Diese konnte telefonisch durch eine Hotline erfolgen, aber auch direkt vor Ort. Auch die Vertragsärzte vor Ort – Lufthansa hat in jedem Zielgebiet einen lokalen Arzt, mit dem das Unternehmen zusammen arbeitet – wurden in die Kommunikation mit eingebunden und verrichteten in vielen Beratungsgesprächen Feldarbeit, vor allem in den von SARS besonders betroffenen Ländern und Regionen, wie z.B. Hongkong oder China.

Zweimal während der SARS-Krise hat sich der damalige Vorsitzende des Bereichsvorstands für das Passagegeschäft, Wolfgang Mayrhuber, in einem Videostatement an die Belegschaft gewandt. Diese rund drei Minuten langen Statements konnten über eBase *on demand* angesehen werden und dienten vor allem dazu, die Mitarbeiter eindringlich auf den Ernst der Lage hinzuweisen und sie dazu zu motivieren, die schwierige Situation gemeinsam durchzustehen. Diese audiovisuelle Form der internen Kommunikation wirkte besonders nachhaltig – der Appellcharakter ist bei einer Videobotschaft wesentlich deutlicher ausgeprägt als bei einem geschriebenen Statement. Zusätzlich wandte sich der Vorstand mit einem „persönlichen" Brief an die lokalen Mitarbeiter, in dem er diesen Dank aussprach für den Mut und die Bereitschaft, diese Krise gemeinsam durchzustehen. Die wöchentlich zweisprachig erscheinende Mitarbeiterzeitung „Lufthanseat" ergänzte das Online-Angebot um ausführliche (Hintergrund-)Informationen. Weiterhin kamen Merkblätter zum Einsatz, die ebenfalls für Mitarbeiter ohne Schreibtisch und Intranetzugang konzipiert wurden und nötigenfalls zur Hand genommen werden konnten.

Durch den Krisenstab wurden täglich *daily reports* veröffentlicht, welche die Entwicklung der Lage beschrieben, bereits ergriffene und geplante Maßnahmen erläuterten und Sonderregelungen für einzelne Länder enthielten. Die Verbreitung dieser Bulletins lag ebenfalls in der Verantwortung der Krisenkommunikation.

Besonderes Gewicht hatte im Rahmen der internen Kommunikation zu SARS die lokale Kommunikation. Bei allen Publikationen wurde darauf geachtet, diese zeitgleich auch in englischer Sprache dem lokalen Management zur Verfügung zu stellen. Die regionalen PR-Verantwortlichen, vor allem für Asien-Pazifik und Nordamerika, waren hier besonders eingebunden und sorgten für die Distribution der Veröffentlichungen. Zugleich lieferten sie aber auch Informationen zur Lage vor Ort. Dieses Zusammenspiel zwischen Zentrale als Aggregator und lokalem Management als Informationslieferant und -distributeur war extrem wichtig, um die Krise in ihrer internationalen Dimension erfolgreich zu bewältigen.

Aufgrund der Notwendigkeit, durch massive Einsparungen das wirtschaftliche Überleben der Airline zu sichern, wurden den Mitarbeitern auch persönliche Opfer abverlangt. Die Kommunikation hierzu war sehr sensibel und musste zudem mit den Mitbestimmungsgremien abgestimmt sein. Dass am Ende der Krise nicht ein einziger Lufthansa-Mitarbeiter entlassen werden musste – Lufthansa war damit in der Airline-Branche eine absolute Ausnahme –, hat die Glaubwürdigkeit der zuvor getroffenen Aussagen im Nachhinein untermauert und zu einer Festigung des Stellenwertes der internen Kommunikation bei der Belegschaft geführt. Hier zeigt sich, dass ein Unternehmen, wenn es alles richtig macht, auch gestärkt aus einer Krise hervorgehen kann.

Abschluss der Krise

Am hundertsten Tag nach Ausbruch von SARS, am 18. Juni 2003, ließ sich die Zahl der Neuinfektionen weltweit bereits an einer Hand abzählen. Am 5. Juli erklärte die WHO die Epidemie für endgültig besiegt, nachdem mit Taiwan das letzte Gebiet SARS-frei war. Lufthansa hat das Ende der Krise zum Anlass genommen, in der zweiten Julihälfte eine internationale Journalistenreise nach Asien zu veranstalten. *See-*

ing is believing! war der Grundgedanke. Gemeinsam organisiert von Lufthansa und den lokalen Wirtschafts- sowie Tourismusverbänden, besuchte die Mediengruppe Singapur, China, Malaysia und Hongkong. Die Reise wurde durch einen Teil des Lufthansa-Vorstandes begleitet. Die mitreisenden Journalisten berichteten ausführlich und positiv über die Situation in Asien. Damit wurde ein sichtbares Zeichen gesetzt: Es ist wieder vollkommen sicher, nach Asien zu reisen! Positiver Nebeneffekt: Durch vor Ort einberufene *townmeetings* war es möglich, den lokalen Lufthansa-Mitarbeitern persönlich für ihren Einsatz zu danken. Über Reise und Townmeetings wurden wiederum ausführlich in der Mitarbeiterzeitung „Lufthanseat" berichtet.

Erleichtert wurden in der Abteilung Konzernkommunikation nach und nach Kapazitäten verschoben, Webseiten offline genommen und neue oder liegengebliebene Themen wieder in Angriff genommen. Und natürlich ist es nur allzu menschlich und naheliegend, möglichst rasch zu vergessen und nach vorne zu blicken. Dennoch hat Lufthansa in mehreren Meetings mit den Hauptakteuren der SARS-Kommunikation die Ereignisse ausgewertet, aus Fehlern somit Erfahrungen gemacht. Die Ergebnisse dieser Manöverkritik sind in das bestehende Krisenkommunikationsmanual eingeflossen und haben es somit weiter verbessert.

Fazit

Die Fähigkeit, aus gemachten Erfahrungen zu lernen, zeichnet die Krisenkommunikation bei Lufthansa aus. Das Fallbeispiel SARS hat den Umgang mit einer exogenen, von den Betroffenen nicht oder nur wenig beeinflussbaren Krise beschrieben. Lufthansa konnte SARS nicht verhindern, konnte Passagieren nicht die Angst vor einer Infektion an Bord oder im Zielland nehmen. Die Möglichkeiten waren also von vornherein beschränkt. Dass Lufthansa die Krise doch gut überstanden hat, hat mehrere Gründe:

• Lufthansa war vorbereitet; es gab zwar kein Szenario SARS, aber es gibt klare und abgesicherte Regeln und Abläufe, wie das Unternehmen mit einer Krisensituation umgeht. Die Erfahrungen aus der Zeit nach dem 11. September waren in vorhandenes und nutzbares Wissen umgewandelt worden.

- Lufthansa hat Partner gewinnen können, um die Diskussion in der Öffentlichkeit zu versachlichen; nicht nur Verbände, sondern auch Einzelpersonen haben zur Versachlichung beigetragen.

- Lufthansa hat schnell reagiert und die Ängste der Betroffenen, also der Kunden ebenso wie die der Mitarbeiter, offen angesprochen und ist adäquat auf sie eingegangen.

- Die Aussagen des Unternehmens waren in Einklang mit den Handlungen; dies verstärkte das Vertrauen in die Fluggesellschaft und ihr Management.

Dagegen muss festgehalten werden, dass eine gefühlte Krise wie SARS, die nachweisbar vor allem in den Medien stattgefunden hat, künftig nur dann besser überstanden werden kann, wenn es gelingt, die Medien an ihre Verantwortung zu erinnern, ihre Berichterstattung objektiv, angemessen, akkurat und ausgeglichen zu gestalten. Die gängige Praxis vieler Medien – gerade im TV-Bereich – aufmerksamkeitssuchende „Experten" anstelle von fundierten und solide recherchierten Informationen ins Bild zu setzen, macht es betroffenen Unternehmen schwierig, einer Krise mit konventionellen Methoden vernünftig zu begegnen. Dass sich Unternehmen heute gleichwohl mit Herausforderungen dieser Art auseinandersetzen müssen, ist ein unschönes feature unserer heutigen Medienkultur.

Zusammenfassend kann gesagt werden, dass Lufthansa die SARS-Krise als Chance genutzt hat: die Airline hat das Vertrauen der Mitarbeiter in ihr Unternehmen zu verfestigen gewusst; sie hat auch gegenüber ihren Kunden Verantwortungsbewusstsein bewiesen; sie hat aus den gemachten Erfahrungen wertvolles Wissen gewonnen. Sie hat auch dem Kapitalmarkt gegenüber demonstriert, dass das Management in der Lage ist, flexibel und umsichtig auf die Situation zu reagieren. So betrachtet stand am Ende der SARS-Krise nicht nur ein großer monetärer Verlust, sondern auch ein aus der Krise gestärkt hervorgegangenes Unternehmen Lufthansa.

Fußnoten

1 Zitat von Richard Quest, Reporter bei CNN.

2 Übrigens immer häufiger direkt von Unfällen: So gibt es etwa Amateuraufnahmen der brennenden Concorde in Paris. Vorläufiger Höhepunkt der Bilderflut: Am 22. September 2005 übertrugen CNN und andere Nachrichtensender live die Notlandung einer Jet-Blue-Maschine mit verdrehtem Bugrad. Nicht nur das: JetBlue bietet Live-TV an Bord an. So konnten die Passagiere ihren eigenen Flug bis wenige Minuten vor der Landung selbst im Fernsehen verfolgen. Die Landung verlief übrigens glimpflich, es gab keine Verletzten.

3 Zwei Beispiele für die Wichtigkeit lokaler Krisenkommunikation: Am 8. August 2003 geriet der Flug LH440 von Frankfurt nach Houston kurz vor der Landung in unvorhersehbare, so genannte „clear air turbulences". Mehrere Fluggäste und ein Crewmitglied wurden durch die Turbulenzen verletzt. Während der Vorfall in Deutschland nur in einer kurzen Bild-Zeitungs-Nachricht vermeldet wurde, war das Ereignis in Houston tagelang in der Presse, lokale Fernsehstationen berichteten live von der Ankunft des Flugzeugs am Flughafen Houston.

Zweites Beispiel: Am 5. Oktober 2004 erhielt Lufthansa eine Bombendrohung für einen Flug, der zu diesem Zeitpunkt *en route* zwischen Frankfurt und Tel Aviv war. Nach Auswertung der Fakten und Beurteilung der Lage durch die Sicherheitsbehörden in Deutschland und Israel entschied man sich für einen Weiterflug, da die Warnung unglaubwürdig erschien. Schließlich wurde der Flug aber dennoch nach Zypern umgeleitet. In der Tat war keine Bombe an Bord. In Deutschland las man nur wenige Zeilen über den Vorfall. Die Vorstellung, ein deutsches Verkehrsflugzeug könnte als Waffe gegen Israel eingesetzt werden, elektrisierte hingegen die Medien in Israel, interessanterweise aber auch in Nordamerika, wo es viele jüdische Zeitungen und Verlage gibt. Dort wurde ausführlich berichtet; die *Jerusalem Post* machte ihre Zeitung am kommenden Tag mit diesem (Nicht-)Ereignis auf.

4 Übrigens hat das AA mittlerweile die Diktion geändert und spricht nun von „Sicherheitshinweisen" statt von „Reisehinweisen".

Terroranschläge als kommunikative Herausforderung – Strategien für das Kommunikationsmanagement

Shlomo Shpiro

Wie Unternehmen auf Terroranschläge reagieren

In den vergangenen Jahren wurden viele Unternehmen Opfer terroristischer Anschläge. Dabei wurden Mitarbeiter oder Kunden getötet, Einrichtungen wurden zerstört, finanzielle Einbußen mussten hingenommen werden, Aktienkurse sanken, innerbetriebliche Probleme traten auf, und langfristig zeigten sich Auswirkungen auf die Kerngeschäftsfelder. Die am schnellsten spürbare und deutlichste Folge dieser Terroranschläge war jedoch, dass das Unternehmen in den nationalen und internationalen Medien sofort im Mittelpunkt des allgemeinen Interesses stand.

In einer Zeit, in der die Welt dem Terrorismus den Krieg erklärt hat, stehen Terroranschläge bei der internationalen Berichterstattung immer an erster Stelle. Die breite Öffentlichkeit möchte sofort alle Einzelheiten über die Anschläge, die Opfer und die Folgen erfahren. Jedes Unternehmen, das Ziel eines Terroranschlags war, muss sofort auf Grundlage einer für eine solche Krisensituation entwickelten Kommunikationsstrategie und im Sinne der Interessen des Unternehmens, der Mitarbeiter und künftiger Geschäfte reagieren und handeln. Unternehmenssprecher müssen äußerst schnell und effizient auf Hunderte, wenn nicht sogar Tausende von Fragen der Medien reagieren. Fehlende Informationen über den Schauplatz des Anschlags und Unsicherheit über die genaue Zahl der Opfer erschweren die Reaktion durch das unternehmensinterne Kommunikationssystem. Wurden bei einem Terroranschlag Kollegen verletzt oder getötet, erhöht dies noch den Druck, unter dem ein Kommunikationskrisenstab im Rahmen eines Terroranschlags arbeiten muss.

90

Viele Unternehmen, die Ziel eines terroristischen Anschlags wurden, hatten eine solche Möglichkeit nie in Betracht gezogen und reagierten daher völlig überrascht. Terroristen greifen westliche Unternehmen nicht auf Grund des Inhalts ihrer Geschäfte an, sondern weil sie als Symbol für westliche Politik und Werte stehen. Viele westliche Unternehmen sind der Überzeugung, dass sie der wirtschaftliche Wert ihrer Arbeit in einem bestimmten Land, wie zum Beispiel die Schaffung von Arbeitsplätzen und die harte Währung, die sie in das Land bringen, vor einem Terroranschlag schützt. Es zeigt sich jedoch immer wieder, wie falsch diese Einschätzung ist. Terroristen wählen ihre Ziele mit großer Sorgfalt aus und bevorzugen Unternehmen, die ihrer Meinung nach ein „hinreichend westliches" Symbol für die politischen Ideologien sind, gegen die sich ihre Aggression richtet.

In einer Studie haben wir untersucht, wie sich Unternehmen bei Terroranschlägen verhielten, die sie unmittelbar betrafen. Über zwanzig Fallstudien von Terroranschlägen in verschiedenen Ländern wurden analysiert, wobei die unmittelbare Reaktion der Unternehmen in den Medien, ihre Kommunikationsstrategie, ihre Anstrengungen, den Opfern zu helfen, sowie die Rückkehr des Unternehmens zur Normalität auf lange Sicht untersucht wurden. Drei dieser Fallstudien sollen im Folgenden exemplarisch vorgestellt werden.

Der Bombenanschlag auf das Marriott Hotel in Jakarta

Marriott International ist eine der weltweit größten Hotelketten mit mehr als 2.800 Hotels in der ganzen Welt. Im August 2003 explodierte eine Autobombe vor dem Eingang des Marriott Hotels in der indonesischen Hauptstadt Jakarta. Neun Menschen wurden getötet, mehr als 150 wurden verletzt. Durch die starke Detonation entstand schwerer Sachschaden an dem Hotel, dessen Empfangshalle und Restaurant zerstört wurden. Die PR-Managerin des Hotels aß gerade im Restaurant des Hotels zu Mittag, als die Bombe explodierte. Obwohl sie wegen der Detonation noch unter Schock stand, gelang es ihr, aus dem Gebäude zu entkommen und die eintreffenden Journalisten kurz über die Geschehnisse zu informieren. Einige Reporter kritisierten, dass die öffentliche Reaktion von Marriott International auf den Bombenanschlag in Jakarta viel zu spät erfolgt sei. Journalisten versuchten vergeblich, von Marriott

International Antworten auf ihre Fragen zu erhalten. In den Büros in Washington, London und Jakarta ankommende Anrufe wurden nicht entgegengenommen. Marriott richtete keine Hotline ein, und die Telefone am Firmensitz in Washington waren nachts nicht besetzt. Im Internet konnten noch Stunden nach dem Bombenanschlag Zimmer in Jakarta gebucht werden, obwohl das Hotel sofort geschlossen worden war. Die Reaktion von Marriott im Internet erfolgte ebenfalls nur schleppend. Es dauerte über zwölf Stunden, bis auf der Website Informationen über den Bombenanschlag mitgeteilt wurden.

Anfang September 2003 gab Marriott offiziell bekannt, dass das Hotel in Jakarta wieder seinen normalen Betrieb aufnehmen würde. „Es wird für die Gäste keine speziellen Paketangebote geben, und wir werden auch unsere Preise generell nicht senken. Ich kann noch nicht genau sagen, wann wir wieder unsere alten Gästezahlen haben werden, aber wir werden uns dauerhaft darum bemühen", erklärte der Sprecher relativ trotzig. Marriott verfuhr eindeutig nach dem Motto „Business as usual". Der Bombenanschlag auf das Hotel in Jakarta stellte eine Fortsetzung der dauerhaften terroristischen Bedrohung westlicher Ziele in Südostasien dar. Trotz des vorherigen Bombenanschlags in Bali schien der Anschlag auf das Hotel in Jakarta die für Unternehmenskommunikation zuständige Abteilung überrascht zu haben. Diese Mischung aus Überraschung und Verwirrung behinderte eindeutig die Kommunikation des Unternehmens nach außen.

Bombenanschläge auf die HSBC-Bank in Istanbul

HSBC ist die weltweit zweitgrößte Bank. Sie ist in über 80 Ländern tätig. Im November 2003 explodierten zwei riesige Autobomben in der Innenstadt von Istanbul: eine Bombe vor dem türkischen Sitz der HSBC-Bank und eine vor dem britischen Konsulat. Bei den starken Explosionen wurden 14 Personen getötet und über 100 Personen verletzt, darunter auch viele HSBC-Mitarbeiter. Eine Al Kaida nahe stehende türkisch-islamistische Gruppe übernahm die Verantwortung für die Anschläge.

Nach dem Bombenanschlag konzentrierte sich die bei HSBC für Kommunikation zuständige Abteilung auf zwei Themenbereiche: das Schicksal der bei den Bombenanschlägen verletzten Mitarbeiter sowie die Zusicherung gegenüber der türkischen Geschäftswelt, dass die HSBC-Bank die Zusammenarbeit mit ihren türkischen Kunden weiterhin engagiert fortsetzen werde. Sämtliche türkischen Zweigstellen der HSBC-Bank wurden am Nachmittag des Bombenanschlags geschlossen, waren jedoch bereits am nächsten Morgen wieder geöffnet. In ihren Presseverlautbarungen bestätigte HSBC, dass sie ihre Geschäftstätigkeit in der Türkei auf jeden Fall beibehalten wolle. Noch am Tag des Anschlags sandte die HSBC Kommunikationsabteilung über 3.000 Faxmitteilungen an sämtliche Geschäftskunden in der Türkei, unterrichtete sie über die Geschehnisse, bestätigte die Bereitschaft von HSBC in Bezug auf eine weitere Zusammenarbeit und gab angesichts des schwer beschädigten Banksitzes neue Kommunikationsdaten für eine Kontaktaufnahme bekannt.

Letztendlich wurden drei HSBC-Mitarbeiter getötet und 43 verwundet. HSBC beauftragte sofort speziell ausgebildete Fachleute mit der Betreuung ihrer Mitarbeiter angesichts des traumatischen Verlustes von Freunden und Kollegen. Eine Woche nach dem Bombenanschlag kündigte HSBC zwei Programme zur Unterstützung der bei dem Bombenanschlag verletzten Menschen an: Zum einen wurde ein Fonds zum Andenken an die getöteten Mitarbeiter gegründet. Die Mittel dieses Fonds in Höhe von 1 Million US-Dollar sind zur Unterstützung der Familien der getöteten oder verletzten Mitarbeiter bestimmt. Als zweite Maßnahme wurde ein lokales Hilfsprogramm für den Wiederaufbau von Geschäften ins Leben gerufen, die bei den Bombenangriffen zerstört worden waren. Die Medien berichteten umfassend über diese Programme und hoben das Engagement von HSBC auf dem türkischen Markt hervor.

Im Juli 2003 begann HSBC damit, eine Reihe neuer islamischer Bankprodukte für den Privatkundenbereich anzubieten. Diese neuen Produkte, die unter dem Namen „Amanah Finance" angeboten wurden, bieten Bankdienstleistungen gemäß den Anforderungen der Scharia, des islamischen Rechts. Amanah-Leistungen werden inzwischen in Großbritannien, den USA, Saudi-Arabien, Dubai, Brunei, Malaysia und Bangladesch angeboten. Im Oktober 2003 ging HSBC in Indonesien mit einer eigenen islamischen Bank namens „HSBC Syariah" auf den Markt, die speziell auf die Bedürfnisse des weltweit bevölkerungsreichsten islamischen Staates zugeschnitten ist. HSBC führte auch eine islamische Rentenkasse in Großbritannien ein, die sich streng an islamische Gesetze hält und nicht in bestimmte Branchen investiert, die wie zum Beispiel alkoholische Getränke, Schweinefleischprodukte, Tabak und herkömmliche Bankleistungen nach islamischer Sitte verboten sind.

Um die Einhaltung der islamischen Vorschriften bei den von ihr angebotenen Produkten gewährleisten zu können, setzte HSBC ein aus anerkannten islamischen Gelehrten bestehendes Scharia-Beratungsgremium ein. Durch die Bereitstellung islamischer Produkte verbessert HSBC sein Image vor Ort in den islamischen Ländern. Angesichts der 1,5 Milliarden Moslems weltweit bestehen für islamische Bankprodukte enorme Marktchancen. Durch diese Maßnahmen verwischt sich das Bild von HSBC als westliche Bank, wodurch das Risiko eines Terroranschlags deutlich vermindert wird.

Terror gegen die McDonald's-Restaurants

In den vergangenen Jahren waren McDonald's-Restaurants immer wieder Ziele terroristischer Übergriffe, da McDonald's mit den USA gleichgesetzt wird. In Chile, China, Russland, Indien, Saudi-Arabien, Indonesien und sogar in Finnland kam es zu Anschlägen oder Terrorangriffen. Der gegen die Kette gerichtete Terror islamischer Gruppen erreichte seinen Höhepunkt am 20. Mai 2004, als McDonald's-Restaurants in der Türkei und Italien am gleichen Tag Ziel von Bombenanschlägen wurden. In der offiziellen Presseverlautbarung von McDonald's zu diesen beiden Anschlägen wurde nicht versucht, das typisch amerikanische Image des Unternehmens zu negieren. Charlie Bell, Präsident und CEO von McDonald's, erklärte vielmehr: „Wir sind stolz darauf, als Sinnbild für Amerika zu stehen. Wenn die Leute nach etwas typisch Amerikanischem suchen, kommen Unternehmen wie das unsere natürlich immer wieder ins Spiel".

In Indonesien entwickelte McDonald's eine einzigartige Pressekampagne zum Schutz seiner Restaurants vor Terroranschlägen. Dabei distanzierten sich die indonesischen Restaurants von ihrer amerikanischen Muttergesellschaft und wiesen auf das islamisch und indonesisch geprägte Wesen der Restaurants, der Angestellten sowie der Eigentümer hin. In arabischen Schriftzeichen werden die Kunden darauf hingewiesen, dass das Essen gemäß islamischen Vorschriften (Halal) gekocht wird, und sogar die berühmten „Golden Arches", das Unternehmenssymbol von McDonald's, werden an einem Freitag gedreht und zeigen, wo es zur nächsten Moschee geht.

Planung, Ausbildung und Simulation

Die Analyse mehrerer Terroranschläge zeigt, dass die meisten Unternehmen vollkommen überrascht reagieren und keine wirkungsvollen Kommunikationspläne für Krisensituationen besitzen. Der Tod von Kollegen oder Kunden löst bei den Mitarbeitern des Unternehmens Schmerz und irrationale Gefühle aus. Die geographische Entfernung, Zeitunterschiede und die Tatsache, dass sich viele Anschläge bei Nacht oder am Wochenende ereignen, wirken sich nachteilig auf die Reaktion der unternehmensinternen Kommunikationsabteilungen aus. In vielen Unternehmen ist die Zusammenarbeit zwischen den Abteilungen Kommunikation und Sicherheit eher schlecht. Als Folge hiervon kommt es oft zu verwirrenden oder irrelevanten Mitteilungen, die keinerlei Beruhigung für Kunden und Geschäftspartner darstellen.

Opfer eines Terroranschlags zu werden ist für jedes Unternehmen eine harte Belastungsprobe, vor allem für die entsprechenden Mitarbeiter der Presse- und Kommunikationsabteilung sowie für das Management. Ein Terroranschlag ist in erster Linie immer ein Unglück, bei dem es um Menschenleben geht. Unschuldige Opfer und ihre Familien sind betroffen, die einen hohen Preis für ihre Beziehung zu dem Unternehmen zahlen, das sich Terroristen als Zielscheibe ausgesucht haben. Die menschliche Tragödie ist auch eine wirtschaftliche Tragödie, da sie sich auf die Geschäfte, die Finanzen sowie auf die Investitionen auswirkt. Die in den Unternehmen für Kommunikation zuständigen Abteilungen können zwar die Tragödie nicht mehr abwenden, aber möglicherweise deren Ausmaß und Folgen abmildern. Das richtige Verständnis dafür, wie Medien in Krisenzeiten und bei Terroranschlägen reagieren, sowie eine gute Zusammenarbeit mit den Medien kann durchaus dazu beitragen, dass sich eine Tragödie nicht in eine Katastrophe verwandelt.

Die wichtigste Aufgabe besteht für Unternehmen darin, sich auf mögliche Terroranschläge vorzubereiten, indem abhängig von ihrer internationalen Bedeutung, ihren Standorten, ihrer jeweiligen Risikoanalyse und ihrer Beziehung zu den Medien angemessene Kommunikationsstrategien entwickelt werden. Diese für Krisenzeiten bestehenden Kommunikationsstrategien sollten in realistischen Simulationsszenarien erprobt werden und auf verschiedene Arten von Terroranschlägen anwendbar sein. Wenn der Notfall eintritt, kann durch die enge Zusammenarbeit zwischen der Kommunikationsabteilung und der Unternehmensleitung, die effiziente und schnelle Beantwortung von Medienanfragen, die intensive Betreuung von Verletzten und Familien der Opfer sowie durch das Festhalten an einheitlichen und eindeutigen Aussagen Kommunikation so erfolgen, dass der entstehende Schaden eingedämmt wird.

Crisis. What Crisis? –
Krisen, über die man gerne lacht.

Hartwin Möhrle

Ein weit verbreitete Journalistenwahrheit lautet: „Wenn du schreibst, wie es wirklich ist, glaubt dir das keiner. Also schreibe deine Story so, dass die Leute glauben, so könnte es wirklich passiert sein." Die folgenden Krisengeschichten sind alle genau so oder so ähnlich passiert. Um die beteiligten Personen und Unternehmen zu schützen, sind sie allerdings so bearbeitet, dass niemand eine Bloßstellung fürchten muss. Der Authentizitätsgehalt ist dennoch weitestgehend erhalten geblieben. Vor allem: Es ist die reine Wahrheit. Glauben Sie mir.

Der Hausmeister als Krisenauslöser

Die Verabredung wurde im kleinsten Kreise getroffen. Die Demission des Vorstandsmitgliedes F. bedurfte größter Sensibilität. Der europäische Handelskonzern befand sich in einer schwierigen Situation. Die Unternehmensleitung stand unter massivem Druck der Wirtschaftspresse, die angesichts schlechter Zahlen und wilder Gerüchte um die Ablösung der Führungsmannschaft bohrende Fragen stellte. Auch die Stimmung in der Belegschaft war nicht gut. Die allgemeine Unsicherheit förderte das Misstrauen gegenüber dem Management. Angeführt vom Betriebsrat wurde allenthalben die Befürchtung eines drohenden Kahlschlags beim mittleren Management und bei den Mitarbeitern kolportiert. Den Beteiligten war klar: Wenn das geplante Revironment zu früh und falsch in die Öffentlichkeit kommuniziert würde, gingen die Wogen hoch und die Aktien in den Keller.

Das betroffene Vorstandsmitglied F. wurde eingeweiht. Er stand kurz vor Antritt eines bereits geplanten Urlaubs. Die Situation schien günstig. Nach seiner Rückkehr sollte er zunächst krankheitsbedingt zu Hause zu bleiben. So ließe sich unverdächtig Wochen Zeit gewinnen, bis ein Nachfolger benannt werden konnte. Der Kreis der Eingeweihten schwor sich Diskretion. Ehrensache.

F. war gerade mal zwei Tage im Urlaub, als seine Sekretärin tränenüberströmt in den Vorstandfluren herumlief. Sie suchte eine Erklärung dafür, warum der Hausmeister morgens seelenruhig die Namenschilder von ihr und ihrem Chef an der Bürotür abgeschraubt hatte. Als sie ihn zur Rede stellte, brummte er etwas von „Anweisung von oben." Oben aber war an diesem Vormittag freilich niemand zu sprechen. Also ging sie zum Betriebsrat.

Ob nun eine böswillige Indiskretion oder auch nur schiere Unachtsamkeit dafür gesorgt hatte, dass der Hausmeister seinen Schraubenzieher zückte, mochte danach niemand mehr final klären. Die fein ausgedachte Strategie löste sich binnen eines halben Tages auf. Der Vorgang trug nicht eben zur Vertrauensbildung weder in der internen noch der externen Öffentlichkeit bei. Unglaublich? Ja. Aber wahr.

Die Reihe der Beispiele ist lang, bei denen die Krisen letztlich durch das eigene Verhalten induziert oder zumindest befeuert wurden. Die Geschichte von dem Fax, das offenbar aus der Kanzlei des Moderators Michel Friedmann versehentlich an eine Pizzabäckerei geschickt wurde, ging durch die Republik. In den Darstellungen der Berliner Staatsanwaltschaft ging es um Prostituierte, um Drogen und einiges mehr. Die Indiskretion trieb das öffentliche Ansehen von Friedmann endgültig in den Minus-Bereich.

Dicke Luft gab es in der Kommunikationsabteilung von Airbus Ende März 2006. Das Unternehmen hatte soeben einen für die Zulassung eminent wichtigen Evakuierungstest eines vollbesetzten A380 mit über 830 Passagieren erfolgreich absolviert. Die Presseverantwortlichen waren davon offensichtlich so beflügelt, dass sie beim Versand der Pressemitteilung nicht mehr so genau hingeschaut haben. In dem Text hieß es erstaunlicherweise, dass nach einem Druckverlust in einer der Notrutschen während des Tests die Demonstration abgebrochen worden sei. A380-Programmchef Charles Champion wurde mit den Worten zitiert: „Unsere Gedanken sind vor allem bei den Personen, die Verletzungen erlitten haben." Dabei war es schlicht die falsche Pressemitteilung, die ihren Weg in die Öffentlichkeit fand. Umsichtig, wie vorausschauende

Kommunikatoren nun mal sind, hatten diese eine Version für den Fall vorbereitet, dass tatsächlich etwas schief geht. Airbus musste sich entschuldigen und den Spott von Branche und Medien über sich ergehen lassen.

Rote Ohren setzte es auch in der Presseabteilung des französischen Unternehmens Alcatel. Als die Firma im Zusammenhang mit einem Sicherheitsproblem bei ihren DSL-Modems zum Gang in die Öffentlichkeit gezwungen wurde, verschickten die Verantwortlichen das Pressestatement als Word-Dokument. Darin stand, dass das Problem nicht per Software-Update aus der Welt geschafft werden sollte. Vielmehr riet Alcatel seinen Kunden, eine Firewall zu installieren, die sie wiederum von Alcatel erhalten sollten. Diese in den Augen von Sicherheitsexperten überaus zweifelhafte Lösung stellte offensichtlich auch zu hohe Anforderungen an den Verfasser der Pressemitteilung. Der vergaß nämlich, seine als „versteckter Text" in dem Word-Dokument integrierten Anmerkungen, Bedenken und Formulierungsvariationen zu eliminieren, bevor er das Dokument verschickte. In der finalen Version konnten die Journalisten via History-Funktion dann alles Mitlesen, was als Argumentationslinien erwogen und verworfen worden war. Ein seltener Glücksfall – von der Medienseite aus gesehen. Der Fachinformationsdienst intern.de und diverse Websites verarbeiteten den Lapsus genüsslich.

Die Nackte im Sarg

Besonders bizarr mutet die Geschichte an, die einem mittelständischen Bestattungsunternehmen aus England widerfuhr. Dort hatte gerade die junge Eigentümergeneration die Verantwortung übernommen. Sie war wild entschlossen, neue Wege zu gehen und „Leben in die Bude" zu bringen. Ein mutiger Ansatz, schließlich prägt den Bestattungsmarkt bekanntermaßen doch eher eine stabile denn volatile Nachfrage. Die Anfrage einer ortsansässigen Gruftie-Initiative kam da gerade recht. Die baten das Unternehmen um ein Sachmittelsponsoring. Zunächst ging es um zwei Särge. Die Verhandlungen liefen gut, das Marketingpaket wurde schließlich noch erweitert um die Erstellung einer Website für den jugendlichen Gruselverein. Die Jungbestatter verbuchten das unter langfristiger Kundenbindung. Das Unheil nahm seinen Lauf.

Wenige Monate später surfte der Besitzer eines konkurrierenden Bestattungsunternehmens bei seiner Wettbewerbsbeobachtung auch auf den Seiten der jungen Kollegen. Dabei entdeckte er einen seltsamen Link zu einer anderen Website. Er traute seinen Augen kaum, was er einen Mausklick später alles zu sehen bekam: Umflort von dunklen Stoffen räkelte sich eine junge Nackte bei Kerzenschein in einem Sarg. Die Gruftie-Community versuchte offenbar auf besonders anziehende Weise neue Mitglieder anzuwerben. Kurze Zeit später erschien ein umfangreicher Dreispalter – ohne Abbildungen natürlich – in der regional führenden Tageszeitung. Die Konkurrenz hatte sich ob des ungeheuerlichen Verstoßes gegen Anstand und Sitte ihres Gewerbes zusammengeschlossen und die Sache lanciert. Dabei wurden noch eine ganze Reihe anderer Geschichten kolportiert, die ihren jungen Konkurrenten das Leben und den Markt verderben sollten. Ein ungewöhnlicher Vorgang für eine Branche, in der üblicherweise wenig über das Geschäft gesprochen wird.

Die öffentliche Empörung kochte hoch, und die smarten Jungunternehmer gerieten in eine echte Krise. Dabei hatten sie selbst von diesem Link gar nichts gewusst, wie sie beteuerten. Der Link war vom Webdesigner der Satansanbeter eigenmächtig gesetzt worden. Er wollte dem Sponsor etwas Gutes tun. Nach der ersten Aufregung und untauglichen Versuchen, die Angelegenheit mittels juristischer Intervention aus der Welt zu schaffen, besannen sich die Attackierten auf eine eher stille Kommunikationsstrategie zur Wiederherstellung ihrer Reputation. Neue Marketingmaßnahmen wollten sie zunächst unterlassen, bis wieder „Gras über die Sache gewachsen" sei. Ihren Humor hatten sie bei alledem nicht verloren.

Echt Schwein gehabt

Der Satz „Streichen Sie bitte die Frage aus dem Q&A" gehört zu den Klassikern beim Krisenmanagement mit öffentlichkeitsaversen oder schlicht medienunerfahrenen Menschen. Und nicht immer verfängt der Kompromissvorschlag der Berater: „Gut, aber nur unter der Bedingung, dass die Antwort drin bleibt."

Wohin Unerfahrenheit im Umgang mit den Medien führen kann, verdeutlicht das nächste Beispiel. Im Zusammenhang mit einem bundesweit bekannt gewordenen Lebensmittelskandal drohte ein mittelständisches Unternehmen östlich von Braunschweig in dessen Sog zu geraten. Der Geschäftsführer hatte eine formelle Anfrage von einem nationalen Magazin erhalten. Das Unternehmen sollte dezidierte Auskunft zum Beispiel über den branchenüblichen Umgang mit der Qualitätskontrolle geben. Aber auch nach der eigenen möglichen Verstrickung in den Skandal wurde gefragt. Der Geschäftsführer geriet in helle Aufregung. Ein hinzugezogener Krisenberater beruhigte ihn und empfahl die Erstellung eines knappen, aber mit sachlichen Informationen versehenen Statements. Die recherchierende Journalistin sollte gut informiert und damit positiv gestimmt werden. Ob des komplizierten Sachverhalts standen die Vorbereitungen des Statements unter immensem Zeitdruck. Von der Redaktion war die Deadline zur Beantwortung ihrer Fragen – wie üblich knapp – auf Donnerstag 14.00 Uhr gesetzt worden. Als der Berater dem Geschäftsführer gegen 13.00 Uhr telefonisch den Entwurf für die Information ankündigte, hatte er einen sichtlich aufgeräumten Kunden an der Strippe. „Grüß Sie Herr B. Gut, dass Sie anrufen. Mich hat gerade Frau R. von der M angerufen. Die ist ja sehr nett. Hätte nie gedacht, dass die soviel über die Probleme unserer Branche weiß. Wir haben über eine Stunde miteinander geredet. Ich muss sagen, ein sehr offenes Gespräch. Jetzt geht es mir schon entscheidend besser."

Der Berater tröstete sich zunächst mit ein oder zwei Jägermeister. Indes, in dem Fall war das unnötig. Die Journalistin ging sehr professionell und verantwortungsvoll mit den Plaudereien des Ahnungslosen um. Das Unternehmen kam in dem Bericht namentlich nicht vor. Tatsächlich spielte es in der ganzen Geschichte auch nur eine Nebenrolle. Ein böswilliger Medienprofi allerdings hätte daraus auch ein öffentliches Schlachtfest machen können. So viel Schwein hat man in der heutigen Medienwelt nur noch selten.

Master of Desaster

Dass auch die Medien nicht gefeit sind vor selbst gemachten Krisen bewies vor einiger Zeit die ansonsten so professionelle BBC. Im Rahmen der Berichterstattung zu dem seit Jahren schwelenden Rechtsstreit zwischen dem Computerhersteller Apple und Apple Records, der Plattenfirma der Beatles, ist einer BBC-Redaktion ein besonders schönes Malheur unterlaufen. Zur Kommentierung eines Urteilspruch in der Sache hatten die Moderatoren den Macher der Website „News Wireless", Guy Kewney, geladen. Er galt als Fachmann in der Angelegenheit. Das Gespräch sollte nicht lange dauern, und so bat Kewney seinen Taxifahrer, doch zu warten. Einige Minuten später war die Redaktion dann endlich bereit für das Interview. Ein Assistent kam, um Kewney zu holen. Das Gespräch begann dann etwas holprig. Nach wenigen Fragen schon bekamen die Redakteure ein komisches Gefühl: Was ihr Interviewpartner vor laufender Kamera von sich gab, schien von tieferer Sachkenntnis des Falls eher unbelastet, um nicht zu sagen, wirr. Kein Wunder. Der Assistent hatte versehentlich nicht Kewney, sondern den wartenden Taxifahrer zum Interview gebeten. Der Arme wusste nicht, wie ihm geschah, als die Journalisten ihn nach den Konsequenzen des Urteils und die möglichen Folgen für den iPod-Hersteller befragten. Zunächst gab er sein Bestes, und so dauerte es auch eine Weile, bis sich das Missverständnis aufklärte. Dass diese Peinlichkeit nicht im Verborgenen blieb, verdankt die schmunzelnde Öffentlichkeit Kewney selbst. Der hatte den Vorgang offensichtlich beobachtet und sich den Mitschnitt des Interviews mit seinem Taxifahrer besorgt. Für den Rest sorgten YouTube und die internationale Blogger-Community.

Über solche Missgeschicke können selbst die Beteiligten nach einer Weile schmunzeln. Nicht zum Lachen ist, was in so manchen Krisenmanuals und -handbüchern von Unternehmen und Institutionen steht. Der allgemeine Hinweis „Keine Panik" mag ja noch durchgehen. Bei der Anweisung aus den Unterlagen eines Nahrungsmittelherstellers: „Kümmern Sie sich persönlich um die herantretenden Opfer (Formulierung kann vom Sprecher übernommen werden)", hört der Spaß auf. Hanebüchen ist auch, was manche Krisenberater und Handbuchliteraten den Beteiligten in akuten Krisensituationen so alles empfehlen: „Fügen Sie bitte unbedingt zuerst die Bestellnummer auf dem Anforderungsexemplar aus" fordert ein großes mittelständisches Unternehmen für die Ad-hoc-Bereitstellung eines Krisen-Handys. Auch die allgemeine Formulierung „Führen Sie Protokoll über den Verlauf der Angelegenheit" vermag zu punktuellen Überforderungen der Beteiligten in echten Krisensituation führen.

Insgesamt gilt: Die meisten Krisenhandbücher und -manuals sind zu kompliziert, zu umfangreich und daher weder für das Krisentraining noch den Einsatz im Krisenfall wirklich geeignet. Das Crisis-Manual eines internationalen Pharmaunternehmens zum Beispiel umfasste mehrere hundert Seiten. Hier haben sicherlich vor allem versicherungsrechtliche und juristische Sachverhalte die Feder geführt. Doch auch die gut 35-seitige Kurzform, wohlgemerkt für den Fall von „immediate actions" als Anleitung empfohlen, würde gewissenhafte Nutzer zur längeren Lese- und damit Handlungspausen zwingen, mit absehbaren Folgen. Letztlich entstehen die Enzyklopädien der Krisenkommunikation aus dem schieren Absicherungsbedürfnis, damit im Fall der Fälle und am Ende aller Tage das System Recht hat und irgendein armer Teufel als der unberechenbare, aber unvermeidliche menschliche Faktor und somit als finale Fehlerquelle der Öffentlichkeit präsentiert werden kann. „Das wird böse enden", deklamierte Werner Enke in dem 60er-Jahre Kultfilm „Zur Sache, Schätzchen" unentwegt vor seiner holden Uschi Glas. Die Dame weiß mittlerweile aus eigener Erfahrung, wovon ihr damaliger Filmpartner sprach.

Mal richtig Bescheid sagen

Der ehemalige Chef der Metallgesellschaft Kajo Neukirchen gilt jenem Typ Manager als leuchtendes Vorbild, der nach unbotmäßiger Berichterstattung am liebsten gleich selbst und möglichst direkt dem Chefredakteur telefonisch die Wahrheit beibiegen möchte – der Kommunikation gewordene Schrecken aller Pressesprecher und Öffentlichkeitsarbeiter. Dabei lieben Journalisten nichts mehr als aufgebrachte Betroffene, bei denen sämtliche argumentativen Selbstschutzmechanismen im Strudel der gefühlten Ungerechtigkeit untergehen. Die Profis wissen damit in der Regel umzugehen, auch zum Schutz ihrer wild sprudelnden Quellen.

Keinen Schmerz kennen sie bei dem Typus des überheblichen, in seine eigenen Formulierungen verliebten Sprücheklopfers. So mancher allzu selbstbewusste Kommunikationschef ist darüber schon gestolpert. Ein branchenweit Bekannter seiner Zunft zum Beispiel wollte den Kollegen des Wettbewerbers schon mal öffentlich an die Hose. Unglücklicherweise wurde wenige Jahre später ausgerechnet deren Chef sein eigener.

Besonders beliebt bei den Medien sind die Redaktionsbesuche durch die Hausjuristen vermeintlich ungerecht behandelter Unternehmen und Institutionen. Von deren Sorte gibt es mindestens zwei Typen: Die einen, denen es eigentlich ein Graus ist, den losgelassenen Kettenhund zu spielen und die in der Regel nach kurzer Darlegung der Rechtslage das Haus erleichtert wieder verlassen. Und die anderen, die mit dem Selbstverständnis, das nur Recht haben kann, wer auch Recht studiert hat, wie Mastinos nach der Meinungsfreiheit schnappen, wo immer sie ein Stück davon riechen. Dabei tun sie ihren Mandanten nicht immer einen Gefallen, auch wenn sie juristisch das eine oder andere verhindern können. Mögen sie noch so gut sein in der Beurteilung der Rechtsfragen, die meisten Juristen beherrschen schlicht das Einmaleins der öffentlichen Meinungsbildung nicht. Ein in juristische Schranken verwiesener, in seiner Berufsehre aber tief gekränkter investigativer Vollblutjournalist ist auf Dauer womöglich eine größere Gefahr als ein negativer Artikel, den die Menschen in den meisten Fällen nach kurzer Zeit schon wieder vergessen haben.

Über Dusel oder Debakel entscheidet in unserer Mediengesellschaft nicht zuletzt die richtige Kommunikationsfolgenabschätzung.

Krisenerfahrung aus erster Hand

Durch Dialog zur Krisenprävention

Ulrich Ott

Von Alexis de Tocqueville stammt die sicher zeitlos gültige Erkenntnis, wonach der Mensch in kritischen Situationen selten auf seinem gewohnten Niveau bleibe. „Er hebt sich darüber oder sinkt darunter". Da kein Unternehmen daran interessiert sein dürfte, die Probe aufs Exempel zu machen und die beteiligten Mitarbeiter/innen gleichsam einem Stresstest zu unterziehen, kommt der Krisenprävention hohe Priorität zu. Auf alles eingestellt sein und immer das Beste hoffen, scheint die Devise zu lauten.

Tatsächlich kann, wer gut vorbereitet ist, selbst Krisen souverän meistern. Doch sei gleich einschränkend hinzugefügt: Jede Krise trägt ganz individuelle Züge, hat ganz eigene, selten berechenbare Wurzeln und verlangt daher nach speziell zugeschnittenen Lösungen. Wenn Alexis de Tocqueville daher den Menschen erwähnte, der sich über sein gewohntes Niveau hebt, dann meinte er nicht jenen, der im Krisenfall lässig den am grünen Tisch erarbeiteten „Plan X" aus der Schublade zaubert und routiniert wie bei einer regelmäßigen Feuerwehrübung reagiert. Krisenprävention muss mehr sein als das theoretische Durchspielen von möglichen Vorfällen, von denen alle Beteiligten hoffen, dass sie niemals eintreten mögen. Prävention darf sich – anders ausgedrückt – nicht auf Trockenübungen beschränken, sondern muss vor allem die möglichen Ursachen und die potenziellen Risikoquellen identifizieren. Hier legt die ING-DiBa einen der Schwerpunkte ihrer Unternehmenskommunikation. Die Instrumentarien, die dabei eingesetzt werden, können naturgemäß keinen absoluten Schutz vor Krisenfällen bieten, sie haben sich jedoch in vielen Jahren bewährt und zum positiven Image der größten europäischen Direktbank beigetragen. Auf den folgenden Seiten werden daher die wichtigsten Bestandteile dieser PR-Strategie und die damit angestrebten Ziele vorgestellt.

Finanzdienstleister als sensible Branche

Zunächst jedoch zur dreifachen Herausforderung, vor der die Krisen-prävention einer Direktbank steht. Ein solches Institut gehört erstens zur besonders sensiblen Finanzdienstleistungsbranche. Es geht um Geld und die finanzielle Sicherheit der Menschen, somit also um Themen der wirtschaftlichen Existenz. Verständlich, dass Kunden auf Fehlleistungen der Bank oder negative Nachrichten über den Finanzdienstleister sehr schnell und heftig reagieren. Als zum Beispiel Anfang des Jahres 2006 die bis dahin als sehr solide geglaubten Offenen Immobilienfonds in die Schlagzeilen gerieten, reichte die negative Empfehlung einer Analystin aus, um unter den Anlegern eine regelrechte Panik zu entfachen – worauf mehrere Fondsschließungen folgten. Wenn Panik im Spiel ist, helfen auch die ausgefeiltesten Krisenkonzepte kaum weiter. In Phasen der Irrationalität wird einer Kassandra mehr geglaubt als zehn redlich argumentierenden Managern. Hinzu kommt der selbstkritische Befund, dass es mit dem Image der Bankenbranche noch immer nicht zum Besten steht, obgleich die Krisenjahre zwischen 2001 und 2003 in der Erinnerung der meisten Kunden mehr und mehr verblassen. Dennoch lässt sich feststellen: Finanzdienstleister unterliegen ebenso wie Nahrungs-mittelhersteller und Energieversorger einem besonders hohen Reputa-tions- und Krisenrisiko.

Bei einer Direktbank ohne Filialen oder Geschäftsstellen vor Ort kommt – zweitens – als weiterer Faktor die Virtualität der Dienstleistungen hinzu. Mit der Distanz steigt die Zahl der potenziellen Risiken, die nur mit konstant hoher Qualität und einer optimalen Integration der einzelnen Kommunikationskanäle minimiert werden können.

Drittens schließlich wachsen mit dem Erfolg zwangsläufig die Risiken – und das nicht nur, weil der Erfolgreiche immer unter verschärfter Beobachtung der vielleicht nicht ganz so erfolgreichen Mitbewerber steht. Um ein rapides Wachstum zu managen, bedarf es einer Vielzahl neuer Mitarbeiterinnen und Mitarbeiter, die in vergleichsweise kurzer Zeit rekrutiert werden müssen, sowie des Einsatzes modernster Technologien. Damit steigt zwangsläufig das Potenzial an möglichen Fehlerquellen. Ein Finanzdienstleister mit fast sechs Millionen Kunden steht vor anderen Herausforderungen als eine lokale Sparkasse oder Genossenschaftsbank.

„Achillesfersen" rechtzeitig erkennen

Es müssen nicht immer Krisen von der Größenordnung eines veritablen Lebensmittelskandals oder eines die Umwelt bedrohenden Störfalls sein, die das Image eines Unternehmens nachhaltig schädigen. In guter Erinnerung sind etwa die Probleme führender Online-Broker auf dem Höhepunkt des Börsenbooms. Die schlechte Erreichbarkeit eines Unternehmens, das vorrangig auf den Direktvertrieb setzt, inkompetent anmutende Mitarbeiter/innen in Callcentern, die damit beschäftigt sind, mögliche Probleme der Kunden weiterzureichen statt zu lösen, erkennbar unprofessionelles Beschwerdemanagement – all dies mag für sich genommen noch keine Krise heraufbeschwören. In der Summe und auf Dauer freilich leidet das Unternehmensimage unter solchen Fehlleistungen. Und ein schlechtes Image führt früher oder später (in aller Regel früher) zu krisenhaften Erscheinungen – leicht ablesbar an den Bilanzkennzahlen.

Eben deshalb ist es erfolgsentscheidend, mögliche „Achillesfersen" rechtzeitig zu erkennen. Die Beteiligten in den Unternehmen sind dazu – selbst bei gutem Willen – angesichts ihrer Einbindung in das Tagesgeschäft und der meist ausgeprägten Innensicht nur bedingt in der Lage.

Eine frühzeitig beginnende Krisenprävention setzt daher voraus, den Kontakt mit den Kunden, den Medien und den Verbraucherschützern zu pflegen. Exakt dieser Strategie folgt die Kommunikation der ING-DiBa. Ziel ist es, im konstruktiven Dialog mit den genannten Gruppen mögliche Fehlentwicklungen oder krisenhafte Eskalationen in einem frühen Stadium zu erkennen und schnell zu reagieren.

Austausch mit Beschwerdemanagement

Wenn es um den Dialog mit den Kunden geht, müssen Unternehmenskommunikation und Beschwerdemanagement Hand in Hand arbeiten und in einem regelmäßigen Austausch stehen. Schon vor mehreren Jahren ergab eine von einem großen deutschen Automobilkonzern initiierte Studie, dass unzufriedene Kunden ihre negativen Erfahrungen im Schnitt sieben Mal weitergeben. Heute wenden sich enttäuschte Konsumenten immer häufiger direkt an die Medien. Und da der kritische Verbraucherjournalismus in den vergangenen Jahren erfreulicherweise stark an Bedeutung gewonnen hat, werden Pannen von Unternehmen im Umgang mit ihren Kunden oft aufgegriffen und breit kommuniziert. Droht ein Verbraucher, sich an die Medien zu wenden, liegt in der Regel ein hohes Maß an Verärgerung vor. Er ist enttäuscht, dass sein – berechtigtes oder unberechtigtes – Anliegen vom Unternehmen nach seinem Empfinden nicht ernst oder nicht ernst genug genommen wird. In solchen Fällen ist eine umgehende Information der für die Unternehmenskommunikation zuständigen Mitarbeiter/innen durch das Beschwerdemanagement unverzichtbar.

Journalistenpreis als Dialog-Plattform

Im Umgang mit den Medien verfolgt die ING-DiBa bereits seit Jahren eine aktive und offensive Strategie. Dazu gehört der intensive Dialog mit den Wirtschafts- und Verbraucherjournalisten in Presse, Funk, Fernsehen und in den Online-Medien. Der Ansatz mag dabei auf den ersten Blick eher ungewöhnlich sein. Statt redaktionell verbrämter Eigenwerbung leistet die Direktbank mittlerweile weithin anerkannte Beiträge zur Förderung des kritischen Verbraucherjournalismus. Das wichtigste und bekannteste Instrument hierzu ist der seit 1996 jährlich verliehene Helmut Schmidt-Journalistenpreis, der längst zu den renommiertesten Auszeichnungen für Medienschaffende avancierte. Eine hochkarätige Jury wählt Jahr für Jahr hervorragende Beispiele für kritischen Wirtschaftsjournalismus aus. Daneben spielt der in den Beiträgen enthaltene Nutzwert eine wichtige Rolle. Schließlich soll der Konsument von den Informationen in der einen oder anderen Weise profitieren.

Helmut Schmidt, Bundeskanzler a.D. und Namenspatron des Preises, formulierte einmal sehr präzise, was er unter gutem Wirtschaftsjournalismus versteht: „Er sollte zum Nachdenken anregen, Zusammenhänge transparent machen und den Menschen die nötige Urteilskraft bei ökonomischen Themen verleihen". Es gibt eine Reihe von Beispielen, wie sich diese Maxime des ehemaligen Regierungschefs in die Praxis umsetzen lässt. Einige davon werden jedes Jahr im Herbst in Hamburg im Rahmen der Verleihung der Helmut Schmidt-Journalistenpreise vorgestellt. Die in den vergangenen Jahren prämierten Beiträge wiesen oft schon sehr frühzeitig auf krisenhaften Entwicklungen hin – zum Beispiel auf die Überbewertung vieler Aktien auf dem vor Jahren abgeschafften ehemaligen Neuen Markt. Auch fragwürdige Praktiken der Banken wurden von den Preisträgern kritisch unter die Lupe genommen.

Zum Erfolg und Ansehen des Preises trug neben dem prominenten Namenspatron und den renommierten Juroren vor allem die Tatsache bei, dass diese Auszeichnung eben nicht dazu dient, das Direktbanking im Allgemeinen oder die auslobende Bank im Besonderen ins günstige Licht zu rücken. Im Vordergrund stehen eindeutig die Förderung und die beispielhafte Herausstellung von hervorragenden Beiträgen aus dem Bereich des Wirtschafts- und Verbraucherjournalismus.

Darüber hinaus unterstützt die ING-DiBa die „Sommerakademie Verbraucherjournalismus" am Journalistischen Seminar der Mainzer Universität. Jahr für Jahr werden hierzu jeweils etwa 40 junge Journalistinnen und Journalisten eingeladen, um ihnen Wege aufzuzeigen, wie sich Themen aus der Wirtschaft transparent und für den Verbraucher nutzwertig aufbereiten lassen. Gezeigt wird zudem, wie die praktische Umsetzung aussehen kann und welche Hindernisse auf dem Weg dorthin zu überwinden sind.

„Frühwarnstationen" an der Basis

Diese beiden Aktivitäten stehen beispielhaft für zahlreiche Initiativen, die darauf abzielen, den Dialog sowohl mit etablierten als auch mit jungen Journalisten zu vertiefen und die Verbraucherberichterstattung in den Medien zu forcieren. Bleibt die Frage, was dies alles mit einer frühzeitigen Krisenprävention zu tun hat. Die Antwort ist einfach: Zum einen bestehen bei einem informierten Kunden, der weiß, was er will, normalerweise geringere Risiken, dass es zu Missverständnissen oder zur Unzufriedenheit kommt. Der aufgeklärte Kunde ist sich auch ohne Beratung in der Bankfiliale darüber im Klaren, welches Produkt er wählt und welche charakteristischen Chancen und Risiken es birgt. Je informierter der Kunde, desto geringer die Gefahr einer Fehlberatung. Banken und andere Finanzdienstleister können dieses Basiswissen nur in begrenztem Umfang vermitteln. Unabhängige Medien hingegen genießen ein höheres Maß an Glaubwürdigkeit unter den Verbrauchern.

Zum anderen bieten die Aktivitäten der ING-DiBa eine ideale Plattform für einen stetigen und kritischen Dialog mit den Fachjournalisten. Sie wissen, wo den Bankkunden der Schuh drückt, über welche Themen sie sich in den Redaktionen beschweren und welche Produkte sie sich wünschen. Insofern fungieren die Journalisten gleichsam als „Frühwarnstationen", die wichtige Erkenntnisse für eine effiziente Krisenprävention liefern. Schließlich wird durch den kritischen Dialog zwischen Bank und Journalisten ein Vertrauensverhältnis aufgebaut, das im Krisenfall von unschätzbarem Vorteil ist. Die Bank signalisiert Transparenz und Medien-Know-how.

Wie eingangs erwähnt, legt die ING-DiBa überdies Wert auf den Dialog mit Verbraucherschützern. Auch sie sind wichtige „Seismographen" am Markt, die der Bank frühzeitig wertvolle Hinweise auf kritische Themen liefern.

Doch sogar ein weit verzweigtes Netz an Frühwarnsystemen schafft natürlich keine absolute Sicherheit vor krisenhaften Entwicklungen. Selbst in einer Direktbank mit flachen Hierarchien, kurzen Wegen und modernster Technik besteht jeden Tag die Gefahr von einzelnen Fehlleistungen, die im Fall einer Verkettung zu einer echten Krise eskalieren können. Es ist wie im Straßenverkehr: Selbst moderne Fahrerassistenzsysteme, hohe technische Sicherheitsstandards und steigende Anforderungen an die Fahrer können die Unfallquoten zwar senken, die Risiken aber nicht völlig aus der Welt schaffen. Der sicherheitsbewusste Mensch versucht verständlicherweise, das Unberechenbare berechenbar zu machen – er will „nichts dem Zufall überlassen". Trotzdem wird er sich diesem Ziel allenfalls annähern, es aber nie erreichen. Prävention ist gut, die professionelle Reaktion im Fall der Fälle bleibt indessen unverzichtbar. Wer weiß, wie die Medien arbeiten und wie die Journalisten „ticken", ist im Worst Case deutlich im Vorteil. Er hat – ganz im Sinne von Alexis de Tocqueville – sehr gute Chancen, sich im Krisenfall „über sein Niveau zu heben". Er wird die Krise aktiv meistern und nicht nur managen!

Krisenkommunikation als Teil des Compliance-Managements

Jürgen Seidel und Hans Jürgen Stephan

Unterschätzter Umgang mit Regelverstößen produziert immense Schäden für Image, Reputation und Bilanz

Compliance – schon wieder ein Management-Modewort, diesmal als „Kick" für den weiten und inflationär gebrauchten Begriff der Corporate Governance? Unwidersprochen scheint zunächst: Der Begriff der Corporate Compliance ist seit einigen Jahren auch in Deutschland verstärkt ins Blickfeld der Öffentlichkeit getreten. Ursprünglich in der angelsächsischen Rechtsterminologie ausgebildet, meint Compliance in seiner grundlegenden Bedeutung nichts anderes als „regeltreues Verhalten" von Unternehmensangehörigen und Leitungsorganen.

Der volkswirtschaftliche Schaden durch mangelnde Compliance ist tatsächlich beträchtlich. Denn allein der offiziell erfasste unmittelbare materielle Schaden durch „harte" Regelverstöße in Unternehmen in Form von Wirtschaftsstraftaten betrug nach konservativen Schätzungen des Bundeskriminalamts im Durchschnitt der letzten Jahre jeweils mindestens 200 Milliarden Euro.

Nach der BKA-Statistik sind im Schnitt gut 67 Prozent der Verursacher und Beteiligten an Compliance-Verstößen Unternehmensangehörige. Nach den Angaben der genannten Behörde steht hinter den jährlich im Schnitt erfassten 80.000 Fällen mit der genannten Schadenssumme noch eine hohe Dunkelziffer. Das klingt nachvollziehbar – unter anderem weil neben zahlreichen unentdeckten Vorkommnissen Unternehmen aus nachvollziehbaren Gründen oftmals nicht sonderlich motiviert sind, Fälle öffentlich zu machen, solange dies zu umgehen ist.

Eine weitere Spitze des Compliance-Eisbergs ist (und spätestens hier kommt die Krisenkommunikation ins Spiel): Die großen Governancebasierten Unternehmenskrisen der letzten Jahre wie zum Beispiel bei Enron, lassen sich in ihren Ursachen beinahe vollständig auf Compliance-Verstöße und Defizite im Compliance-Management internationaler Unternehmen zurückführen.

Zugegeben, „regeltreues Verhalten" klingt begrifflich zunächst nicht unbedingt nach bahnbrechenden Effektivitäts- oder Effizienzgewinnen. Also doch ein weiteres Mal das Rad neu erfunden? Bedacht werden muss beim Versuch einer Antwort: Der angewandte Regelbegriff ist im Kontext des Krisenmanagements notwendig *weit* zu fassen. Denn für krisenbezogenes effektives Compliance-Management sind als „Regeln" gleichermaßen extern gesetzte rechtliche Anforderungen und Standards wie auch firmeninterne Regelungen, Weisungen und interne Normen wie zum Beispiel Kodizes relevant, sofern durch ihre Nichtbeachtung Unternehmenskrisen ganz oder teilweise ausgelöst oder beeinflusst werden können.

Besseres Unternehmensmanagement durch Compliance

Der springende Punkt ist: Compliance in Unternehmen ist eine grundlegende, unumgängliche und wesentliche Voraussetzung für das Greifen jeglicher Managementinstrumente und für die Umsetzung von Entscheidungen und Weisungen insgesamt. Denn was nützt die ausgefeilteste Strategie- und Umsetzungsplanung, wenn der Rest der Belegschaft sich ganz oder teilweise nicht daran hält? Oder wenn an ganz anderer Stelle im Unternehmen ein Manager ein Korruptionsdelikt begeht, welches in unglücklicher Weise in der Öffentlichkeit diskutiert wird und das Unternehmen nachhaltig schädigt?

Neben dem grundlegenden Einfluss auf die Effektivität von Managementmaßnahmen ist ohne hinreichende Compliance keine effektive Rückmeldung im Hinblick auf die Wirkung von Entscheidungen und Steuerungssignalen des Managements denkbar. Dies folgt bereits alleine aus unpräzise greifenden Managementinstrumenten bei schwacher Compliance. Bildhaft formuliert: Das Spiel in der Lenkung der Unternehmensleitung nimmt durch mangelnde Compliance erheblich zu. Was daraus resultiert, sind schwächere Orientierungspunkte auch für künftige Managementmaßnahmen bzw. die effektive Anpassung bestehender. Diese treffen in ihrer Anwendung dann auf wiederum schwach ausgeprägte Compliance, verlieren nochmals an Präzision und so fort. Das „Company Vehicle" vollführt, bildhaft ausgedrückt, gewissermaßen Schlangenlinien auf der Straße, was zu Effektivitäts- und Effizienzverlusten gegenüber dem Wettbewerb führt. Als Resultat ergibt sich ein sich gleichsinnig verstärkender Regelkreislauf, der schnell auf das präzise Gegenteil guter Steuerbarkeit des Unternehmens durch das Management hinausläuft und zu immer häufigeren und schwerer dosierbaren Korrekturimpulsen zwingt. Das Lenkrad der Unternehmensleitung hängt dabei sozusagen an einer stark gelockerten Schraube. Obendrein: Compliance bildet den permanenten Ordnungsrahmen für jegliche Unternehmensprozesse und erhöht damit die Vorhersehbarkeit von Abläufen für alle intern und extern Beteiligten, nicht nur die Unternehmensleitung, und mindert auch hierüber das Risikopotenzial von Prozessen.

Compliance ist daher notwendige Bedingung und zugleich wesentlicher Kern effektiver Corporate Governance. Ohne hinreichende Compliance ist eine effektive Steuerung von Prozessen und Abläufen durch das mittlere und obere Management nicht oder mit nur schwachem Wirkungsgrad erreichbar. Vorhandene Potenziale zur Erhöhung des Wirkungsgrads von Steuerungssignalen und Prozessen werden insoweit noch oftmals unterschätzt und zu wenig in Wettbewerbsvorteile umgewandelt.

Effektivere Steuerbarkeit durch hinreichende Compliance entspricht aber natürlich auch den Interessen der internen und externen Stakeholder. Bei bekannt werdenden gravierenden Compliance-Verstößen mit hohem Schadenspotenzial, wie beispielsweise durch Korruptionsdelikte, kommt der Krisenkommunikation hier eine ganz wesentliche Bedeutung zu, wie sich gleich zeigen wird.

Der rechtliche Rahmen

Der rechtliche Rahmen von Compliance wird geformt durch Entwicklungen vor allem im Unternehmensrecht und Wirtschaftsstrafrecht, durch welche die Pflichten der Unternehmensleitung, wirksame Kontroll- und Überwachungssysteme zur Bewirkung hinreichend effektiver Compliance zu gewährleisten, auch unter dem Aspekt von Haftungsfragen verstärkt ins Blickfeld geraten sind. Katalysator und Treibstoff für das Entstehen und die Fortentwicklung der Anforderungen an Compliance waren ursprünglich eine Reihe gravierender Unternehmenskrisen aufgrund regelwidrigen Verhaltens in Unternehmen, beispielsweise bei Enron und auch bei einer Reihe deutscher Unternehmen. In der Folge richtete sich nicht nur das öffentliche Interesse, sondern auch das des Gesetzgebers auf die Thematik der Corporate Compliance.

Der globale Trend wachsender Anforderungen an Compliance wird von zunehmenden rechtlichen Anforderungen und verbindlichen Compliance-Standards bestimmt. Er geht ursächlich wie kontinuierlich natürlich von vielfältigen Stakeholder-Gruppen und der Öffentlichkeit aus. Daneben sind die anhaltenden Veränderungen der Kommunikation und der Medien für Compliance-basierte Unternehmenskrisen und ihre erfolgreiche Bewältigung natürlich ebenso relevant wie für die Krisenkommunikation insgesamt.

Die Entwicklungen im Bereich der Compliance sind zumindest mittelfristig nicht umkehrbar. Denn sie haben in nachhaltigen Veränderungen in Form einer Vielzahl von Gesetzen und Standards Niederschlag gefunden, die in ihrer Wirkung in der Mehrzahl nicht auf den nationalen Kontext begrenzt sind. Die Krisenkommunikation muss sich daher die wichtigsten praktischen „Technicalities" in Bezug auf Compliance bewusst zu machen, die im Folgenden kurz skizziert werden.

Konsequenzen für die Krisenkommunikation

Compliance ist wichtiger Gegenstand des operationalen Risikomanagements. Der Begriff der „Operational Risks" bezeichnet betriebliche Risiken, die aus fehlerhafter Geschäftsabwicklung, Prozessgestaltung, Systemfehlern, menschlichem Fehlverhalten oder aufgrund externer Einflüsse auf betriebliche Abläufe entstehen. Regelwidriges Verhalten von Mitarbeitern und die dafür vorhandenen Rahmenbedingungen im Unternehmen bilden in diesem Zusammenhang eine zentrale Kategorie des operativen Risikomanagements, weil durch sie das Risikopotenzial sämtlicher Prozesse und Abläufe in den Unternehmen grundlegend definiert wird.

Als latentes Risiko der Geschäftsabwicklung ist das operationale Risiko einsehbar mit jeglichem wirtschaftlichen Handeln verbunden. Dennoch erfreut sich dieser Managementbereich erst seit Beginn der neunziger Jahre des letzten Jahrhunderts deutlich eines wachsenden Interesses. Dies spiegelt den grundsätzlichen Wunsch wider, die neben den originär finanziellen Risiken bestehenden Gefahren wirtschaftlichen Handelns besser einschätzen und managen zu können und daraus Wettbewerbsvorteile herzuleiten. Hintergrund bilden die gesteigerte Komplexität und Vernetzung von Prozessen, die Beschleunigung von Informationsflüssen, Abläufen und Entwicklungen in Unternehmen und in Märkten, die langfristig erhöhte Sensibilisierung von Stakeholder-Gruppen und der Öffentlichkeit und auch die gestiegenen Anforderungen durch Rechtsnormen und verbindliche Standards.

Angesichts dieser Rahmenbedingungen entwickeln lokale operationale Compliance Verstöße – beispielsweise in Form von Korruptionsdelikten Unternehmensangehöriger in einem entfernten Auslandsmarkt – ohne präventiv und reaktiv wirkende Compliance-Managementsysteme eine bisweilen kaum mehr beeinflussbare Eskalations-Dynamik in Bezug auf Krisenverlauf und Schadenswirkungen. Unter den angeführten Bedingungen fallen auch räumlich, organisatorisch und funktional relativ „entfernte" Compliance-Verstöße, beispielsweise in Auslands-Tochterunternehmen oder in verbundenen Unternehmen, häufiger und mit verstärkter Intensität auf deutsche Unternehmensleitungen zurück.

Compliance-Risiken sind daher nur durch unternehmensweit bemessene und einheitlich angewendete spezifische Managementsysteme mit aufeinander abgestimmten Erfassungs- und Steuerungsinstrumenten effektiver zu handhaben. Ausgangspunkt und Voraussetzung für die Entwicklung und Anpassung derartiger Systeme ist stets ein fundiertes Compliance-Risikoaudit.

In Compliance-basierten Krisenfällen bewirken unzureichend ausgeprägte spezifische Managementsysteme unter Umständen zivil- und strafrechtliche Haftbarkeit von Mitgliedern der Unternehmensleitung und strafprozessuale Maßnahmen auch gegen das Unternehmen selbst. Nachteilig beeinflusst werden durch ineffektive operationale Risikomanagement-Instrumente aber neben einer Vielzahl von Stakeholder-Interessen auch der Unternehmenswert und letztlich auch das Unternehmens-Rating durch die führenden Agenturen.

Nachhaltige Schäden für Image und Reputation

Als Relativierung der eingangs genannten dreistelligen Milliardenziffern wird durch eine Vielzahl von Compliance-Krisen in Unternehmen deutlich, dass sich die nachhaltigsten Schadenswirkungen Compliance-basierter Unternehmenskrisen für das Einzelunternehmen auf Image und Reputation des Unternehmens und seiner Marken, aber auch auf diejenige der Mitglieder der Unternehmensleitung beziehen. Besonders hier bildet die Compliance-bezogene Krisenkommunikation die Speerspitze der Schadensbegrenzung, soweit Defizite der spezifischen Managementsysteme mindestens teilweise ursächlich für die Krise waren.

In diesem Zusammenhang wird weder durch Gesetzgeber noch Standards oder Stakeholder die Erwartung gesetzt, dass aufgebaute und kontinuierlich an veränderte Bedingungen angepasste Compliance-Systeme negative Vorfälle gänzlich verhindern. Dies ist im operationalen Risikomanagement schlicht niemals realistisch zu leisten. Wurden die Managementsysteme deshalb vor Beginn des jeweiligen Krisenereignisses hinreichend ausgeprägt und auf ihre Wirksamkeit geprüft, kann die externe Krisenkommunikation den einzelnen – an sich negativen – Vorfall somit mindestens teilweise auch in einen Punktgewinn für das Unternehmen umwandeln.

Die Krisenkommunikation muss daher die besonderen Eigenschaften operationaler Risiken wie mangelnde Messbarkeit und insbesondere Compliance-Risiken stets im Auge behalten und sie im Zusammenspiel mit den sonstigen Compliance-Managementaktivitäten des Unternehmens in die Grundlagen der Kommunikationsstrategie einbeziehen. Unumgänglich ist dafür ein überschlägiger Blick auf generische Ursachen von Compliance-Krisen.

Systembedingte Hauptursachen für das Umschlagen mangelnder Compliance in beginnende krisenhafte Verläufe sind zumeist, dass Regelverstöße

- durch unzureichende Compliance-Risikomangementsysteme indirekt ermöglicht oder nicht verhindert wurden,

- durch Frühwarninstrumente des operationalen Risikomanagements nicht erfasst wurden,

- durch Reporting-Instrumente nicht weitergegeben wurden,

- durch vorbeugende Beobachtungsverfahren und regelmäßige Compliance-Risikoaudits nicht richtig eingeschätzt wurden oder

- durch reaktive Instrumente und Verfahren – und hier vor allem durch professionelle Krisenkommunikation – nicht genügend kontrollierbar wurden.

Neben den genannten Ursachenkategorien gilt: Im Vorfeld Compliance-basierter Krisen sind zumeist grundlegende Parameter des Compliance-Management falsch eingestellt. Neben einer mangelhaften Ausprägung und Zusammensetzung der Compliance-Architektur des Unternehmens, bestehend aus Organisationselementen, Prozessen und internen Normen, ist hier vor allem die präventive Compliance-(Krisen-)Kommunikation zu nennen.

Geringe Beherrschbarkeit von Compliance-Vorfällen ist in der Praxis vor allem durch Compliance-Managementsysteme bedingt, die den Bedingungen des einzelnen Falles nicht gerecht werden. Dazu gehören neben den besonderen Eigenschaften des Urhebers des Compliance-Verstoßes die grundlegenden relevanten Eigenschaften des Unternehmens und seiner Geschäftsfelder, aber auch der „Record" an zuvor bekannt gewordenen negativen Compliance-Vorkommnissen, die besonderen Merkmale des konkreten Verstoßes, der eingetretene oder drohende Schaden sowie der Grad des intern oder extern bereits erfolgten Bekanntwerdens des Verstoßes. Daneben bildet, wie in anderen Aufgabenfeldern der Krisenkommunikation, eine Sensibilisierung der Öffentlichkeit auf ein bestimmtes Thema, wie beispielsweise Korruptionsdelikte, eine besondere Herausforderung für die Kommunikationsstrategie.

Kategorien der Compliance-Krisenkommunikation

Intern-präventive Compliance-Krisenkommunikation ist überwiegend identisch mit der Kommunikation im Kontext des kontinuierlich ablaufenden Compliance-Risikomanagements. Interne präventive Compliance-Kommunikation spielt hier eine wichtige Rolle für das Compliance-Managementsystem insgesamt. Denn der Grad der grundsätzlichen Compliance-Bereitschaft der Unternehmensangehörigen ist eine notwendige Bedingung für dessen Wirkungsgrad. Diese Bereitschaft ist wiederum erwiesenermaßen stark abhängig von der glaubwürdig und dauerhaft kommunizierten nachhaltigen Unterstützung des Compliance-Managements durch die Unternehmensleitung. Für die Wirksamkeit der Compliance-Krisenkommunikation kommt es dabei auf die Integration in das unternehmensweite Compliance-Risikomanagementsystem an, welches die Kommunikationsstrategie durch die Unternehmensleitung umfasst. Instrumente und Foren der internen präventiven Compliance Krisenkommunikation sind beispielsweise elektronische Rundbriefe, eine Compliance-Plattform im Intranet des Unternehmens, unternehmensinterne Kodizes, aber auch Compliance-Trainings und sämtliche Compliance-relevanten Verlautbarungen des oberen und mittleren Managements.

Externe präventive Compliance-Kommunikation besteht in der planmäßigen Veröffentlichung der dauerhaften Ziele, Strategien und Bestrebungen des Unternehmens im Hinblick auf das Compliance-Management. Sie ist in der Regel eingebunden in die übergeordnete Kommunikationsstrategie des Unternehmens. Gezieltes Vorgehen bei der präventiven Compliance-Kommunikation ermöglicht dem Unternehmen und den verantwortlichen Leitungsgremien im Krisenfall eine proaktive, offensive Kommunikationsstrategie.

Im Hinblick auf *extern-reaktive* Kommunikationsstrategien bei Compliance-basierten Unternehmenskrisen bieten im Vorfeld aufgebaute sachgemäße Compliance-Managementsysteme einen grundlegenden Positionsvorteil gegenüber Stakeholdern, der Öffentlichkeit und auch den Behörden. An sich negative „Incidents" mit hohem Schadenspotenzial und geringer Kontrollierbarkeit können dabei durchaus in Punktgewinne für Unternehmen und Leitungsorgane gewandelt werden. Gern übersehene Vorbedingung für eine entsprechende Kommunikationsstrategie ist die ohnehin durch rechtliche Normen und Standards geforderte sachgemäße Dokumentation wirksamer Compliance-Managementsysteme.

Wichtig ist bei der Wahl der richtigen reaktiven Strategie sowie von Einzelschritten der reaktiven Kommunikation zu bedenken, dass der Gesamtstrategie reaktiv ausgerichteter Krisenkommunikation – ganz besonders im Compliance-Kontext – immer auch eine starke präventive Komponente zukommt. Bei der Wahl der Kommunikationsstrategie für

Compliance-Krisen sollten daher neben reaktiven Aspekten auch die Auswirkungen des gewählten Vorgehens auf das künftige präventive Compliance-Risikomanagement zentral in die Überlegungen einbezogen werden. Denn eine durch eine unklug gewählte Krisen-Kommunikationsstrategie nachhaltig beschädigte Compliance-Kultur, die ja ein zentrales Effektivitätsparameter des Compliance-Management darstellt, ist in der überwiegenden Mehrzahl der Fälle nur relativ langfristig wieder vollständig herstellbar.

Fünf Dimensionen der Compliance-Krisenkommunikation

1. Die reaktive Krisenkommunikation gegenüber dem Urheber hängt meist von einer Vielzahl operativer und strategischer Erwägungen ab. Dazu gehören bei „harten" Compliance-Verstößen zum Beispiel arbeits- und haftungsrechtliche Aspekte, Beweislage, Stadium einer rechtswidrigen Handlung in Form von Versuch und Vollendung, bereits eingetretener oder drohender Schaden, Verdunklungsgefahr, Aussicht auf Rückgewinn verlorener Vermögens- oder Sachwerte, mögliches, drohendes oder bereits erfolgtes internes oder externes Bekanntwerden des Compliance-Verstoßes und nicht zuletzt stets auch Verhandlungsstrategie, -psychologie und -taktik. Die Wahl der geeigneten internen reaktiven Strategie hängt dabei sicherlich ganz wesentlich auch davon ab, inwieweit Qualität und Ausmaß des Vorfalls oder Verdachtsfalls sowie Zeitpunkt, Geschwindigkeit und Ausmaß des drohenden Bekanntwerdens hinreichend verlässlich eingeschätzt werden können.

2. Bei der reaktiven Kommunikation gegenüber Strafverfolgungs- und Ermittlungsbehörden sollte neben den eben genannten Aspekten besonders bei noch nicht bekannt gewordenen Compliance-Verstößen bedacht werden, dass mit der Meldung an die Behörden zumindest eine teilweise Preisgabe der unternehmensinternen Vertraulichkeit einhergeht, weil damit notgedrungen die Einbindung von nicht durch den Krisenstab des Unternehmens bestimmbaren externen Personen erfolgt.

3. Eine besondere Dimension des internen Compliance-Krisenmanagements, ist die Kommunikation gegenüber so genannten Whistleblowern. Dies sind Unternehmensangehörige oder externe Personen, durch welche Compliance-Verstöße an unternehmensinterne Stellen

oder externe Ombudsleute gemeldet werden. Ungeachtet der arbeitsrechtlichen Probleme geht es hier vor allem um die bestmögliche Beschaffung qualifizierter Informationen mit dem Ziel, eine sich möglicherweise anbahnende Compliance-Krise besser einschätzen und erforderlichenfalls auch durch Krisenkommunikation beeinflussen zu können. Dabei werden Umfang, Mittel und Bedingungen für die Informationsbeschaffung anfangs durch das Kommunikationsmedium bestimmt (Brief, elektronisch, telefonisch). Vor allem hängen sie von der tatsächlichen Verfügbarkeit des Informationsgebers für weitere Kommunikation ab.

4. Die reaktive Krisenkommunikation gegenüber der unternehmensinternen Öffentlichkeit sollte im Hinblick auf ihre nachhaltige Wirkung auf die dauerhafte Compliance-Bereitschaft der Unternehmensangehörigen sorgfältig abgewogen werden. Denn wie oben dargelegt, hängt von ihr die Wirksamkeit des Compliance-Managementsystems und damit auch die Wahrscheinlichkeit, Häufigkeit und Wirkung von künftigen weiteren Compliance-Verstößen ab. Inhaltlich sollte bei dieser Sparte der Krisenkommunikation das Prinzip konsequenten und ausnahmslosen Einschreitens des Unternehmens gegen Compliance-Verstöße kommuniziert werden, um die kontinuierliche und kalkulierbare Sanktionsbereitschaft des Unternehmens und damit die grundsätzliche Verbindlichkeit der Compliance-Anforderungen zu bestätigen.

5. Bei drohenden Compliance-Krisen im Zusammenhang mit Straftaten im Unternehmen muss regelmäßig mit erhöhter Sensibilisierung der Öffentlichkeit gerechnet werden. Damit verbunden sind eine potenziell schnelle Schadenseskalation und vergleichsweise nachhaltiger drohender Reputationsschaden. Die reaktive Krisenkommunikation gegenüber der breiten Öffentlichkeit sollte daher stark auf den vorausgehenden Anstrengungen des Unternehmens im Hinblick auf seine Compliance-Managementsysteme beruhen. Hinsichtlich der Kommunikationsstrategie empfiehlt sich meist eine proaktive, offensive Grundlinie, durch welche neben dem pflichtgemäßen präventiven Risikomanagement die Beherrschbarkeit des konkreten Compliance-Vorfalls verdeutlicht wird – beziehungsweise dessen Unbeherrschbarkeit trotz pflichtgemäßen vorausgehenden Ausbaus der Managementsysteme.

Grundsätze der Krisenkommunikation im Compliance-Kontext

Strategien und Verfahrensweisen der Compliance-Krisenkommunikation sowie entsprechende Planung und das Training der Beteiligten sollten als Kernbestandteil des Krisenmanagements zunächst unbedingt der Risikopolitik der Unternehmensleitung entsprechen. Daneben müssen sie, wie die Compliance-Managementsysteme insgesamt, in Frühwarn-, Kontroll- und Informationssysteme des operativen und strategischen Risikomanagements, aber auch in die Strategie der allgemeinen Unternehmenskommunikation integriert sein.

In einem Compliance-bezogenen Krisenkommunikationsplan sollten als Mindestelemente die wahrscheinlichsten Szenarien einschließlich der jeweiligen Abläufe, Verfahren und der jeweils beteiligten Stellen niedergelegt werden. Daneben sollten mindestens situationsbezogene Meldewege und Informations-Eskalationskriterien eindeutig festgelegt sein. Dabei sollten aus Haftungsgründen besonders diejenigen Eskalationskriterien sorgfältig definiert werden, unter denen unverzüglicher Bericht an die Unternehmensleitung erfolgen muss.

Beteiligte der präventiven und reaktiven, internen und externen Compliance-Krisenkommunikation können grundsätzlich Verantwortliche der durch einen Vorfall betroffenen Abteilung oder Bereichsleitung sein. Daneben kommen Fachabteilungen wie Human Resources, Recht, Compliance, Risk, Interne Revision in Betracht und natürlich, bei genügender Schwere des Vorfalls, die Unternehmensleitung. Die Zahl der Beteiligten sollte, mindestens ebenso wie in den anderen Bereichen der Krisenkommunikation, gering gehalten werden, um Einheitlichkeit und Vertraulichkeit der Maßnahmen und damit ihre Wirksamkeit zu gewährleisten.

Die allgemeinen Grundsätze der Krisenkommunikation gelten sicherlich in der überwiegenden Mehrzahl auch für das Compliance-Krisenmanagement, bedürfen aber stellenweise der Anpassung. Zu achten ist insbesondere auf

• das Zusammenspiel präventiver und reaktiver Kommunikationsaktivitäten im Hinblick auf dauerhaftes, nachhaltiges und effektives Compliance-Management,

- Integration der Compliance-Krisenkommunikation in die Compliance-Managementstrategien und Compliance-Architektur des Unternehmens,

- die Einbindung der Compliance-Krisenkommunikation in das operative Risikomanagement-System des Unternehmens,

- übersichtliche, klar strukturierte und natürlich auf Risikoprofil und unternehmensindividuelle Anforderungen zugeschnittene Anleitungen für das Compliance-Risikomanagement,

- festgelegte und in Compliance-Belangen geschulte Krisenkommunikations-Teams einschließlich gestaffelter Vertretungsregeln, Meldewege und klarer Kriterien der Informations-Eskalation an weitere interne oder externe Stellen,

- die Definition zu erwartender Standard-Ausgangs- und Entwicklungsszenarien für die Krisenkommunikation, basierend auf Compliance-Risikoaudits, ferner entsprechend vordefinierte Standard-Kommunikationsabläufe,

- sorgfältig ausgearbeitete Beurteilungsverfahren und -instrumente für Compliance-basierte Ad-hoc-Krisen, insbesondere im Hinblick auf die Compliance-Managementstrategie und auf die aktuell angewendeten Compliance Management-Instrumente,

- schließlich auf in Bezug zu Compliance-Zielen vordefinierte „Standard-Key-Messages" der Compliance-Krisenkommunikation mit positiver Wirkung im Hinblick auf die nachhaltige Beeinflussung der Compliance-Bereitschaft im Unternehmen als relative gut beeinflussbare Determinante für zukünftige Compliance-Risiken des Unternehmens.

Ausblick

Die mit großer Geschwindigkeit zunehmende Relevanz von Compliance-Krisenkommunikation wird bestimmt durch eine stetig wachsende Komplexität und Vernetzung von Organisationen und ihrer Prozesse und gleichzeitig durch fortgesetzt erweiterte geografische und inhaltliche Aktionsradien der Unternehmen. Unter diesen Bedingungen wird auch das Schadenspotenzial unzureichender Compliance noch weiter zunehmen.

Als Reaktion auf die fortgesetzte Veränderung der genannten Parameter werden sich auch die Anforderungen durch Gesetzgeber und Standards im Rahmen der Fortbildung der Corporate-Governance-Regimes noch weiter erhöhen und im Grad der Verbindlichkeit für das international agierende Einzelunternehmen noch restriktiver und noch weniger als bisher auf nationale Zusammenhänge begrenzt bleiben. Gleichzeitig wird als Folge die „Awareness" der Öffentlichkeit sowie von Stakeholder-Gruppen tendenziell ebenfalls weiter anwachsen. Angesichts der Anforderungen an die Risikoerfassung und -bewertung kommt dem Compliance-Risikomanagement, und als deren Speerspitze der Compliance-Krisenkommunikation, eine wesentliche Bedeutung im Hinblick auf die effektive, nachhaltige und Unternehmenswert-basierte Umsetzung von Corporate Governance zu.

Präventive und reaktive sowie interne und externe Kommunikation im Zusammenhang mit Compliance-basierten Krisen ist Kern einer effektiven Umsetzung von Corporate Governance und damit ein wichtiges Instrument wertorientierter Unternehmensführung. Neben vielfältigen Wirkungen auf Reputation und Image des Unternehmens und der Unternehmensleitung bedingt professionelles Management von Compliance-Krisenkommunikation mindestens mittelbare Wirkungen auch auf Rating-Ergebnisse und Eigenkapitalbedingungen, ganz abgesehen von der durch konsequentes Compliance-Management erzielbaren Minderung unmittelbarer materieller Schadensfolgen von Compliance-Verstößen, die – im dreistelligen Milliardenbereich bezogen auf die deutsche Volkswirtschaft – eindrucksvolle Dimensionen erreicht haben.

Krisenkommunikation in der Politik

Klaus-Peter Schmidt-Deguelle

Ausgangslage und Rahmenbedingungen

Politische (Regierungs-)Kommunikation in den modernen Demokratien des Westens ist heute sehr oft „Krisenkommunikation", wenn auch in unterschiedlichen Gefahrenstufen.

Politische Kommunikation ist – angesichts der völlig veränderten Medienlandschaft (siehe Seite 41 ff.) – schon normalerweise weit über 50 Prozent *reaktive Kommunikation*. In Krisensituationen erhöht sich dieser Prozentsatz erheblich.

Regierungspressestellen beschäftigen sich täglich hauptsächlich mit der Reaktion auf Presseberichte über tatsächliche oder behauptete Pläne, Entwürfe, Diskussionspapiere, unterstellte Absichten von einzelnen Politikern, Ministerien, Fraktionen und Parteien. Für die Medien wiederum ist das Herbeischreiben/-senden, die *Skandalisierung* von Politik, ein immer häufiger benutztes Instrument im täglichen Konkurrenzkampf.

Der entscheidende Unterschied zur Krisenkommunikation in Unternehmen besteht im Politikfeld darin, dass der Erfolg politischer Gruppierungen beim Kampf um die Wähler grundsätzlich durch das Aufdecken oder Behaupten und möglichst Verlängern von Krisen und Fehlern beim Konkurrenten befördert wird.

Anders als in Unternehmen ist das Hauptproblem für die Presse- und PR-Abteilungen von Regierungen und politischen Organisationen die oft unbekannte Zahl der „Konkurrenten" und „Mitakteure" (beim politischen Gegner, in den eigenen Reihen und bei den unterschiedlich motivierten Journalisten) und – damit ursächlich zusammenhängend – die enorme Schwierigkeit, verbindliche Absprachen und ein einheitliches

Wording zu vereinbaren. Was der Vorstandsvorsitzende oder Geschäftsführer dekretieren kann, kann der/die Partei- und/oder Regierungschef/in, der/die Fraktionsvorsitzende noch lange nicht, besser: schon lange nicht mehr.

Bedingt durch die Geschwindigkeit des „Nachrichtenumschlags" und der Vielzahl der möglichen Medienakteure gleicht politische Krisenkommunikation der Aufgabe des Sisyphos. Zusätzlich erschwert wird die Kommunikation durch die Tatsache, dass die Hauptakteure der Politik (Kanzler, Ministerpräsidenten, Partei-, Fraktionsvorsitzende, Minister etc.) immer öfter zu spontanen Kurswechseln neigen und/oder aus Profilierungsgründen, gelegentlich auch aus Dummheit, in der Öffentlichkeit Formulierungen benutzen, die Missverständnisse provozieren und Mehrfachdeutungen zulassen. Das Ausbügeln solcher Kommunikationsspannen ist in der Politik ungleich schwieriger als in Unternehmen.

Erkenntnisprobleme

Was ist wirklich eine Krise? Es liegt in der Natur der politischen Prozesse, dass diese Frage oft erst im Lauf des Prozesses, manchmal auch erst im Nachhinein beantwortet werden kann. Dann wird politische Kommunikation zur Reparaturwerkstatt. Natürlich gibt es – wie beim Auto auch – in der Regel „Warnzeichen", die von wirklich professionell arbeitenden Pressestellen erkannt werden müssen und meist auch erkannt werden:

Interne Warnlampen sind zum Beispiel veränderte Positionen zu den vorher publizierten Plänen, Absichten, Zielen, Abläufen der Regierung, egal ob sie aus faktischen Notwendigkeiten, wie neuen Zahlen (z. B. Steuereinahmen, statistischen Erkenntnissen etc.), oder aus politisch bedingten, aber noch nicht veröffentlichten neuen Zielvorstellungen resultieren. Im Vorfeld des „öffentlich Werdens" häufen sich interne Kommunikationsvorgänge wie Rückfragen anderer beteiligter Ministerien, von Abgeordneten und/oder Mitarbeitern der Regierungsfraktionen, Änderungswünsche, Gegenentwürfe u. Ä.

Als Negativ-Beispiel für falsches und zu spätes reagieren mag hier die Fehleinschätzung des Regierungs-, aber vor allem des Parteiapparates der SPD im Hinblick auf den zu erwartenden Widerstand in der SPD-

Bundestagsfraktion gegen das „Hartz-Konzept" und die „Agenda 2010",
die Realisierungschancen eines Mitgliederentscheides und die Notwendigkeit eines Sonderparteitages stehen.

Externe Warnlampen: In der nächsten Stufe sind es deutlich mehr
Recherchen von Journalisten, erste Meldungen und Artikel. Gespeist
werden solche Recherchen oder Veröffentlichungen oft auch aus dem
Apparat, manchmal mit, oft aber auch ohne den Segen der politischen
Führung. Wichtig ist es herauszufinden, ob hier ein anderer Minister
oder auch „nur" ein Abteilungsleiter oder sonstiger Beamter auf „eigene Rechnung" arbeitet. In der Regel ist dann „Gefahr im Verzug"! Ein
deutlicher Hinweis auf drohende Kommunikationsprobleme ist immer
auch die Zunahme der Lobby-Aktivitäten von Verbänden, Gewerkschaften und einzelnen Unternehmen. Dank des fast stündlichen Bedarfs vor
allem der elektronischen Medien an neuen Schlagzeilen liegt selbst bei
kleinen und sektoral agierenden Lobbygruppen ein erhebliches kommunikatives Störpotenzial, das dann von den politischen Gegnern vervielfacht werden kann. Unternehmen und Interessenverbände können
dies mit ihren professionellen Apparaten natürlich noch viel besser.

Handlungsstrategien der Pressestellen

Wenn die Warnlampen leuchten, muss gehandelt werden. Aussitzen,
Wegducken und Schweigen hilft in 95 Prozent der Fälle nicht.

Professionelle Pressestellen beachten diese Erkenntnis.

Erster Schritt:
Faktenlage klären und – falls erforderlich – die eigene Position relativieren, das Wording festlegen, alle möglichen Mitspieler informieren
und darauf verpflichten. Wird die Revision der eigenen bisher vertretenen Position notwendig, ist – sofern die Zeit bleibt – intensive interne
Kommunikation mit allen potenziellen Mitakteuren die halbe Miete.

Gerade große politische Organisationen, vor allem aber „Volksparteien"
entwickeln sehr oft erst im Laufe eines politischen Entscheidungsprozesses ihre endgültige Position. In solchen Fällen ist eine positive Begleitung durch die Medien äußerst schwierig zu organisieren. Sie wird nur
erreicht, wenn es gelingt, im Vorfeld „Sieger" und „Besiegte" gar nicht

entstehen zu lassen, zumindest einen „Formelkompromiss" zu finden. Hier ist das „Polit-Management" der Regierungs- oder Parteizentrale entscheidend, denn widerstrebende Interessen in den eigenen Reihen sind nur durch die – sofern vorhanden – Autorität der „obersten Heeresleitung" erfolgreich zu kanalisieren. Es ließen sich hier seitenweise Beispiele anführen, nur zwei für Opposition und Regierung seien erwähnt:

Die CDU/CSU Führung war über fast drei Wochen nicht in der Lage, eine abgestimmte, konsistente und zumindest den Schein der Einigkeit wahrende Position zu der von der Regierung geplanten Vorziehung der Steuerreform im Jahre 2003 zu finden.

Das Protokoll des Ablaufs: Als sich die negativen Konjunkturprognosen für 2003/2004 im Mai und Juni 2003 häuften, wurde im Bundesfinanzministerium über geeignete, die Konjunktur stützende Maßnahmen nachgedacht. Eine Option war das Vorziehen der letzten beiden Stufen der Steuerreform von Januar 2005 auf Januar 2004. Solche Überlegungen, in die der Beamtenapparat, das Kanzleramt, die Regierungsfraktionen u.v.a. einbezogen werden müssen, bleiben erfahrungsgemäß längstens eine Woche unter Verschluss. Eine gezielte Information der Zeitung, die einen solchen Schritt schon lange forderte, der FTD, unterstützt durch ein Hintergrundgespräch mit dem zuständigen stellvertretenden SPD-Fraktionsvorsitzenden war der Weg, das Gesetz des Handelns zu behalten. In diesem Moment war das Thema für jedermann – in diesem Fall besser jedefrau – als Top-Thema erkennbar. Der Finanzminister formulierte dann – zwei Wochen vor der medial hochgepuschten Kabinettsklausur in Neu-Hardenberg – die Bedingungen, die erfüllt sein müssten. Am 29. Juni 2003 wurde dies dann, wie von allen erwartet, so beschlossen und vom Bundeskanzler vor der Schlosskulisse des preußischen Reformers verkündet. Was war die Antwort der Opposition? Kakophonie.

Obwohl Merkel, Stoiber und Co. fast drei Wochen Zeit hatten, gab es zum Teil völlig gegensätzliche Antworten. Der Regierungsapparat agiert zuweilen nicht besser:

In jedem Fall muss Krisenkommunikationsmanagement von einer/m Verantwortlichen, unterstützt durch einen ausreichend großen Stab, in engster Abstimmung mit der politischen Führung erfolgen. Die Zuhilfenahme externer Kommunikationsfachleute ist mangels Zeit, aber vor allem mangels Haushaltsmittel meist nicht möglich.

Zweiter Schritt:
Kommunikationsinstrumente wählen, die von der Größe des Krisenpotenzials abhängig gemacht werden müssen. Zu heftige Reaktion kann die Krise verschärfen. Hier ist Erfahrung und Fingerspitzengefühl gefragt. Je nach Situation kann es sinnvoll sein, entweder massiv gegenzusteuern, das heißt Nachrichtenagenturen zu nutzen – im Jargon Schrotflinten genannt – oder aber eine einzelne, überregionale Zeitung (die so genannten Qualitätsmedien) mit entsprechender Vorabmeldung kurz vor Redaktionsschluss der übrigen Blätter zielgenau einzusetzen.

Eine förmliche Gegendarstellung (soweit juristisch überhaupt möglich) kann notwendig, sollte aber die Ausnahme sein. (Bei manchen Boulevardblättern allerdings ist sie unumgänglich und das effektivste Mittel, weil deren Übertreibungen meist genug juristische Ansatzpunkte liefern und diese Medien weiteren Imageverlust besonders fürchten.)

Es ist in der Regel hilfreich, das „Enthüllungsmedium" oder den/die einzelne/n Autor/in zu „isolieren". Das heißt: Kontakt zu dem/n unmittelbaren Konkurrenzmedium/en aufnehmen, evt. falsche Faktenaussagen korrigieren, die personellen und/oder sachlichen Gegenpositionen relativieren und deren Durchsetzungschancen im politischen Prozess minimieren.

Wenn möglich, müssen weitere Testimonials für die eigene Position mobilisiert werden. Das Handwerkszeug können förmliche Presseerklärungen genauso gut wie intensive direkte Kommunikation per Telefon, E-Mail oder Hintergrundgespräche sein. Es muss jeweils lagebedingt entschieden werden, wer das Werkzeug faktisch in die Hand nimmt, Pressereferent, Staatssekretär, Minister oder gar der/die Regierungschef/in.

Schnell und eindeutig – Krisenkommunikation mit den Tagesmedien

Ulrich Bieger

Seit ein paar tausend Jahren begegnen sich Hund und Katze: Er wedelt mit dem Schwanz, sie versteht das falsch, bewegt ebenfalls ihren Schwanz, was er wiederum missdeutet. Je nach Tagesform und Größenverhältnis endet das Treffen unterschiedlich, aber meistens hat er eine weitere Schramme auf der Nase. Nachhaltiger kann man sich kaum missverstehen.

Könnten die beiden besser miteinander, wenn ihnen nur andere Formen der Kommunikation gegeben wären? Schaut man auf das Verhältnis von PR-Leuten zu Journalisten, scheint das eher zweifelhaft. In einem deutlich geringeren Zeitraum haben sich bei den Kommunikationsexperten Verhaltensmuster eingeschliffen, die zum größten Teil ebenfalls auf Missverständnissen beruhen und zu ähnlich verhärteten Fronten geführt haben – Blessuren auf beiden Seiten inbegriffen.

Eine schöne Tradition, die sorgsam gepflegt wird. Das „Netzwerk Recherche", in dem viele Zwölfender des deutschen Journalismus den Gral hüten, forderte einmütig: „Die Distanz zwischen PR und Journalismus muss wieder größer werden." In solchen Statements und in der gesamten Diskussion schwingt ein Unterton mit, der vor allem eines signalisiert: eine herzliche Abneigung gegen einen Berufsstand, der den hehren Ansprüchen, die Journalisten gerne an die eigene Profession stellen, kaum gewachsen ist.

Dieser Haltung liegt ein Bild von PR zu Grunde, das zugegeben seine Bestätigung auch in der Realität findet. Zu häufig kommt PR oder Unternehmenskommunikation als Schönfärberei daher, die mit seriöser und professioneller Informationsarbeit wenig zu tun hat. Mit dieser Einschätzung stehen Journalisten nicht einmal allein: Eine Studie des Instituts für Kommunikations- und Medienwissenschaft der Universität Leipzig ergab, dass auch weite Teile der Bevölkerung PR-Leuten zwar hohe Professionalität und große Loyalität zum Auftraggeber bescheinigen. Dafür mangele es, so die Meinung der Befragten, an Ehrlichkeit, Objektivität und Seriosität. Geradezu unterdurchschnittlich entwickelt sei ihre Glaubwürdigkeit.

Überraschend ist das nicht. Und besonders in Krisensituationen zeigt sich häufig, wie richtig es ist. Das geflügelte Wort vom „Leugnen, selbst wenn es Bilder gibt" wird – von den Medien genüsslich transportiert – schnell zur Handlungsanleitung, wenn es kracht. Als etwa ein Unternehmenssprecher nach einer Explosion im Werk eines Chemie-Riesen vor laufender Kamera wortreich erklärte, dass eigentlich nichts passiert sei, fragte der Reporter nur trocken: „Und warum sind, seitdem wir uns unterhalten, 19 Rettungswagen aufs Werksgelände gefahren?"

Nach einem solchen Kommunikations-Gau liegt der Schluss nahe: Wer es live unter den Augen der Öffentlichkeit so schamlos treibt, den bremsen im Alltag, wenn Botschaften nur mit sehr großem Aufwand überprüfbar sind, bei der Schönfärberei erst recht keine Skrupel.

Einschätzungen dieser Art werden leider nur zu oft mit den Folterinstrumenten aus der PR-Gruselkammer bestätigt. Neben schlechten Erfahrungen spielen dabei auch reichlich Vorurteile eine Rolle – und zwar auf beiden Seiten. Die kaum verhohlene Geringschätzung, die in vielen Redaktionsstuben den „Verkäufern" entgegengebracht wird, ist in Unternehmen und Verbänden ebenso wie in der Politik gegenüber Journalisten weit verbreitet.

Dahinter steht eine vom Prinzip her schlichte Einteilung in verbundene und kritische Journalisten, also gute und schlechte. Kritische Berichterstattung gilt als Störfall. Erstes Abwehrmittel ist die Verleugnung. Nicht minder beliebt sind der Verzicht auf jeglichen Kommentar, die Zuflucht zu handgeschöpften Botschaften aus der Marketingabteilung oder, hohe Schule, die Zusendung von Hochglanzbroschüren. Wird die Geschichte dann zum Verriss, hat man wenigstens keinen Fehler gemacht.

Bringen all die Register gute Presse, ist das der beste Beweis dafür, dass man sein Handwerk versteht. In aller Regel führt aber auch diese Form des Journalismus nicht zwangsläufig zu einer höherer Wertschätzung im PR-Gewerbe. Tatsächlich kursieren in Unternehmen und Verbänden

Namenslisten von Journalisten, oft angereichert mit interessanten Eigenschaften und Vorlieben, vor denen gewarnt wird, oder von solchen, die sich dem Sirenengesang gern ergeben. In vielen Schubladen finden sich sogar umfangreiche Dossiers.

Kritische oder nicht steuerbare Redakteure schlagen auf die Stimmung, die sich schnell auf den ganzen Laden überträgt. Dann vermittelt schon der erste Kontakt mit dem Pförtner oder der Security dem Berichterstatter das Gefühl: „Achtung, feindliche Truppen im Haus."

Was kurios anmuten mag, ist leider keine Ausnahme. Doch wenn anstelle einer plausiblen Kommunikations- nur eine plumpe Abwehrstrategie steht, ist das eben oft auch eine Folge schlechter Erfahrungen. Die unter PR-Profis weit verbreitete schlechte Meinung über Journalisten kommt nicht von ungefähr. Natürlich gibt es wie in jedem Beruf gute und schlechte.

Hin und wieder haben gute Journalisten aber auch schlechte Angewohnheiten. Dazu gehört etwa der „Last-minute"-Anruf. Die Geschichte steht, alle Vorwürfe scheinen gut belegt, lästigerweise verlangt der gute Brauch aber, die „andere Seite" zu hören. Dann kommt der Anruf oder gar ein detaillierter Fragenkatalog mit der Bitte um schnelle Beantwortung, da in einer halben Stunde Redaktionsschluss sei. Bluff oder der Versuch ausgewogener Berichterstattung?

Bei Nachrichtenagenturen und Tageszeitungen geht es in aller Regel um schlichte Sachverhalte und – schon wegen der Erscheinungsweise – selten um Bluff. Beliebt ist der Trick eher bei Magazinen, gedruckten ebenso wie elektronischen, um der Gegenseite die Möglichkeiten zu beschneiden, Abwehrmaßnahmen bis hin zur Einstweiligen Verfügung zu organisieren.

Unternehmen, die es trifft, wünschen sich in solchen Momenten Magiere in der Pressestelle. Die professionelle Unternehmenskommunikation braucht aber keinen Zauberkasten, sondern Erfahrung, die man auch durch Training sammeln kann. Sie sollte ihren Laden im Griff haben und in den Medien vernetzt sein, um möglichst schnell und elegant auf Schadensbegrenzung einschwenken zu können. Die Vorstellung eines „stillen Rückrufs" etwa ist sicherlich dann unsinnig, wenn Tausende von Autofahrern wegen des fehlenden Lenkrads in die Werkstätten gebeten werden.

Hilfreich ist es im Übrigen, wenn der Vorstandsvorsitzende nicht in die Kasse greift, der Minister seine Rechnung im Bordell bezahlt und der Genuss von Frischmilch nicht unmittelbar zu Haarausfall führt.

Jenseits von handwerklichen und intellektuellen Qualitäten sind Journalisten aber auch zahlreichen Zwängen unterworfen. Medien sind Produkte, Nachrichten sind eine Ware und Journalisten leben und arbeiten – darüber täuscht die Aura von unabhängiger Wächter- und Kontrollfunktion oft hinweg – mit einem ganz normalen Wettbewerbs- und Konkurrenzdruck. Um Geschichten ins Blatt oder ins Programm zu bekommen, müssen sie für die Ankündigung in der Redaktionskonferenz, also vor der Recherche, schon Linie, Richtung und Pep haben. Größerer Rechercheaufwand vorher lohnt sich nicht, wenn nicht klar ist, ob die Story auch eine Chance auf Veröffentlichung oder Versendung hat.

Da bleibt es nicht aus, dass die Geschichte im Kopf steht, bevor der Redakteur auch nur einen Fuß vor die Tür gesetzt hat, streng nach dem Motto: „Ich recherchiere mir doch meine Story nicht kaputt." So gerät die normative Kraft des Faktischen schnell aus dem Blickfeld. Hinzu kommen zahlreiche teils objektive, teils subjektive Faktoren wie der ständig zunehmende Zeitdruck, die unaufhaltsame Entwicklung hin zum Häppchenjournalismus, der Zwang zum passenden Bild, das immer mehr über den Wert von Nachrichten entscheidet, und nicht zuletzt auch die Tatsache, dass schlichte Berichterstattung rasant an Bedeutung verliert, weil es selbst in der entlegendsten Redaktion investigativer Journalismus sein muss.

Über allem liegt derzeit auch noch ein enormer, nahezu existenzieller Druck. Die Medien in der Bundesrepublik, besonders die Printmedien, stehen auch nach der Rezessionsphase weiter unter Spar- bzw. Renditedruck. Selbst bei den Leuchttürmen der Branche haben inzwischen schon mehrere Entlassungswellen große Lücken in die Redaktionsstäbe geschlagen, werden die Etats kontinuierlich und drastisch nach unten gefahren.

Das führt gerade in der letzten Zeit immer häufiger zu der Unsitte, dass Praktikanten auf Recherche geschickt werden: „Mein Redakteur hat gesagt, ich soll mal fragen..." Oder die Redaktion in München beauftragt ein freies Kamerateam in Berlin ohne Kenntnis der Zusammenhänge damit, ein 15-Sekunden-Statement einzuholen. Dann ist eher Zurückhaltung angesagt und ein freundlicher Anruf beim Meister selbst.

Die sicherlich unvollständige Aufzählung von Zwängen und Befindlichkeiten auf beiden Seiten macht deutlich, welche Kluft sich zwischen PR-Leuten und Journalisten auftut. Diese Kluft hat keinen Sinn, denn es gibt trotz aller Abgrenzungsbemühungen gemeinsame Ziele und Interessen ebenso wie identische Zielgruppen. Das hat nichts mit der auf PR-Seite verbreiteten platten „Wir sitzen doch alle in einem Boot"-Attitüde zu tun, die viele Journalisten zu Recht als Anbiederei verstehen. Wobei auch diese Medaille eine Kehrseite hat: Die schon erwähnte Studie der Universität Leipzig ergab, dass immerhin rund 44 Prozent der Journalisten PR für eine Form des Journalismus halten.

Aber abgesehen davon, dass es nicht nur an sauberen sprachlichen Definitionen mangelt, sondern häufig auch an gedanklicher Trennschärfe, beschäftigen sich beide Seiten mit der Aufbereitung und dem Transport von Nachrichten, mit denen beide auch Wirkung erzielen wollen. Nun können Nachrichten in sehr unterschiedlichen Darreichungsformen angeboten werden. Aber sowohl PR als auch Journalismus werden unweigerlich davon profitieren, wenn ihre Nachrichten vor allem eines sind: wahr.

Building trust muss die Maxime heißen. Das ist keine Forderung nach Verzicht auf Inszenierung oder der Ruf nach kontinuierlich selbstkritischer Eigendarstellung von Unternehmen, Institutionen oder Politik. Die kritische Auseinandersetzung damit ist Aufgabe des Journalismus. Hier ist Distanz, und zwar kritische, angebracht. Doch aus dieser Distanz sollte ein Spannungsbogen entstehen, von dem beide Seiten profitieren, ohne die jeweiligen ethischen oder professionellen Maßstäbe zu verletzen.

Vertrauen und Glaubwürdigkeit schafft PR durch nachhaltig seriöse, professionelle und konsistente Kommunikationsarbeit im Alltagsgeschäft. Realismus bei der Positionierung, Transparenz und Ehrlichkeit bringen langfristig schon im Normalfall größeren Benefit als geschönte Botschaften und übertriebene Effekthascherei. Im Krisenfall zahlt sich solchermaßen gewonnenes Vertrauen doppelt und dreifach aus, vorausgesetzt man bleibt auf dieser Linie. Titelseiten und Spitzennachrichten liefern fast täglich den Beweis, dass Übertünchen und Leugnen im Ernstfall nur katalysatorische Wirkung haben. Die geradezu groteske Vorstellung, dass es alle anderen erwischt hat und nur man selber durchkommt, wird immer wieder aufs Neue ad absurdum geführt. Das alles gilt nahezu deckungsgleich, wenn auch mit umgekehrten Vorzeichen, für Journalisten.

Der Rest ist Handwerk, und das kann man lernen. Naturtalent ersetzt kaum das Wissen, wie Medien funktionieren. Es wirkt schon skurril, wenn man, durch täglichen Nachrichtenkonsum geübt, gleichwohl der Meinung ist, dass nur die eigene kleine Welt so kompliziert und vielschichtig ist, dass sie sich nicht in „Einsdreißig" erklären lässt. Da hilft kein Lamentieren, sondern nur Training. Ähnlich verhält es sich mit Journalisten, die immer voll im Bilde sind, aber keinen blassen Schimmer haben. Hier hilft meist schon ein Blick ins Archiv.

Vielleicht ist da ja doch eine kleine Chance, dass es nicht noch ein paar tausend Jahre so weiter geht wie bisher.

Krisenraum Internet – Online-gestützte Handlungsstrategien und Instrumente zur Krisenbewältigung

Malte Hasse

Das Internet als Entstehungsraum für Krisen

Bei einem Bevölkerungsanteil von mittlerweile mehr als 50 Prozent, der „online" ist, und einem noch höheren Anteil im Bereich der Medien und Multiplikatoren, bei dem das Netz zu einem unverzichtbaren Rechercheinstrument geworden ist, hat sich das Internet als vollwertiger Kommunikationskanal etabliert und ist bei allen Diskussionen um kommunikatives Handeln inzwischen präsent. Das Internet stellt mittlerweile einen eigenen öffentlichen Raum dar. Diese ganz spezielle, von Unübersichtlichkeit, Vielfalt, Anonymität, Schnelligkeit und auch Kurzlebigkeit geprägte Öffentlichkeit, ist geradezu prädestiniert für das Entstehen von Gerüchten. Als historisches Beispiel dafür ging die Website des Klatsch- und Gerüchte-Reportes Matt Drudge (www.drudgereport.com) in die Geschichte des Internets ein. Er löste die Nachforschungen der Medien nach den Frauengeschichten des früheren US-amerikanischen Präsidenten Bill Clinton aus. Der Rest der Geschichte ist bekannt.

Die Nutzbarkeit des Mediums Internet als Gerüchteküche, Meinungsspielraum, Selbstdarstellungsbühne und Tummelplatz für alle Menschen mit einem ausgeprägten Mitteilungsbedürfnis kann für Unternehmen, Institutionen und Personen schnell zu einem Problem werden. Werden die so verbreiteten „Informationen", unabhängig von ihrem Wahrheitsgehalt, von „seriösen" Quellen aufgegriffen, sehen sich die Betroffenen oftmals unversehens in Erklärungsnot, ganz egal wie absurd die im Netz publizierten Geschichten auch sein mögen.

Digitale Vulkane

Ein Beispiel für öffentliche Räume im Netz, in denen Gerüchte einfach in die Welt gesetzt und gerne von anderen aufgenommen werden, ist etwa die News Community Shortnews.de, in der Nutzer ihre eigenen Nachrichten publizieren können und sich selber in den Rang eines Nachrichtendienstes erheben. Zwar hat diese Community seit ihrer Kooperation mit Stern.de einiges an Seriosität gewonnen, unproblematisch wird ein derartiges Angebot damit aber noch nicht. Ein weiteres Beispiel ist dotcomtod.de, eine Site, die mit der beginnenden Krise der New Economy entstanden ist. Dotcomtod.de ist ein Paradebeispiel für das Entstehen unkontrollierter Gerüchte, die oftmals noch mit anonymen Äußerungen frustrierter Insider angeheizt werden und ein enormes kommunikatives Problem für die betroffenen Unternehmen darstellen. Diese teilweise professionell organisierten „Gerüchteküchen" sind quasi eine ständige latente Krise, die wie ein ruhender Vulkan jederzeit und urplötzlich ausbrechen können.

Hatesites und Gripesites

Gemeinhin kann man in der Fülle der Sites zwei Typen unterscheiden, so genannte Hatesites und Gripesites. Der Archetyp einer Hatesite ist die Seite www.mcspotlight.org. Hier versammeln sich seit Jahren die McDonalds-Hasser vorwiegend der amerikanischen Onlinewelt, um ihrem Verdruss über die Fastfood-Kette organisierten Ausdruck zu verleihen. Hatesites sind meist gezielt gegen ein Unternehmen, eine Organisation oder auch gegen konkrete Personen gerichtet. Vor Jahren erwischte es den Mobilfunkanbieter Viag Interkom. Nach einer Senkung der Minutenpreise für Handygespräche, jedoch unter Beibehaltung der vergleichsweise hohen Preise für die SMS-Nachrichten, organisierte sich der Zorn der zunehmend größer werdenden SMS-Gemeinde auf einer eigens von engagierten SMS-Nutzern eingerichteten Website gegen Viag Interkom. Das Unternehmen bemerkte erst, was sich da im Netz zusammenbraute, als Journalisten von Fachmedien die Münchner darauf aufmerksam machten. Eine der bekanntesten Hatesites trägt ihr Programm schon im Namen: www.IhateMicrosoft.com. Gripesites haben einen anderen Charakter. Sie bezeichnen die steigende Zahl von Web-Plattformen, die sich entweder dem Schutz der Verbraucher oder der Auswahl besonders guter und günstiger Produkt- und Dienstleistungsangebote verschrieben haben. Dazu gehören zum Beispiel Seiten wie www.ciao.de oder www.dooyoo.de. Die virtuellen Meinungs- und Meckerecken, auf denen Meinungen und Erfahrungen von Verbraucher zu Verbraucher ausgetauscht werden, erfreuen sich steigender Beliebtheit. So müssen sich zum Beispiel Reisebüros immer öfter gegen Argumente von Reisewilligen zur Wehr setzen, die zuvor im Internet auf Seiten wie NiemehrKretaimSommer.de – das ist eine erfundene Adresse – Erlebnisberichte über den favorisierten Urlaubsort studiert haben. Diese Beispiele zeigen, wie unerlässlich es heutzutage ist, eine starke, präventive Krisenkommunikation im und mit dem Internet aufzubauen. Es gilt, die „kommunikativen Angreifer" mit ihren eigenen Waffen zu bekämpfen und zu schlagen. Digitale Vulkane können genau wie reale Vulkane nur dann einigermaßen kontrolliert werden, wenn ausgefeilte Frühwarnsysteme existieren, die ein rechtzeitiges Eingreifen ermöglichen, um die Schäden eines „Ausbruchs" möglichst gering zu halten.

Früherkennung und schnelle Reaktionsfähigkeit

Auf Grund ihrer Geschwindigkeit und Vielschichtigkeit bei der Generierung und Verbreitung von Nachrichten fungieren Plattformen im Internet ähnlich wie Nachrichtenagenturen. Jede Plattform kann, wenn sie professionell bespielt wird, ihre Informationen „just in time" verbreiten. Für diese Form von Kommunikation und Nachrichtenübermittlung bedarf es im Internet relativ geringer Mittel. Nicht nur das Unternehmen und die Medien publizieren hier, sondern auch die organisierten Stakeholder. Dieses Phänomen führt zwangsläufig zu dem Effekt, dass sich die Information im Internet multipliziert. Es gibt plötzlich nicht mehr vier oder fünf klassische Nachrichtenquellen zu einem Thema, einer Krise, sondern es gibt unzählige Meldungen, was den inhaltlichen und zeitlichen Druck auf die eigenen Kommunikationskanäle verstärkt. Gleichzeitig können die Applikationen und Tools des Internets besonders in der akuten Krisenkommunikation auf vielschichtige Weise helfen und die eigene Kommunikation unterstützen. Denn die Internetplattform

• ist schnell bespielbar,

• kann ständig aktualisiert werden,

- bietet die Möglichkeit, umfassende Hintergrundinformationen bereitzustellen,

- hilft dabei, die Wahrnehmung der Krise bei den Stakeholdern zu erfassen und zu beobachten.

Im Zentrum der Krisensituation steht das Interesse, selbst möglichst schnell zur primären und originären „Source of Information" zu werden, für Medien, Multiplikatoren, Behörden, Kunden und allgemeine Öffentlichkeit. Dafür ist die onlinegestützte Krisenkommunikation das beste Instrument. Voraussetzung ist allerdings die möglichst konsequente Vernetzung mit den Offline-Aktivitäten. Hierbei kann die Interventionsplattform im Internet eine entscheidende Rolle auch als Synchronisationsmedium zwischen den unterschiedlichen Aktivitäten und Aktionsflächen spielen. Schließlich ist das Internet immer verfügbar, ob als passiver oder aktiver Informationskanal. Die Positionierung als direkte Informationsquelle ohne massenmediale Filter kann – trotz aller möglicher Skepsis auf Seiten der Nutzer – das Standing eines Unternehmens in der Krise schnell und nachhaltig verbessern.

Online Issues Profiling

Die beste Waffe gegen eine Krise ist deren Früherkennung. Das Online Issues Profiling hilft nicht nur bei der Verfolgung und Bewertung aktueller Krisen und der Reaktionen der Stakeholder auf diese Krise, sondern eignet sich auch als Tool zur Krisenfrüherkennung. Oftmals werden Themen mit Krisenpotenzial gerade im Internet schon lange vor dem eigentlichen Ausbruch der Krise sichtbar. Beim Online Issues Profiling geht es um das gezielte Themenmonitoring im Internet, verbunden mit der inhaltlich-strategischen Bewertung der Ergebnisse auf das immanente Krisenpotenzial. Die Instrumente dafür muss ein Unternehmen heute nicht mehr alleine aufbauen. Mittlerweile gibt es externe Dienstleister, die nützliche und auch schnell einsetzbare Tools zum online-gestützten Issuemonitoring anbieten. Dabei geht es im Kern um zwei Dienstleistungen:

1. Die automatisierte Beobachtung des Internets, fokussiert auf die jeweils relevanten Themen und Issues, wie es z.B. Dienstleister wie Gridpatrol (www.gridpatrol.de) anbieten oder auch Medienmonito-

ringdienstleister wie Observer Argus Media (www.observer.de) oder Presswatch (www.presswatch.de). Sie beschränken sich längst nicht mehr nur auf die Beobachtung der On- und Offline-Medien, sondern durchforsten auch, wenn es sinnvoll ist, Zehntausende von Newsgroups und Online-Foren.

2. Die qualitative Auswertung der Ergebnisse, bezogen auf ihren kommunikativen Wirkungsgrad und ihre potenziellen Multiplikatoren sprich Selbstläufereffekte.

Besonders der zweite Punkt ist von größerer Bedeutung als die rein numerische Erfassung von Themen, die mit dem eigenen Issue möglicherweise etwas zu tun haben könnten. Das erfordert entweder eine professionelle Kommunikationsberatung, die die Tragweite der jeweiligen Themendynamik im Kontext ihrer öffentlichen Relevanz und Sprengkraft interpretieren kann und daraus konkrete Handlungsstrategien ableitet. Oder aber ein erfahrenes, kompetentes und mit der nötigen Autorität ausgestattetes Team innerhalb der eigenen Organisation, das entsprechende Analysen und Empfehlungen erstellt.

Alle von der Krise Betroffenen und an der Krise Interessierten ziehen vielfältige Recherchemöglichkeiten hinzu und werden sich keinesfalls nur auf die Informationen des Unternehmens verlassen. Gleichzeitig erwarten sie aber dennoch eine umfassende, transparente und schnelle Informationspolitik des Unternehmens. Da für Betroffene und für Medien das Internet in jedem Fall eines der zentralen Recherscheinstrumente darstellt, muss das von der Krise betroffene Unternehmen in genau diesem Kommunikationskanal auf die erwähnte Weise präsent sein: umfassend, transparent und schnell.

Diese Anforderungen lassen sich kaum ad hoc erfüllen. Ist es schon in der traditionellen Offline-Kommunikation eine zeitliche Herausforderung, mit der externen Kommunikation um und über die Krise mitzuhalten, so ist es im noch schnelleren, zeitlich rund um die Uhr präsenten und dank neuerer Technologien sogar ubiquitär verfügbaren Internet quasi unmöglich.

Hier stehen die Unternehmen und Institutionen ganz offensichtlich vor einem Dilemma. Wie lässt sich dieser Spagat ausführen? Der entscheidende Faktor hierfür heißt: Vorbeugen! Krisenprävention bekommt im Medium Internet eine noch größere Bedeutung, als sie in der gesamten Krisenkommunikation ohnehin bereits innehat. Was jedoch bedeutet Krisenprävention im Internet konkret? Was können Unternehmen tun, um sich für die Krise im Netz zu wappnen?

Die Darksite – das Standardinstrument, das noch nicht Standard ist

Eines der wesentlichen Elemente der Krisenkommunikation und -prävention sind so genannte Darksites. Darunter versteht man kurz gesagt eine für den Fall der Fälle vorbereitete Website oder ein auf die bestehende Website aufschaltbares Modul mit bereits eingestellten Basis- und Hintergrundinformationen. Die Vorbereitung einer Darksite ohne akute Krise bietet dem Unternehmen die Möglichkeit, sich mit dessen Krisenpotenzial detailliert auseinander zu setzen. Die Darksite muss alle relevanten Informationen zur möglichen Krise beinhalten. Das bedeutet, die Verantwortlichen müssen exakt recherchieren, was diese relevanten Informationen und welches die möglichen Krisenfälle sind. Darüber hinaus stellt die Darksite ein hervorragendes Trainingsinstrument für Workflows und Zuständigkeiten im Krisenfall dar. Schon die Bestückung der Site mit den entsprechenden Inhalten macht deutlich, wer bei welcher Krise die entscheidenden Informationen besitzt. Dies muss dann entsprechend in der Krise nicht mehr evaluiert werden. Eine Darksite wird idealerweise nicht sichtbar auf der eigenen Internet-Plattform vorgehalten. Da sie also bereits in einer Form vorliegt, in der sie bei akuten Krisen erscheint, lässt sie sich vorab hervorragend für Krisentrainings einsetzen.

Die Site kann hypothetisch freigeschaltet und gemäß dem Verlauf der Krise aktualisiert werden. So erhöht sich nicht nur die Reaktionsgeschwindigkeit im Ernstfall, sondern es steht auch ein exzellentes Trainings-Tool für intern oder extern moderierte Krisentrainings zur Verfügung. Die Abbildung der Workflows und die Trainingsmöglichkeiten an der Darksite sind oftmals unterschätzte zusätzliche Effekte (siehe Details dazu auch im Beitrag zur Krisenprävention von Petra Hoffmann).

Suchmaschinenmarketing für den Krisenfall

Eine Darksite alleine reicht jedoch keinesfalls aus, die komplexen Anforderungen der Online Krisenkommunikation zu erfüllen. Wie bereits erwähnt, spielt das Internet eine zentrale Rolle bei der Information und Recherche aller Stakeholder. Neben dem Aufruf der persönlich favorisierten Recherchequellen ist die Nutzung von Suchmaschinen (z.B. Google) oder Webkatalogen (z.B. web.de) ein entscheidender Faktor. Die kommunikativen Möglichkeiten der Darksite, die schnelle Präsentation von Informationen und die Entlastung anderer in der Krise stark strapazierter Kommunikationskanäle können daher nur optimal ausgenutzt werden, wenn die Informationen auf der Darksite auch über diese Standard-Recherche-Tools zugänglich gemacht werden. Denn „wer nicht gefunden wird, der existiert nicht". Dieser Satz gilt heute im Netz mehr denn je. Der netzaffine Leser wird wissen, dass im Normalfall eine Krise bereits lange vorüber ist, bevor eine Suchmaschine oder ein Katalog eine Darksite von selbst erfasst. Daher ist hier der Rückgriff auf Dienstleister unerlässlich, die mittels ihrer Geschäftsbeziehungen mit Suchmaschinen und Katalogen in der Lage sind, durch Expresseinträge in die Kataloge sowie AdWord Campaigning in Echtzeit diese Anforderungen zu erfüllen.

Der interessantere dieser beiden Aspekte ist für die Krisenkommunikation ohne Frage das AdWord Campaigning. Dieses greift auf die Angebote aller relevanten Suchmaschinen zurück, auf der ersten Ergebnisseite bezahlte Suchergebnisse, so genannte „Sponsored Links", zu buchen. Das sind in der Regel Texteinträge, die in Stil und Aufmachung den üblichen Suchergebnissen ähneln, aber bezahlt sind. Diese „Sponsored Links" werden für bestimmte Suchbegriffe gebucht und können in Echtzeit angepasst werden. Jede spezifische Krise wird dazu führen, dass Medien und Betroffene nach bestimmten Begriffen zu dieser Krise in Suchmaschinen recherchieren. Das AdWord Campaigning stellt sicher, dass bei genau diesen Begriffen der Link auf die Darksite mit den Informationen des Unternehmens prominent erscheint. Der Dienstleister beobachtet dabei, nach welchen Begriffen zum Krisenfall wirklich gesucht wird und passt die Buchung der AdWords entsprechend und unmittelbar an. Dem Nutzer ist sehr wohl bewusst, dass die „Sponsored Links" bezahlte Einbuchungen sind. Die ungewöhnlich hohen Clickrates für diese Links zeigen jedoch, dass in Zeiten immer irrelevanterer Suchergebnisse die Bereitschaft der Nutzer steigt, diese Links zu nutzen, um schneller an relevante Informationen zu kommen. Eine Kombination dieser drei Elemente – Darksite, Suchmaschinenmarketing und Online Issues Profiling – bietet einem Unternehmen/einer Institution ein umfassendes, wirksames und vor allem schnelles Portfolio, um in der Krise handlungsfähig zu bleiben und die Agenda soweit wie möglich (mit)bestimmen zu können.

Das Internet: Hotspot der Krisenkommunikation

Das Internet entwickelt sich mehr und mehr zum Hotspot der Krisenkommunikation. Hier muss umfassend, transparent und schnell gehandelt werden. Darksites helfen bei der Bereitstellung krisenrelevanter Informationen und lindern den externen Recherchedruck. Zusammen mit Suchmaschinenoptimierung und Online Issue Profiling bilden sie den Dreiklang der Krisenkommunikation online. Diese drei Instrumente erfüllen zugleich drei Aufgaben der umfassenden Krisenkommunikation und -prävention: Die Früherkennung, die Nachbereitung und das Workflow-Training. Ein effektives Krisenhandling ohne Einsatz von Online-Instrumenten gestaltet sich daher zunehmend schwierig und befördert vor allem denjenigen, der auf diese Instrumente verzichtet, ins Hintertreffen.

Welches Instrument für welche Aufgabe?	Früherkennung	Krisenhandlung	Nachbereitung	Workflow-Training
Online Issue Profiling	X	X	X	
Darksite		X	X	X
Suchmaschinenmarketing		X	X	

Abgesehen davon wird das Internet auch als Plattform der aktiven Kriseninterventionen genutzt, zum Beispiel mit eigenen Diskussionsforen, aktiver Präsenz in den meinungsbildenden Online-Diskussionszirkeln oder direkt über entsprechende Kampagnen-Sites. Warnen muss man allerdings vor unüberlegten und ungeschickten „Undercover"-Aktionen. Wenn diese von der Net Community entdeckt werden, greifen nicht nur die entsprechenden Schutzmechanismen innerhalb der betroffenen Foren und Newsgroups. Das Bekanntwerden einer verdeckten Online-Intervention kann bei entsprechender medialer Aufbereitung noch beträchtlichen Zusatzschaden anrichten.

Krisenberater in der kommunikativen Unternehmenskrise – Feuerwehr oder Brandschutzberater?

Siegfried Guterman, Michael Helbig

Krisenmanagement als Reputationsmanagement

„Ist der Ruf erst ruiniert, lebt es sich ganz ungeniert". Was wohl auch zu Zeiten von Wilhelm Busch schon mehr Wunsch als Realität war, gilt für heutige Unternehmen in keiner Weise. Die Reputation ist für ein Unternehmen ein hohes Gut. So wundert es nicht, wenn ein PR-Experte behauptet, dass seine Aufgabe sei, „das Leben in den Augen des Betrachters schöner zu machen, auch wenn es nicht schön ist", und weiter feststellt, dass er gegen Honorare Wirklichkeiten erzeuge, die sich andere wünschen. Etwas charmanter formuliert die New York Times ihr Selbstverständnis: „The truth well told".

Aber was ist Reputation und welche Auswirkungen haben kommunikative Krisen auf diese? Wie kann sich ein Unternehmen schützen gegen Reputationsverlust? Und an welcher Stelle dieses Wertvernichtungsprozesses in Sachen Reputation sind Krisenberater optimal zu positionieren?

Denkt man in den Kategorien von Feuerwehrmann und Brandschutzberater, fällt die Antwort auf die Positionierungsfrage sehr leicht. Jedes Unternehmen wünscht sich natürlich, dass Reputationskrisen gar nicht entstehen oder wenigstens bereits im Keim erstickt werden können. Manch ein Unternehmen hat in seiner Firmengeschichte erlebt, dass der Brandschutzberater gefehlt hat und die dann zu spät gerufene Kommunikations-Feuerwehr die Brände nicht mehr rechtzeitig löschen konnte.

Brandschutz heißt im richtigen Leben, die verschiedenen Bauordnungen, Verordnungen und Richtlinien korrekt umzusetzen. Leider – so scheint es – gibt es in Sachen „Reputationsschutz" keine Richtlinien, an die man sich halten könnte. Aber es gibt auch hier so etwas wie Gesetzmäßigkeiten.

Am Anfang aller Regeln stehen Definitionen: Reputation ist die Gesamtheit der Wahrnehmungen eines Unternehmens durch seine Stakeholder, die den öffentlichen und unternehmensinternen Ruf begründen. Dieser Ruf betrifft im Wesentlichen seine Leistungsfähigkeit, Kompetenz, Integrität und Vertrauenswürdigkeit. Diese so verstandene Reputation wird als ein bedeutender und nachhaltiger Faktor gewertet, der den Unternehmenswert sowohl positiv als auch negativ beeinflusst.[1]

Reputationsrisiken werden formal als Abweichung von einem normalen Niveau der Reputation verstanden. Diese Abweichung objektiviert sich durch Aussagen der Stakeholder, im Kern also der Öffentlichkeit (d. h. der Medien), der Kapitalmarktakteure, der Mitarbeiter und der Kunden. Konkret: Wenn Risiken einen wesentlichen Einfluss auf die Vermögens-, Finanz- und Ertragslage haben, also allgemein zu einer Wertminderung führen können, werden sie als Reputationsrisiko bezeichnet. Die kommunikative Krise ist ein solches Reputationsrisiko. Ihr Einfluss auf die Minderung oder gar Zerstörung von (Unternehmens-)Werten kann immens sein. Krisenmanagement ist somit Teil des Reputationsmanagements eines Unternehmens, der Krisenmanager ein Reputationsmanager.

Verlauf einer kommunikativen Krise

Kommunikative Krisen folgen einem bestimmten zeitlichen Verlauf, der ebenso die Einwirkungsmöglichkeiten der handelnden Akteure bestimmt. Die Erfahrung zeigt, dass Krisen sich schon im Vorfeld ankündigen, man muss nur die Signale zu deuten wissen bzw. bereit sein, Signale zu hören. In dieser latenten Krisenphase[2] sind die Krisensignale dem überwiegenden Teil der Unternehmensumwelt allerdings noch verborgen. Fachabteilungen erkennen die Signale, können aber oftmals die kommunikativen Risikopotenziale nicht einordnen oder deren Gefahren der Unternehmensspitze vermitteln.

Eskalationsstufe jenseits der Fachöffentlichkeit ist dann die breite Unternehmensöffentlichkeit. Die Signale entwickeln sich zu Risikobotschaften. Die latente Krise wird zu einer akuten Krise.[3] Aus den schleichenden Krisensignalen wird eine kommunikativen Krise für das Unternehmen, die umfangreiche materielle und immaterielle Schäden nach sich ziehen kann. Die Schadensbandbreite ist nicht begrenzt; von der einfachen Produktskepsis (Lebensmittelvergiftungen), über Produktboykott (Shell mit Brent Spar) bis hin zu langfristigen Vertrauensschäden (Dienstleistungsunternehmen) oder Unternehmenszusammenbrüchen (Arthur Andersen).

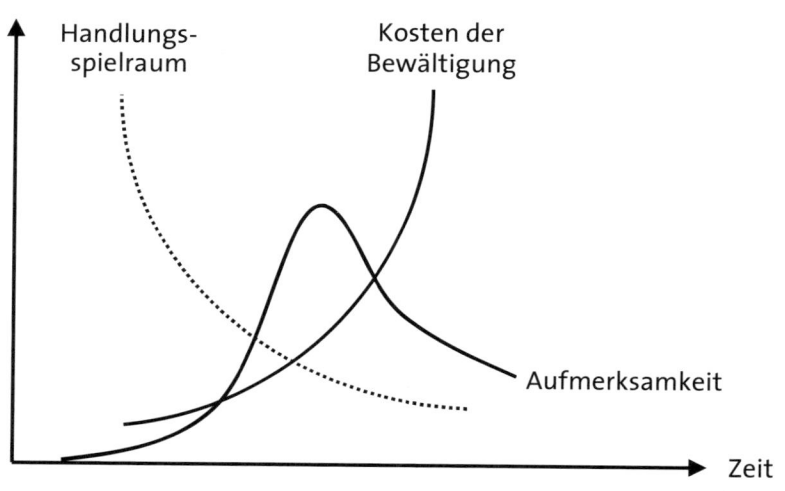

Abbildung 1: Lebenszyklus von Issues und Themen

Die Erfahrung lehrt, dass Themen einer Haltbarkeitsdauer unterliegen. Sie fallen recht schnell nach dem Höhepunkt der Krise aus der Aufmerksamkeit der Medien und der Öffentlichkeit. Das Thema fällt medial aus der breiten Öffentlichkeitswahrnehmung zurück in die Fachöffentlichkeit. Schäden, die bis hierher breitenwirksam verursacht wurden, lassen sich kaum noch mit gleichen Mitteln reparieren, Erfolge in der Krisenbewältigung an dieser Stelle allerdings mit geringeren Mitteln unterfüttern.

Es wird deutlich, dass es nicht beliebig ist, wann ein Unternehmen oder eine Organisation auf Krisensignale oder schon gegen sie erhobene Vorwürfe reagiert. Das Timing und die adäquaten kommunikativen Hebel sind der Schlüssel zum Erfolg. Die Entwicklung von der latenten zur akuten Krise im Keim ersticken, das ist das A und O der kommunikativen Krisenarbeit.

Einwirkungsmöglichkeiten

Entscheidende Hebel zur Einwirkung auf kommunikative Krisen sind folgende Faktoren:

- Zeit,

- Glaubwürdigkeit,

- Erwartung,

- Komplexitätsreduzierung.

Faktor Zeit:
Es ist deutlich einfacher, ein kleines Feuer zu löschen als einen großen Brand. Dies gilt im übertragenden Sinne auch für die Einwirkung auf kommunikative „Brandherde". Je früher die Krisensignale wahr- und ernst genommen werden, desto effektiver und effizienter lässt sich die Krisenentwicklung eines Themas auffangen und steuern. Je schneller (richtige) Informationen zur Verfügung gestellt werden, desto schneller wird das Informationsvakuum gefüllt. Gerüchten und Spekulationen wird der Nährboden entzogen.

Ziel der kommunikativen Krisenintervention ist die zeitliche Verkürzung und die Reduzierung des Spannungsbogens der Krise, um somit den Schaden für das Unternehmen zu minimieren.[4] Frühes Eingreifen verbessert ebenso die Kosten-Nutzen-Relation. Nicht nur, dass sich der Schaden reduzieren lässt, mit geringeren Mitteln lässt sich auch ein besseres Ergebnis erzielen.

Faktor Glaubwürdigkeit:
Ursachen von kommunikativen Krisen sind nicht ausschließlich die eigentlichen Unternehmensprobleme, wie bspw. Umweltverschmut-

zungen, fehlerhafte Produkte oder mangelhafte Dienstleistungen. Vielfach führt das Handeln, das mit diesem Problem einhergeht, zu der kommunikativen Krise. In der Wahrnehmung der Öffentlichkeit respektive der Medien ignorieren oder decken Unternehmen Missstände vielfach. Gerade das Fehlverhalten produziert aus dem eigentlichen Problem eine Krise. Genauso problematisch wie nicht oder zu spät zu reagieren ist es, zwar zeitlich richtig, aber mit (gewollt oder ungewollt) falschen Informationen an die Öffentlichkeit zu gehen, in der Hoffnung, dem öffentlichen Druck zu entgehen. Kaum etwas ist attraktiver als eine Nachricht über einen ertappten Missetäter. Zur Krise kommt dann noch die „Krisenkrönung" – der Skandal – und intensiviert das Geschehen. Auch die Präsentation der Informationen spielt beim Faktor Glaubwürdigkeit eine große Rolle. Ein Manager, der seine Botschaft sachlich-neutral und offen präsentiert und von Inszenierungen Abstand nimmt, wirkt gerade in Krisensituationen weitaus glaubwürdiger. Gerade für die Glaubwürdigkeit bei der Beseitigung der Krisenursache spielt eine große Rolle, wieweit das Geschehen eskaliert und inwieweit die Protagonisten nach der Krise noch tragbar für das Unternehmen sind.

Faktor Erwartung:

Erwartungen steuern die Wahrnehmung und die Beurteilung von Situationen. Nicht die reale Situation – also die Veränderung einer Problemsituation – steuert die Einschätzung und den Tenor einer Krise in den Medien. Vielmehr ist es die Abweichung der realen Verhältnisse von den Erwartungen der Öffentlichkeit. Werden die Erwartungen erfüllt, wirkt sich das positiv auf die Beurteilung aus. Werden die Erwartungen nicht erfüllt, führt dies zu ablehnenden Reaktionen. Die Wahrnehmung der Bewältigung und das Verhalten in einer Krise durch den Verursacher ist das Ergebnis von geweckten Erwartungen auf der einen Seite und dem Grad der Erfüllung auf der anderen Seite. Es gilt also die Erwartungen zu steuern. Die Krisenkommunikation muss Erwartungskorridore definieren, die von der Öffentlichkeit nachvollziehbar und für das Unternehmen erreichbar sind. Eine Übererfüllung der Ziele unterstreicht das Engagement und überrascht die Öffentlichkeit positiv. Das Unternehmen wird als aktiv handelnder und erfolgreicher Krisenmanager wahrgenommen.

Faktor Komplexität:

Die Krisenkommunikation befindet sich in einem Spannungsfeld. Auf der einen Seite die Komplexität der Situation, auf der anderen Seite die

Erwartung der Öffentlichkeit auf simple Erklärungs- und Deutungs-muster. Einerseits sind die Ursachen von Unternehmenskrisen vielfach komplex. Nur wenige Medien können und wollen diese Komplexität in ihrer Berichterstattung nachvollziehen. Andererseits besteht der Wunsch der breiten Öffentlichkeit nach Vereinfachung zum Verständ-nis der Situation. Umfangreiche und undurchsichtige Erklärungs-ansätze mit differenzierten Verantwortungszuweisungen sind wenig eingängig. Um nicht die Interpretationshoheit über das Geschehen zu verlieren, muss das Unternehmen die Deutungserwartungen erfüllen. Auf die Spitze getrieben, muss die Interpretation der Krise in die Über-schrift einer Boulevardzeitung passen. Kann dies das Unternehmen nicht vermitteln, so wird es möglicherweise jemand anderes tun.

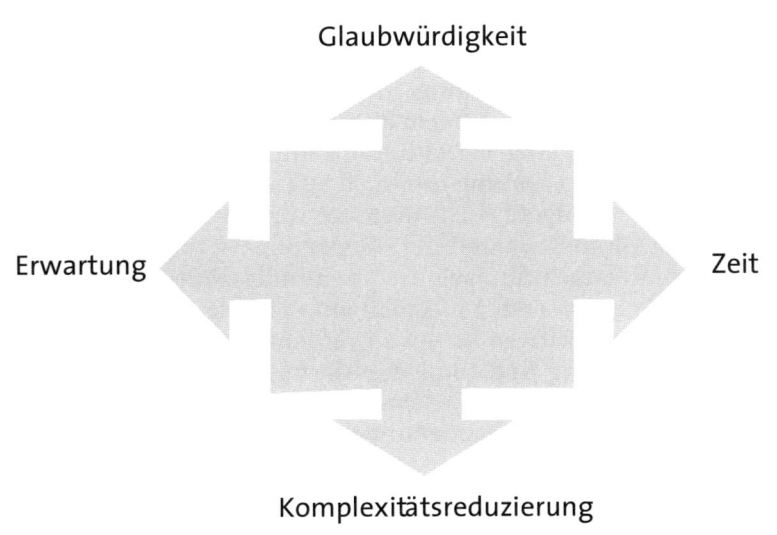

Abbildung 2: Wirkhebel der Krisenkommunikation

Akteure einer Krise

Der Verlauf und die Einwirkungshebel einer Krise bestimmen die Rol-len und Aufgaben der teilnehmenden Akteure: Krisenprävention, Kri-se und Krisenevaluation erfordern unterschiedliche Instrumente. Der

Krisenberater unterstützt das Unternehmen bei der Prävention, in der Akutphase und der Nachbereitung der Krise. Je nach Situation hat er eine andere Rolle. Bleiben wir im Bild der Feuerbekämpfung, so bewegt sich der Krisenberater zwischen den Rollen des präventiven Brandschutzberaters und des akuten Feuerbekämpfers. Die Auseinandersetzung mit Unternehmenskrisen darf keine Ad-hoc-Aktivität sein, die im Krisenfall eingeleitet wird, sondern muss schon in Nichtkrisenzeiten vorbereitet werden. Krisenplanung und Reputationsmanagement sind essenziell gerade für große, an der Börse notierte und in der Öffentlichkeit stehende Unternehmen. In kürzester Zeit kann durch ein geringes Fehlverhalten immenser Wert vernichtet werden, der die Existenz eines Unternehmens bedrohen kann. In den unter dem Begriff Basel II zusammengeführten neuen Risikonormen für Unternehmen fehlt die angemessene Bewertung von kommunikativen Risiken fast vollständig. Im Kreis der Akteure einer Krise können professionelle Krisenberater eine hilfreiche Rolle spielen. Sie können die Unternehmen unterstützen, ihre Krisenplanung aufzusetzen und zu implementieren. Aber handeln können sie nicht alleine. Planung und akute Krisenintervention müssen eingebettet in die kommunikativen Strukturen und Prozesse des Unternehmens sein. Je intensiver die Krisenkommunikation in diese eingefügt ist, desto geringer sind die Gefahr des Scheiterns im „Brandfall" und die Notwendigkeit zum Einsatz eines Krisenkommunikators. Aufgabe des Kommunikationsberaters in der Planungsphase ist es, dem Unternehmen die Gefahr und die Reichweite von kommunikativen Krisen zu verdeutlichen sowie Unterstützung bei der Planung und Implementierung von Krisenstrukturen und Prozessen zu geben. Vielfach wird allerdings die Krisenprävention unterschätzt. Ist ein Krisenberater engagiert, ist in der Regel allerdings schon die Hälfte der Überzeugungsarbeit im Unternehmen geleistet: Einsicht zur Notwendigkeit der Vorbereitung besteht. Krisenprävention ist zuallererst eine Top-down-Aufgabe des Managements, die Beteiligung an der Planung und die Umsetzung allerdings zu großen Teilen ein Bottom-up-Prozess.

In der akuten Krisenphase ändert sich dann die Aufgabe des Krisenberaters. Ist er nicht direkt in die Kommunikationsaktivitäten involviert, so unterstützt er in erster Linie das Kommunikationsteam des Unternehmens im operativen Doing. Er gibt diesem aus der Sicht des „Externen" Feedback. Der Krisenberater ist Coach und hilft, den vorher definierten Krisenplan zielgenau zu realisieren sowie die Hebel der Krisen-kommunikation effektiv einzusetzen.

Dennoch sollte man die negative Dynamik, die sich aus der Zusammen-arbeit zwischen externen und internen Kommunikationsprofis ergibt, nicht unterschätzen. Auch in der Krisenkommunikation entfacht sich die komplexe Problemsituation in der Zusammenarbeit von externen Bera-tern und beratenen Internen. Oftmals führen Vorschläge von externen Beratern zu Vorbehalten bei den internen Mitarbeitern; sei es, weil sie in ihrer Arbeit „betroffen" sind. So sind vielfach ähnliche Konzepte schon von den Kommunikationsabteilungen erarbeitet worden, stoßen aber im Management auf Akzeptanz- oder Umsetzungshemmnisse, hatten nicht die Glaubwürdigkeit, die extern eingekaufte Konzepte haben oder schei-terten an Konzeptfehlern, die externe Berater aufgrund von umfassenden Benchmark-Erfahrungen umgehen konnten.

Ein weiterer Stolperstein in der Zusammenarbeit ist die (gewollte) Hier-archieunabhängigkeit von Beratern, die gerade bei „unfreiwillig" bera-tenen Mitarbeitern Friktionen auslösen können. Der direkte Berichts-weg zum Top-Management und somit die erhöhte Durchsetzbarkeit von Konzepten kann bei den internen Kommunikatoren zu Eifersüchtelei-en, Unmut und somit zu Störungen in der Zusammenarbeit führen.

Sicherlich sind Teile dieser Beschreibungen Kernanforderungen für den Einsatz von externen Beratern, da gerade gewachsene Strukturen und Ideenwelten aufgebrochen werden sollen. Dennoch gilt es auch für Bera-ter, bestimmte Erfolgsfaktoren zu beachten. So ist – vor dem Hinter-grund der Anforderung einer von allen Seiten nachhaltig akzeptierten Krisenarchitektur – der Krisenstab Nukleus der Zusammenarbeit zwi-schen Krisenberater, Kommunikationsteam und Business. Er bündelt die kommunikativen und geschäftlichen Interessen.

Die volle Kraft entwickelt Unternehmenskommunikation durch die Integration aller relevanten Kommunikationswege, basierend auf einer gemeinsamen inhaltlichen Grundlage. Die Kommunikationsabteilung eines Unternehmens hat die Aufgabe, eine vertrauensvolle und für das Unternehmen förderliche Beziehung zu den vier Stakeholdern – Aktionär, Kunde, Mitarbeiter und Öffentlichkeit – aufzubauen und zu erhalten.[5] Dies gilt insbesondere in Krisenzeiten. Der Stakeholder-bezogene Ansatz sollte sich daher auch in der Struktur und den Prozessen der Krisenkommunikation widerspiegeln. Das Unternehmen darf nur eine wesentliche Schlüsselbotschaft senden. Diese Schlüsselbotschaft ist eingebettet in ein umfassendes Gesamtkonzept von abgeleiteten Informationen.

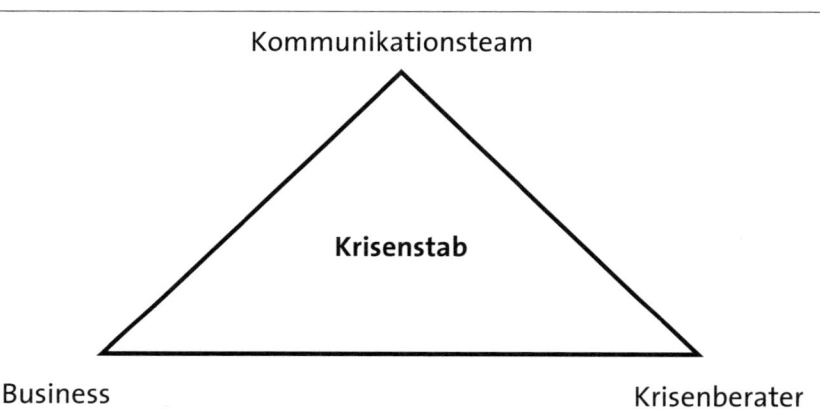

Abbildung 3: Der Krisenstab

Welche Rolle der Berater im Krisenstab einnimmt, hängt in erster Linie von der Kapazität und Erfahrung des Kommunikationsteams und des Managements ab. Existieren bereits Erfahrungen oder ist ein formaler Krisenprozess aufgesetzt, so kann sich der Berater in eine Beobachter- und ggf. Moderatorenrolle zurückziehen und den Kommunikationsprozess aufmerksam begleiten. Überrascht der „Brandfall" das Unternehmen und lähmt es in seiner Handlungsfähigkeit, so ist es ratsam, die Leitung des Krisenstabs und somit auch die Führungsrolle bei der Überwindung dem Krisenmanager zu überlassen und die handelnden Unternehmensvertreter behutsam durch den Krisenprozess zu führen.

Der beste Schutz gegen eine Krise ist eine vorausschauende Krisenprävention, nicht nur durch die Aufsetzung eines Krisenstabs, sondern auch durch die aktive Analyse und Bearbeitung im Vorfeld aufkommender Signale. Der Krisenberater kann hier durch den spezialisierten

Wissenstransfer besonders hilfreich sein, die kommunikativ verantwortlichen Akteure unterstützen und die im Unternehmen befindlichen Kompetenzen mit den Anforderungen einer Krise verknüpfen. Er sollte aber nur in Ausnahmefällen die Rolle des „Fronthandelnden" übernehmen, denn ein professioneller Krisenmanager als „Gesicht des Unternehmens" untergräbt seine Glaubwürdigkeit.

Was ist nun die Rolle des Krisenberaters in der Unternehmenskrise? Feuerwehr oder Brandschutzberater? Der Krisenberater ist beides: Planer und Akteur. Als Teil des Reputationsmanagements ist seine Aufgabe die einer modernen Feuerwehr: sich selbst als Feuerlöscher eigentlich überflüssig machen und Wert erhalten. Allerdings: Wir wollen hoffen, dass sich keine Brandstifter unter ihnen befinden.

Fußnoten

1 Eurohypo Reputation Index (ERIX), Jahresbericht 2005, Eschborn, S. 5.

2 Rosenlieb, Frank (1999): Frühwarnsysteme in der Unternehmenskommunikation, Manuskripte aus den Instituten für Betriebswirtschaftslehre der Universität Kiel, Nummer 512, Kiel, S. 5.

3 vgl. ebd.

4 Schulz, Jürgen (2001): Management von Risiko- und Krisenkommunikation zur Bestandserhaltung und Anschlussfähigkeit von Kommunikationssystemen, Berlin, S. 84.

5 Guterman, Siegfried; Helbig, Michael (2002): Konkurrenz oder Ergänzung – wie die Internet-Öffentlichkeit die Kommunikation verändert! Neue Chancen für die Öffentlichkeitsarbeit einer Bank – der doppelt integrierte Ansatz!, in: Rolke, Lothar; Wolf, Volker (Hrsg.), (2002): Der Kampf um die Öffentlichkeit, Kiel, S. 247–262.

Krisenmanagement –
Die Rolle des Rechtsanwalts

Knut Schulte

O. J. Simpson, amerikanischer Footballstar und Filmschauspieler, wurde im Jahr 1994 des Mordes an seiner Exfrau und deren Geliebten angeklagt. Simpson engagierte einige der berühmtesten amerikanischen Strafverteidiger, unter anderem Johnny L. Cochran, der auch Prominente wie Michael Jackson und andere Größen des Showgeschäfts vertreten hat. Entscheidende Bedeutung in dem Prozess kam einem am Tatort gefundenen Handschuh zu, den der mutmaßlichen Mörder getragen hatte. Der Handschuh passte Simpson nicht, und Anwalt Cochran brachte den Sachverhalt auf einen Satz, der die Schlagzeilen der amerikanischen Presse beherrschte: „If the glove doesn't fit, you must acquit" („Wenn der Handschuh nicht passt, muss man ihn freisprechen"). Simpson wurde trotz erheblicher Zweifel an seiner Unschuld frei gesprochen, nicht zuletzt wegen des geschickten medienwirksamen Auftretens seiner Anwälte.

Nahezu jede Krise hat rechtliche Implikationen. Die Umstände der Übernahme der Mannesmann AG durch den britischen Vodafone-Konzern führten in Deutschland vor Gericht: Die Strafverfahren gegen Vorstands- und Aufsichtsratsmitglieder waren nicht nur den Wirtschaftsteilen renommierter Tageszeitungen und Wochenmagazinen Schlagzeilen wert. Die Prozesse wurden durch hervorragende Rechtsanwälte begleitet, die durchweg über beträchtliche Erfahrungen in medienwirksamen Prozessen verfügten. Ob Schmiergeldaffäre im Großkonzern, Produkthaftungsfall des mittelständischen Unternehmens oder die Schlacht um eine feindliche Übernahme eines börsennotierten Unternehmens – regelmäßig sind renommierte Rechtsanwälte im Boot, die aufgrund des Medieninteresses selbst zu öffentlichen Personen werden.

Fachliche Kompetenz allein genügt dabei nicht: Der Rechtsanwalt, der den Betroffenen in einer wie auch immer gearteten Krise, die von Öffent-

154

lichkeitsinteresse begleitet ist, berät, muss nicht nur Rechtsfragen beantworten, sondern auch entscheiden, ob und in welchem Umfang er selbst in die Öffentlichkeit tritt, ob er Interviewanfragen positiv bescheidet oder sich besser im Hintergrund hält. Während seiner Ausbildung lernt der Jurist den Umgang mit den Medien nicht, und mit Ausnahme einiger „Naturtalente" (wie Johnny L. Cochran eines zu sein scheint), die intuitiv mit solchen Situationen richtig und geschickt umgehen, beschleicht auch den exzellenten Prädikatsjuristen ein mulmiges Gefühl, wenn er zum ersten Mal einen Reporter der Bild-Zeitung mit der Bitte um ein „griffiges Statement" an der Strippe hat.

Im Spannungsfeld zwischen Recht und Öffentlichkeit

Bei einer bestimmten Kaste von Rechtsanwälten gewinnt man das ungute Gefühl, als suchten sie geradezu die Öffentlichkeit. Der „Promi-Anwalt" wird in manchem Fall häufiger namentlich in der Zeitung genannt als sein Mandant. Von Krisen betroffene Unternehmen halten sich von diesen Vertretern ihrer Zunft richtigerweise fern.

Das von einer Krise betroffene, also in der öffentlichen Kritik stehende Unternehmen wendet sich im Normalfall zunächst an seinen ständigen rechtlichen Berater, um ein Gespür für rechtliche Handhabe und Risiken zu bekommen. Parallel werden häufig Spezialisten für Krisen-PR eingeschaltet. Die professionelle kommunikative Begleitung von juristischen Auseinandersetzungen ist in den USA zu einer eigenen Beratungsdisziplin geworden: Litigation-PR. Hierzulande reicht es dazu noch nicht ganz. Allerdings stellt das Kommunikationsmanagement im Rahmen von öffentlichkeitsrelevanten Prozessen und Verfahren besondere Anforderung an die die Rechts- wie die Kommunikationsberater.

Mangelnde Abstimmung beider Beratergruppen kann fatale Folgen haben: Der Anwalt mag eine aggressive Gegenstrategie vorschlagen, die mit allen presserechtlichen Mitteln (Gegendarstellung, einstweilige Verfügung etc.) bis hin zur Klageerhebung operiert, während die begleitende Agentur empfiehlt, „den Ball flach zu halten" und zurückhaltend zu agieren. Aus diesem Grunde gehen einige der renommiertesten deutschen Anwaltssozietäten – amerikanischem Muster folgend – dazu über, ihren Mandanten interdisziplinäre Beratung zwischen kooperierender

Anwaltskanzlei und PR-Agentur anzubieten; international operierende Großkanzleien gehen feste Kooperationen mit „Krisenkommunikatoren" ein oder verstärken sich gar durch entsprechend vorgebildete Quereinsteiger. Damit soll vermieden werden, dass der Mandant aufgrund unterschiedlicher, unabgestimmter Beratungsansätze verunsichert wird, welcher Linie er nun folgen soll.

Derartige Kooperationen helfen aber auch den Anwälten und den Kommunikationsberatern, „sicheren Grund unter die Füße" zu bekommen: Der PR-Berater gewinnt Klarheit über die rechtlichen Möglichkeiten, die zur Verfügung stehen, und kann so einschätzen, ob eine „rechtliche Erfolgsmeldung", etwa das Erstreiten einer einstweiligen Verfügung gegen ungerechtfertigte Negativberichterstattung, dem Betroffenen nützt. Der Rechtsanwalt wird schnell erkennen, ob sein juristisches Instrumentarium auch vor dem Hintergrund der Mechanismen des Wirtschaftsjournalismus sinnvoll eingesetzt werden kann.

Damit einher geht eine klare Festlegung, wer die Kommunikation nach außen übernimmt. Juristen neigen zu stark differenzierenden, deshalb aber gelegentlich schwer verständlichen Aussagen, während der Kommunikationsexperte seine Botschaften medienwirksam zu setzen weiß. „Journalistisches Netzwerken" beherrscht der Krisenkommunikator aufgrund seiner Erfahrungen unzweifelhaft besser als der Spitzenanwalt, mag er noch so findig sein.

Der Rechtsanwalt steht im Spannungsfeld der Ausarbeitung juristischer Möglichkeiten und Strategien und des „richtigen Herüberbringens" der vom Mandanten gewünschten Botschaften. Er darf nicht der Versuchung erliegen, selbst in den Vordergrund zu treten, um auf diese Art (auf Kosten des Mandanten) eigenes Renommee zu erwerben. Die Erfahrung in den großen wirtschaftsrechtlichen Prozessen der vergangenen Jahre zeigt, dass die klugen Vertreter der Rechtsanwaltszunft sich selbst im Hintergrund halten und nicht jeder laufenden Kamera Rede und Antwort stehen.

Der Anwalt als öffentliche Person

Öffentliche Person wird der Rechtsanwalt insbesondere in öffentlichkeitswirksamen Prozessen. Dabei steht er vor dem Problem, dass Prozessführung in erster Linie „Schreibtischarbeit" ist, die Öffentlichkeit aber nur den kleinsten Teil des Prozesses wahrnimmt, nämlich die mündliche Verhandlung oder die Urteilsverkündung. Ausgefeilte Schriftsätze, die in Vorbereitung der mündlichen Verhandlung von den Anwälten ausgetauscht werden, analysieren komplizierteste juristische Sachverhalte im Detail, während diese Arbeit am juristischen Hochreck den meist nicht einschlägig vorgebildeten journalistischen Berichterstattern verborgen bleibt. So kann es geschehen, dass der Rechtsanwalt, der für seinen Mandanten in aussichtsloser Lage einen gerichtlichen Vergleich oder im Strafverfahren einen so genannten „Deal", der die Einstellung eines Strafverfahrens gegen Geldbuße zum Gegenstand hat, erreichen konnte, durch ein ungeschicktes Statement nach Prozessende seinen Mandanten wie einen Verlierer aussehen lässt. Medientrainings haben die wenigsten Anwälte absolviert, obwohl es ihnen dringend anzuraten wäre.

Den Gefahren lässt sich nur begegnen, wenn rechtzeitig im Vorfeld Aussagen zu bestimmten Prozesssituationen oder Ergebnissen zwischen Mandant, Kommunikationsberater und Rechtsanwalt eng abgestimmt werden. Die gewünschte „Botschaft" muss kurz und prägnant sein, ohne unpräzise zu werden.

Der Anwalt muss dabei auch seine Grenzen erkennen: Mancher exzellente Prozessrechtler wirkt in seinem Außenauftritt „stocksteif" und wenig eloquent; in diesem Fall sollte der Pressesprecher oder der extern eingeschaltete Kommunikationsberater der Presse sagen, was zu sagen ist.

Bei Interviewanfragen gilt es abzuwägen, ob sie positiv beschieden werden; auch hier sind die Aussagen mit dem Mandanten und mit den begleitenden Kommunikationsberatern abzustimmen. In jedem Falle gilt es, sich den fertigen Text vor Drucklegung zur Genehmigung vorlegen zu lassen.

Die Waffen des Anwalts

Dem Anwalt steht ein beträchtliches Instrumentarium an rechtlichen Möglichkeiten zur Krisenbewältigung zur Verfügung. Erhebliches Gewicht bei der Begleitung von Krisen hat das Presserecht. Die Erwirkung von Gegendarstellungen, einstweiligen Verfügungen auf Unterlassung bestimmter abträglicher Behauptungen bis hin zur Klage auf Ersatz des durch Presseberichterstattung entstandenen Schadens gewinnen Bedeutung, auch wenn sich die zugesprochenen Beträge aufgrund der Besonderheiten des amerikanischen Rechtssystems in Deutschland weit unter jenen Summen bewegen, die dort erzielt werden.

Über diese presserechtliche und prozessuale Klaviatur hinaus sind in der Krise eines Unternehmens vielfältige Rechtsfragen zu klären, die sich im Regelfall nur durch das Zusammenwirken mehrerer Spezialisten aus größeren Kanzleien beantworten lassen. Dabei sind die zugrunde liegenden Problemstellungen vielfältig: Der Vorstand der Mannesmann AG entschloss sich beispielsweise seinerzeit, der versuchten „feindlichen" Übernahme durch Vodafone mit einer groß angelegten PR-Kampagne zu begegnen. Über Zeitungsanzeigen und die Informationen der Medien sollten Anleger davon abgehalten werden, ihre Aktien zu verkaufen. Dass Form und Inhalt einer solchen Kampagne im Vorfeld rechtlicher Prüfung bedürfen, liegt auf der Hand. Neben den auf die Öffentlichkeit zielenden Maßnahmen waren aber auch gesellschaftsrechtliche Gegenmaßnahmen in Betracht zu ziehen, die seinerzeit auch tatsächlich versucht wurden; einige der führenden deutschen Anwaltssozietäten waren mit der Sache befasst. Die Namen der handelnden Anwälte – Angehörige der Crème de la Crème des deutschen Gesellschaftsrechts – kennt auch heute die breite Öffentlichkeit nicht.

Krisen stehen ferner häufig im Zusammenhang mit Produkthaftungsfällen. Arzneimittelkonzerne sehen sich Vorwürfen ausgesetzt, weil von ihnen in den Markt gebrachte Medikamente möglicherweise gesundheitliche Schäden hervorrufen, Lebensmittelkonzerne geraten ins Licht der Öffentlichkeit, weil ihre Produkte im Verdacht stehen, gesundheitsgefährdend zu sein. In derartigen Fällen muss es zunächst im Interesse des betroffenen Unternehmens liegen, zu prüfen, ob rechtliche Standards eingehalten oder verletzt wurden. Hat sich das Unternehmen nichts vorzuwerfen, kann es in derartigen Fällen durchaus sinnvoll sein, den juristischen Spezialisten mit einer „Kompetenzaussage" in den Vordergrund zu stellen.

Schließlich gilt es zu beachten, dass zumindest geübte Prozessanwälte das Prinzip von „Rede und Gegenrede", also des „Streits mit Worten" berufsbedingt beherrschen. Führt also in einer Krisensituation ein Verband, eine Umweltorganisation oder ein anderer Kritiker des unternehmerischen Handelns in der öffentlichen Auseinandersetzung, beispielsweise in der Fernsehberichterstattung oder in Diskussionsrunden, Juristen ins Feld, sollte unbedingt im Sinne der Waffengleichheit ein Anwalt „dagegengesetzt" werden. Der Wert von Medientrainings wurde bereits angesprochen.

Nicht unterschätzt werden sollte die Rolle des Anwalts in der internen Unternehmenskommunikation: Steht beispielsweise ein Unternehmen aufgrund einer schwierigen wirtschaftlichen Situation vor einschneidenden Umstrukturierungen, die mit erheblichem Personalabbau einhergehen, löst dies bei den Mitarbeitern Ängste aus. Es kann sinnvoll sein, bei der Bekanntgabe solcher Maßnahmen etwa in einer Betriebsversammlung einen Rechtsanwalt hinzuzuziehen, der rechtliche Folgen auch aus der Sicht der Mitarbeiter erläutert.

Ein in der Praxis häufiger Fall betrifft die Insolvenz eines Unternehmens: Konzerne und mittelständische Unternehmen können in die Situation geraten, gesetzlich zur Insolvenzantragstellung verpflichtet zu sein. Dieser Schritt stellt sich aus Sicht der Mitarbeiter und der Öffentlichkeit oft als Zusammenbruch des Unternehmens und damit einhergehend dem Verlust aller Arbeitsplätze dar. Dies ist aber keineswegs zwangsläufig: Es kann sehr wohl eine geordnete Strategie geben, aus der Insolvenz eine Lösung zur Rettung des Unternehmens zu finden, etwa durch den Kauf durch einen Investor „aus der Insolvenz heraus". Gerade in dieser Phase ist das Unternehmen darauf angewiesen, dass die Mitarbeiter motiviert weiter arbeiten – was ihnen schwer fallen wird, weil sie fürchten, keinen Lohn mehr zu erhalten oder bald keinen Arbeitsplatz mehr zu haben.

Hier kann das Auftreten eines Rechtsanwaltes in einer Betriebsversammlung außerordentlich hilfreich sein: Zusammen mit der Geschäftsleitung kann der Anwalt mögliche Strategien zur Erhaltung des Unternehmens und zumindest eines Teils der Arbeitsplätze darlegen, darüber hinaus kann den Mitarbeitern deutlich gemacht werden, dass sie über die gesetzlichen Regelungen, beispielsweise über das Insolvenzausfallgeld, weitgehend gesichert sind. Das Auftreten von Kommunikationsexperten in derartigen Veranstaltungen könnte kontraproduktiv wirken, während ein mit juristischer Kompetenz vorgetragener Lösungsansatz neue Motivationen wecken kann.

Insbesondere Rechtsanwälte und Betriebswirte, die als Insolvenzverwalter arbeiten, kennen in besonderer Weise die Situation, dass ihre Arbeit bei der Insolvenz von Großunternehmen von beträchtlichem Medieninteresse begleitet wird. Insolvenzverwalter werden immer bestrebt sein, zumindest Teile des insolventen Unternehmens und damit Arbeitsplätze zu retten oder zumindest sozialverträgliche Lösungen herbeizuführen. Sie müssen den Spagat bewältigen, keine falschen Hoffnungen zu wecken, andererseits aber die Belegschaft motiviert zu halten, damit das Unternehmen tatsächlich in neue Hände eines Investors überführt werden kann. Auch der Insolvenzverwalter wird so zur öffentlichen Person – und ist klug beraten, sich in der Außenstellung bedeckt zu halten.

Häufige Fehler

Anwälte machen in öffentlichkeitswirksamen Fällen, die von den betroffenen Unternehmen als „Krise" empfunden werden, häufig den Fehler, „nur die halbe Arbeit" zu machen: Sie bereiten exzellente Schriftsätze vor, erarbeiten prozessuale Strategien und durchforsten das Dickicht komplexer Rechtsvorschriften – und lassen den Mandanten mit der „öffentlichkeitswirksamen Verwertung" dann allein: Dabei steht der Mandant nun vor der Aufgabe, seine „Linie" im Umgang mit der Krise und bestimmte Zwischenergebnisse, etwa prozessualer Art, zunächst intern seinen Mitarbeitern und anschließend extern der Öffentlichkeit zu kommunizieren. Deshalb sollte es für den Anwalt, der eine Krise, oft einen Prozess, begleitet, eine Selbstverständlichkeit sein, dem Mandanten hierfür entsprechende Handreichungen zu geben. Diese besteht zunächst in einem Papier, das die juristischen Sachverhalte und den Sachstand präzise erklärt; auf dieser Basis kann der Mandant zusammen mit seinen internen oder externen Kommunikationsberatern die entsprechenden Verlautbarungen entwickeln.

Ein Paradebeispiel dafür, wie gut abgestimmte Arbeit von Kommunikationsberatern und Rechtsanwälten im Krisenfall funktioniert, sind Pressemitteilungen: Mit diesen Verlautbarungen gibt der Mandant seine

Stellungnahme zur Sache, berichtet über mögliche Ursachen der Krise und etwaige getroffene oder geplante Gegenmaßnahmen. Die Endfassung der Pressemitteilung muss vom Anwalt geprüft werden, damit sie rechtlich wasserdicht ist und nicht neue Kritik auslöst.

Gelegentlich aber schlägt der Anwalt die Hände über den Kopf zusammen, wenn er liest, welche Verlautbarung sein Mandant oder die von ihm eingeschalteten externen Kommunikationsberater herausgeben, weil sie seine prozessuale Strategie „aushebeln": Manche Pressemitteilung wurde von der Gegenseite im laufenden Prozess genüsslich als Beweis für eine schädliche Tatsachenbehauptung präsentiert. Die rechtliche Zulässigkeit von Unternehmensumstrukturierungen kann beispielsweise davon abhängen, zu welchem Zeitpunkt die unternehmerische Entscheidung getroffen wurde. Der Anwalt mag noch so gut im Prozess argumentieren, dass die maßgebliche unternehmerische Entscheidung nach den anzulegenden rechtlichen Kriterien erst zu einem späten Zeitpunkt gefallen ist, doch wenn der Mandant zeitgleich in einer Presseerklärung (vermeintlich exkulpierend) darlegt, die eingetretenen Folgen seien sowieso schon immer ins Kalkül gezogen worden und für die Betroffenen somit nicht neu, fällt seine Prozessstrategie möglicherweise wie ein Kartenhaus in sich zusammen.

Der Anwalt in der Krise

Schließlich kann auch der Anwalt selbst in den Mittelpunkt einer Krise geraten: So kann ihm öffentlich ein Fehlverhalten vorgeworfen werden, etwa die Verursachung eines Haftungsfalls. In der jüngeren Vergangenheit hatten zudem einige renommierte Anwaltssozietäten Presseberichte zu gewärtigen, dass es intern „knirsche" oder die Sozietät gar vor dem Auseinanderbrechen stehe – eine Botschaft, die der Mandant dieser Kanzlei unzweifelhaft mit einigem Unbehagen zur Kenntnis nehmen wird.

Während es sich immerhin durchgesetzt hat, dass Anwälte in ihrer Außendarstellung regelmäßig professionelle Hilfe von Kommunikationsexperten in Anspruch nehmen – etwa bei der Darstellung ihrer Corporate Identity – ist eine beträchtliche Neigung zu beobachten, in solchen „Krisenfällen" die Sache selbst in die Hand zu nehmen, sich also auf die eigene Kraft zur Krisenbewältigung zu verlassen. Was bei der Beratung Dritter funktioniert, geht als Anwalt in eigener Sache häufig schief: Die Kanzlei entscheidet sich zu schweigen, wo klarstellende Pressemitteilungen von Nöten wären; diese Vogelstrauß-Strategie trägt nichts zur Krisenbewältigung bei.

Daher kann auch dem Rechtsanwalt oder der Anwaltskanzlei, die sich selbst einer Krise ausgesetzt sieht, nur geraten werden, sich rechtzeitig der Hilfe von Kommunikationsexperten zu bedienen und nicht ausschließlich auf die eigene, beim Mandanten oft unter Beweis gestellte Kompetenz zu vertrauen.

Der Rechtsanwalt, der in öffentlichkeitswirksamen Fällen Mandanten in Krisensituationen begleitet, sieht sich einem veränderten Anforderungsprofil ausgesetzt. Es genügt nicht mehr, hervorragende juristische Sacharbeit zu leisten, sondern er muss die Mechanismen der Mediengesellschaft beachten. Der Schlüssel zum Erfolg liegt in der engen Zusammenarbeit mit Kommunikationsprofis. Die eingangs angesprochene interdisziplinäre Zusammenarbeit von Rechtsanwälten und Kommunikatoren dient dem Wohl des Mandanten, und sie trägt nicht zuletzt dazu bei, den Rechtsanwalt in seiner Rolle als öffentliche Person vor sich selbst zu schützen.

Die Krise managen

Zum besseren Verständnis der unterschiedlichen Anforderungen im Umgang mit Krisensituationen werden drei Anforderungsszenarien unterschieden:

1. die Prävention als routinemäßige Vorbereitung auf mögliche Krisenszenarien,

2. die kommunikative Intervention im Vorfeld einer drohenden Krise und

3. die Ad-hoc-Kommunikation in einer überraschenden Krise.

Dabei überlappen sich zum Teil die Schlussfolgerungen, Verfahrensweisen und Instrumente – ein unvermeidlicher, aber durchaus gewünschter Effekt.

Krisenprävention – Gefahren erkennen und Chancen ergreifen

Petra Hoffmann

Krisen fallen selten aus heiterem Himmel. Häufig werden jedoch die ersten Anzeichen aus dem Unternehmen oder dem Marktumfeld nicht hinreichend gedeutet und rechtzeitig in der Kommunikation aufgegriffen – oftmals gehen sie einfach im Arbeitsalltag unter. Die Folge: Der Überraschungseffekt löst Lähmung und nicht selten Chaos aus. Krisen werden als Katastrophe empfunden, der man relativ machtlos gegenüber steht. Fehlt die Vorbereitung, kann man nur noch reagieren. Und verliert dazu noch wertvolle Zeit, indem zum Beispiel wichtige Informationen erst beschafft werden müssen, meist auch noch von Personen, deren Telefonnummer man noch nicht einmal greifbar hat. Doch Krisenprävention allein auf die praktischen Grundlagen zu reduzieren, ist zu kurz gegriffen. Hierbei geht es vielmehr um einen langfristigen Prozess, der – sofern dieser Weg konsequent beschritten wird – mehr als nur eine Trockenübung für den Ernstfall darstellt.

Krisenpotenziale erkennen und antizipieren, Infrastrukturen schaffen, Abläufe einüben und Mitarbeiter schulen sind eine gute Voraussetzung, um in krisenhaften Situationen souverän zu agieren, statt mit lähmendem Schrecken zu reagieren. Doch erst wenn die Bewältigung von Krisen ganz undramatisch als ein alltäglicher Teil der gesamten Kommunikation begriffen wird, kann es gelingen, ein funktionierendes „Frühwarnsystem" aufzubauen. Im Fall einer herannahenden Krise bleibt genügend Handlungsspielraum, um rechtzeitig zu intervenieren und eine Eskalation zu vermeiden. Mehr noch: Indem potenzielle Krisenthemen in der Unternehmenskommunikation berücksichtigt werden, können schon im Vorfeld die Chancen, die aus einer Krise erwachsen, positiv genutzt werden. Und selbst in Fällen, in denen eine krisenhafte Entwicklung nicht zu vermeiden ist, verbessert die entsprechende Vorbereitung in der Regel die eigenen Handlungsoptionen.

Prävention dient also dazu, Krisenpotenziale im Vorfeld zu erkennen und ein homogenes und effizientes Krisenmanagementsystem als selbstverständlichen Bestandteil der Unternehmenskommunikation aufzubauen und zu etablieren. Präventions-PR als langfristiger und regelmäßiger Prozess entfaltet ihre Wirkung nicht nur in Krisenzeiten, sondern trägt täglich zur Optimierung der gesamten Kommunikation bei.

Bausteine der Krisenprävention

Die Aufgaben der Krisenprävention definieren sich als

- Profiling – Krisenpotenziale erkennen, Issues proaktiv identifizieren,
- Teambildung – erfahrene und geschulte Krisenmanager,
- Aufbau von Infrastrukturen, Instrumenten und Kommunikationsabläufen,
- Implementierung und Training,
- „Frühwarnsystem" und Krisenprävention als Teil der Kommunikationsroutine,
- Proaktives Issues- und Reputation-Management.

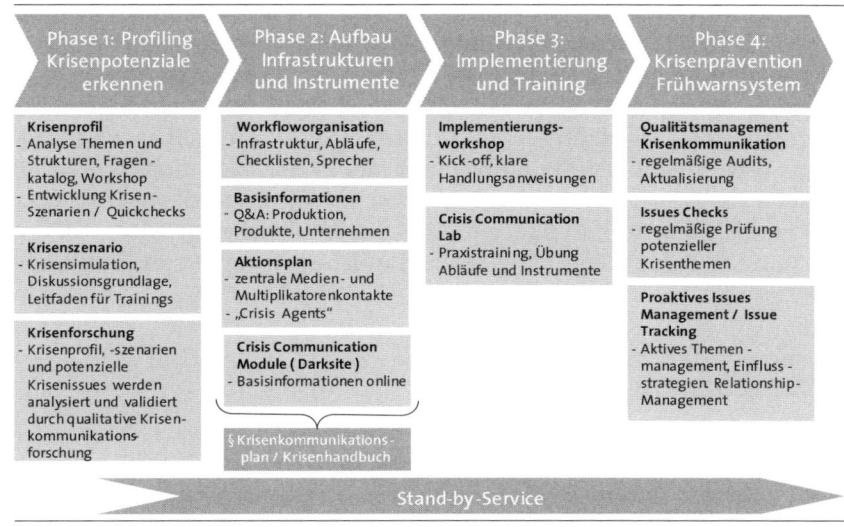

Abbildung 1: Phasen der Präventions-PR

Profiling – Krisenpotenziale erkennen

Krisenprofil – die Basisanalyse

Beim Krisenprofiling geht es darum, Risikopotenziale aus allen Bereichen des Unternehmens unter kommunikativen Aspekten zu erfassen, zu analysieren und zu bewerten. Die Erstanalyse bildet die Basis, die fortgeschrieben werden muss. Was aus Sicht der Experten noch lange kein wirkliches Krisenpotenzial darstellt, kann für die Kommunikation wahren Sprengstoff bergen. Für das Aufkommen von Gerüchten und Ängsten bei den Betroffenen ist es meist unerheblich, ob das Risiko aus Expertensicht tatsächlich eine realistische Gefahr darstellt. Dies gilt umso mehr, wenn es sich um komplizierte Prozesse handelt, die für den Laien nicht mehr verständlich sind und er sich auf – die oft widersprüchlichen – Expertenmeinungen verlassen muss. Also geht es darum, Produkte bzw. Angebote und Produktionsprozesse nicht nur aus fachlicher und rechtlicher Sicht zu analysieren, sondern sich bewusst zu machen, welche Fachdispute und gesellschaftliche, wirtschaftliche und politische Diskussionen in diesem Umfeld geführt werden und wurden.

Das Krisenprofil bezieht zudem alle für die Kommunikation relevanten Strukturen und Kontakte ein. Zu welchen Medien, Interessengruppen, Institutionen, Behörden und Kunden bestehen Kontakte? Eine reine Auflistung würde hier zu kurz greifen. Was vielmehr zählt, ist die Qualität der Beziehungen, das heißt, ob sie offen und von gegenseitigem Verständnis geprägt sind oder aber von unterschiedlichen Meinungen und Unzufriedenheit. Wichtig ist es, sich schon im Vorfeld über die Handlungsweise möglicher Protagonisten in einer Krisensituationen bewusst zu sein. Die Frage, wer welche Interessen vertritt und welche Rollen im Alltag wie auch in besonderen Situationen einnehmen wird – unter Umständen sogar muss – gibt wertvolle Hilfestellung für die Krisenbewältigung.

Die Bestandteile eines Krisenprofils sind:

- Themen- und Issues-Karte,

- Bedrohungspotenzial mit Risikopriorisierung,

- potenzielle Krisenszenarien,

- Kontakt- und Relationsanalyse (Shareholder, Stakeholder, Medien),

- Analyse bestehender Reporting- und Kommunikationsstrukturen und -instrumente,

- Akteure und potenzielle Akteure (Shareholder, Stakeholder, Medien, Konkurrenten),

- Experten,

- Kommunikationsfolgenabschätzung.

Simulationen des Ernstfalls: Krisenszenarien

Der Blick nach vorne – hier die aktive Prävention – muss auch immer ein Rückblick in die Vergangenheit über den Tellerrand des eigenen Unternehmens hinaus sein. Denn das Krisengedächtnis der Medien wie auch der Bevölkerung funktioniert hervorragend. Nicht selten werden ähnliche Fälle aus der Branche oder frühere krisenhafte Vorfälle aus dem Unternehmen wieder aufgegriffen, Vergleiche gezogen und somit erneut in die aktuelle Diskussion eingebracht. Aber der Blick zurück lohnt sich noch in anderer Hinsicht: Aus früheren Krisen kann man lernen. Was ist gut gelaufen, wo lagen die Schwachstellen? Und: Kann es so wieder passieren, birgt das Thema nach wie vor kommunikatives Konfliktpotenzial? Indem man frühere Krisen analysiert, gelingt es, ähnliche Verläufe bereits im Vorfeld vorauszusehen.

In Krisenszenarien werden beispielhaft und sehr realistisch potenzielle Krisenfälle nachvollzogen, die eben genau auf diesen Erfahrungswerten aufbauen. Die Handlung der Szenarien bilden Themen, die beim Profiling identifiziert wurden: fehlerhafte Produkte, Unfälle im Produktionsprozess, aber auch befürchtete Streiks wegen Werksschließungen. Das kann der Tanklastzug sein, der auf einer Autobahn in einen Unfall verwickelt wurde. Der Tank ist Leck geschlagen, eine zunächst noch unbekannte Flüssigkeit tritt aus und sickert ins Erdreich. Binnen kurzer Zeit stehen im Unternehmen die Telefone nicht mehr still: Sicherheitskräfte, Journalisten, Behörden und besorgte Bürger fragen, ob Gefahren für Gesundheit und Umwelt bestehen und was der Hersteller tue, um den Schaden einzudämmen. Erste Presseberichte laufen über den Ticker, Umweltschutzorganisationen melden sich zu Wort. Und schließlich will der Kunde wissen, wo seine Lieferung bleibt.

Szenarien bieten den unbestrittenen Vorteil, einen möglichen Krisenverlauf en détail nachzuvollziehen. Die Simulation zeigt auf, wie unterschiedliche Öffentlichkeiten (Kunden, Behörden, Bürgerinitiativen, Gewerkschaften, Anwohner etc.) reagieren. Damit gelingt es, Schnittstellen für die Kommunikation und bestehende Schwachstellen zu identifizieren. Das Szenario ist ein vertiefender Blick auf einen möglichen Krisenverlauf, mit dessen Hilfe es gelingt, Schwachstellen und Handlungsbedarf zu erkennen. Die Szenarien dienen zudem als Leitfaden und „Drehbuch" für die Krisenkommunikationstrainings.

Mithilfe dieser umfassenden Analyse ist der Grundstein für die Prävention gelegt: Potenzielle Krisenherde werden dokumentiert und bewertet, Schwachstellen aufgezeigt. Zugleich bietet das Krisenprofil die Sicherheit, den spezifischen Handlungsbedarf klar zu erkennen und passgenaue Maßnahmen einzuleiten. Ein wirkungsvolles Instrument wird das Krisenprofil jedoch erst dann, wenn es laufend aktualisiert wird, wenn neue Situationen, Produkte, Themen etc. regelmäßig analysiert werden.

Mit dem Profiling lassen sich selbst in großen Unternehmen potenzielle Krise-Issues aller Standorte erfassen. Mit standardisierten, aber dennoch flexiblen Fragenkatalogen erstellte zum Beispiel ein weltweit agierender Chemiekonzern für jeden seiner Unternehmenszweige ein länderübergreifendes Krisenprofil. Nach dem Schneeballprinzip folgte noch mal je ein Profil für jeden Standort, in dem die lokale Situation – von den angewendeten Produktionsverfahren, Rohstoffen, geografischen Gegebenheiten bis hin zu den lokalen Medien- und Nachbarschaftskontakten – erfasst wurde. Zu dem weltweiten Programm gehörten außerdem maßgeschneiderte Krisenszenarien und Kommunikationstrainings. Mit zweierlei Effekten: Die weit entfernt sitzende Krisenkommmunikationszentrale konnte Gefahren und Akteure an den Standorten besser einschätzen. Die Mitarbeiter vor Ort wurden so für die besonderen Erfordernisse einer Krisensituation sensibilisiert und konnten die ebenfalls standardisierten Infrastrukturen für den Ernstfall einüben. Vor allem aber haben sie ein besseres Verständnis dafür entwickelt, wozu die Krisenkommunikationspläne, analog zu den vorhandenen Krisenmanagementstrukturen, gut sind.

Der Krisenkommunikationsplan

Vorbereitete Infrastrukturen und Instrumente haben zweierlei Funktion: Sie bieten den Akteuren eine größere Handlungssicherheit und sie helfen, im Krisenfall wertvolle Zeit zu sparen. Dabei spielen Kommunikationsroutinen eine große Rolle. Sie können Sicherheit in unruhigen Zeiten vermitteln.

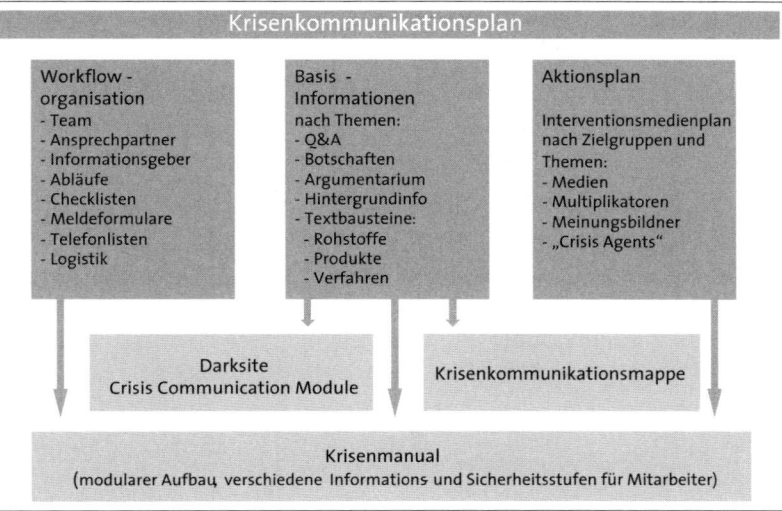

Abbildung 2: Der Krisenkommunikationsplan

Teambildung – die Richtigen auswählen und trainieren

Bei der Prävention kommt es darauf an, ein eingespieltes, routiniertes Team für den Ernstfall bereitstellen zu können. Dabei sollten die Mitglieder des Krisenkommunikationsteams aus möglichst krisenerprobten Kommunikationsprofis bestehen. Sie müssen im Unternehmen gut vernetzt sein, die Abläufe kennen und die Problemstellen. Neben den fachlichen Kompetenzen sollten sie über spezifische Fähigkeiten verfügen:

- Managementfähigkeiten unter Extrembedingungen,

- Stressresistenz,

- Belastbarkeit,

- persönliche Souveränität,

- Erfahrung im Umgang mit aggressiven Medien,

- hohe Kooperationsfähigkeit,

- gute Ausdrucksfähigkeit für den Einsatz im Außenkontakt.

Besonders unter Extrembedingungen einer Krise kommt es darauf an, dass die handelnden Personen sich gegenseitig vorbehaltlos unterstützen. Profilierungsversuche, Egotrips oder gar offene Konkurrenz gehören ebenso zur Kategorie „Krisen-Booster" wie hierarchische Blockaden und Eitelkeiten. Nicht selten ist es gerade die zwischenmenschliche Psychodynamik, die ein krisenverschärfendes Eigenleben entwickelt und die Situationen unnötig verkompliziert. Deshalb ist es von eminenter Bedeutung, bei der Zusammenstellung der Krisentruppe auf eventuell vorhandene Störpotenziale zu achten. In zugespitzten Situationen kann es immer wieder zu unpopulären Entscheidungen kommen. Oder es geht darum, zwischen zwei unterschiedlichen Einschätzungen eine Entscheidung zu treffen. Dabei gibt es situativ immer einen Verlierer und Gewinner. Die betroffenen Personen müssen in der Lage sein, die Sache in dem Moment vor die eigene Person und Befindlichkeit zu stellen. Krisen vertragen keine Eitelkeiten, egal auf welcher Hierarchieebene sie sich äußern.

Auch deshalb sind realistische Krisentrainings als Assessments zur Auswahl der Personen, die einer Krise professionell standhalten können, so wichtig.

Juristische und fachliche Beratung

Zur Unterstützung des Krisenteams ist ein „äußerer Expertenzirkel" oft unerlässlich. Denn eine Krise beinhaltet nicht nur mediale und fachliche Aspekte, sehr schnell kann im Ernstfall auch eine juristische Beratung zu Schadenersatzforderungen oder einstweiligen Verfügungen notwendig werden. Hierauf kann man sich präventiv vorbereiten und die „kritischen" Aspekte im Vorfeld gemeinsam mit Juristen sowie externen fachlichen Beratern identifizieren, auf die man dann im Ernstfall schnell zurückgreifen kann. Berühren die potenziellen Krisen-Issues gesellschaftliche, politische oder fachfremde Themen, sind externe Experten auf diesen Gebieten hilfreiche Ratgeber, um zum einen die kritischen Potenziale einzuschätzen und andererseits die richtigen Antworten darauf zu finden. Das zentrale Krisenmanagement muss dafür sorgen, dass sämtliche relevanten Informationen an einer Stelle zusammengetragen werden und zur Verfügung stehen.

Wer was wann wo – Workflow-Organisation

Ähnlich wie bei Brandschutz- oder Notfallplänen gilt es, auch für die Kommunikation unternehmensspezifische Abläufe festzulegen, Schnittstellen zu definieren, Checklisten als Orientierungshilfe vorzugeben und Verhaltensregeln zu entwickeln. Hierbei liegt „die Kunst im Detail", wie es Torsten Hiermann, PR-Chef des Düsseldorfer Flughafens, treffend ausdrückte[1]. Schon allein die fehlende Privatadresse eines Mitarbeiters kann den reibungslosen Ablauf zum Stocken bringen.

Im Krisenkommunikationsplan spielt die Festlegung von Sprechern, Ansprechpartnern für verschiedene Öffentlichkeiten und Informationsgebern (darunter auch technische Leiter, Vertrieb, Wissenschaftler aus Forschung und Entwicklung, externe Fachexperten, juristische Berater etc.) eine zentrale Rolle.

Der rasche und zuverlässige Informationsfluss bildet das A und O schneller Reaktionsfähigkeit. Ein Sprecher steht im Ernstfall im wahrsten Sinne des Wortes auf verlorenem Posten, wenn ihm verlässliche Angaben über die Situation und deren aktuellen Verlauf fehlen. Gerade bei Unternehmen, die über dezentrale Standorte verfügen, kann dieser Überblick im Vorfeld nicht mehr durch den alltäglichen, persönlichen Kontakt gewährleistet werden. Umgekehrt gilt es natürlich, die Kommunikation auch bei den Fachabteilungen als selbstverständlichen Bestandteil des Krisenmanagements zu verankern.

Personen, die nicht unmittelbar am Geschehen beteiligt sind, reagieren in Krisensituationen oft unüberlegt oder hilflos. Das kann die Telefonzentrale sein, die von drängenden Anrufern überrascht wird, oder der Mitarbeiter auf dem Heimweg, der von Journalisten angesprochen wird. In der Prävention sollte daher Wert darauf gelegt werden, auch bei nicht direkt involvierten Mitarbeitern Verständnis für die besonderen Anforderungen der Krisenkommunikation zu wecken. Sprachregelungen für „Nicht-Sprecher" als Bestandteil des Krisenkommunikationsplans stellen dabei eine wertvolle Orientierungshilfe wie auch klare Handlungsanweisung für den Ernstfall dar.

Allerdings muss im Krisenmanual (siehe Seite 175) unterschieden werden zwischen Verhaltensregeln, die jeden Mitarbeiter betreffen, und sensiblen und sicherheitsrelevanten Informationen und Abläufen, die nur einem kleinen Kreis zugänglich sein dürfen.

Zur Workfloworganisation gehören:

• Informations- und Reportinglines,

- Telefonlisten mit 24h-Erreichbarkeit und Vertretungsregelung, strukturiert nach Aufgaben,

- Checklisten zur Erfassung des Sachverhalts,

- Melde- und Reportingformulare (on- und offline).

Die Krisenkommunikationsmappe

Im Krisenfall gilt: Das Unternehmen muss mit einer Stimme sprechen – aber nicht zu allen mit den gleichen Worten. Die präventive Festlegung von verbindlichen Unternehmensbotschaften und die Vorbereitung eines Basis-Q&A zu Sicherheitsrisiken, Qualitätsmanagement, geplanten Umstrukturierungen etc. stellen im Ernstfall eine schnelle Kommunikationsfähigkeit sicher und erweitern darüber hinaus die Möglichkeiten und Themen der gesamten Unternehmenskommunikation.

Hintergrundinformationen zu Produkten und Angeboten, Produktionsprozessen und Rohstoffen können bereits als vorgefertigte Textbausteine in einer Krisenkommunikationsmappe und auf der Darksite bereitgehalten werden. Die vorbereiteten Bausteine sollten nicht nur alle relevanten Themen, sondern auch den unterschiedlichen Wissensstand der Empfänger berücksichtigen. Verbraucher wie Journalisten verlangen verständliche und offene Informationen. Das Beispiel mit der „Wassergefährdungsklasse 1", die Stoffe wie Milch bezeichnet, wurde bereits im ersten Kapitel beschrieben. In den Ohren der Nicht-Experten impliziert der Terminus „Gefahr", obwohl faktisch keine gegeben ist. Von daher empfiehlt es sich, zum Beispiel Sicherheits- und Produktdatenblätter in verständliche Texte zu „übersetzen". So können Missverständnisse vermieden werden – und darüber hinaus für das Unternehmen besonders sicherheitsrelevante Angaben vor der breiten Öffentlichkeit geschützt werden.

Krisenkommunikationsmappe und die Darksite sollten – je nach Krisen-Issues – folgende Information enthalten:

- Basis-Q&A für verschiedene mögliche Krisenszenarien und darauf abgestimmte Unternehmensbotschaften,

- für die Kommunikation aufbereitete Textbausteine und Hintergrundinformationen zu Produkten und Angeboten, Produktionsverfahren, Unternehmen, nach Themen und Anforderungen strukturiert,

- verständlich formulierte Summaries aus Gutachten, Testreihen etc, die Stoffe und Produkte betreffen,

- Darstellung, welche Maßnahmen das Unternehmen für Sicherheit, Umweltschutz etc. trifft,

- Informationen zu Ansprechpartnern, je nach Szenario Biografien und Aufgabenbeschreibungen der Personen, die in die mediale Öffentlichkeit treten,

- Verhaltensregeln für Szenarien, die Gefahren für die Gesundheit von Sicherheitskräften und Anwohnern bzw. Verbrauchern bergen,

- Kontaktadressen, Hotline-Nummern, Ansprechpartner, ggf. Sicherheitskräfte und Ärzte.

Interventionsmedienplan und „Crisis Agents"

Für den Interventionsmedienplan werden die bestehenden Kontakte zu Journalisten, Multiplikatoren und Meinungsbildnern unter Krisengesichtspunkten analysiert und ergänzt. Ziel ist es, die Ansprechpartner für potenzielle Risikothemen zu identifizieren, die im Ernstfall persönlich angesprochen bzw. gezielt informiert werden können.

Schließlich kann der Interventionsmedienplan um mögliche „Crisis Agents" erweitert werden. Darunter verstehen wir neutrale Personen, deren Objektivität, Kompetenz und Unabhängigkeit vom Unternehmen außer Frage steht. Die „Crisis Agents" können entweder aus dem Personenkreis rekrutiert werden, der zu den Primär- oder Sekundärmultiplikatoren der eigenen Organisation gehört oder der ganz bewusst von außen mit möglichst viel Distanz eine öffentlichkeitswirksame Rolle spielt. Sie können im Krisenfall als externe Instanzen wertvolle, objektive Unterstützung leisten. Wohlgemerkt: Objektive Unterstützung, die im Kontext des Geschehens auch als solche Akzeptanz findet und generiert. Denn jeglicher Versuch einer erkennbar „bestellten" Einflussnahme würde zur Unglaubwürdigkeit der Personen, des Unternehmens und der kommunizierten Botschaften führen.

Crisis Communication Module – Online-Plattform für den Kriseneinsatz

Im Krisenfall ist die Online-Kommunikation oft das Zünglein an der Waage, wenn es darum geht, sehr schnell und ungefiltert die eigenen

Botschaften und Informationen an die relevanten Zielgruppen zu transportieren.

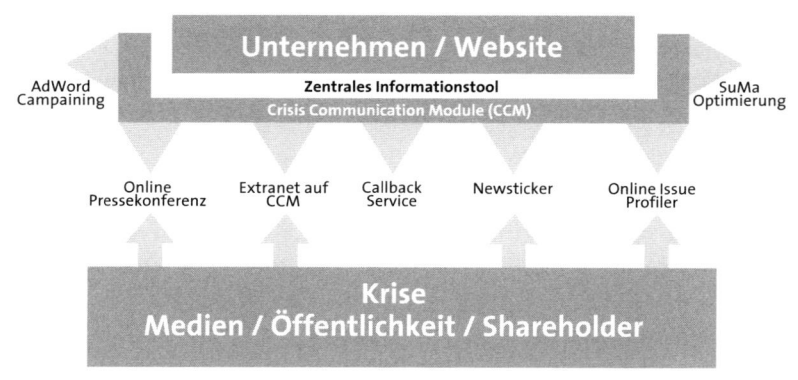

Abbildung 3: Der Einsatz einer Darksite als Crisis Communication Module

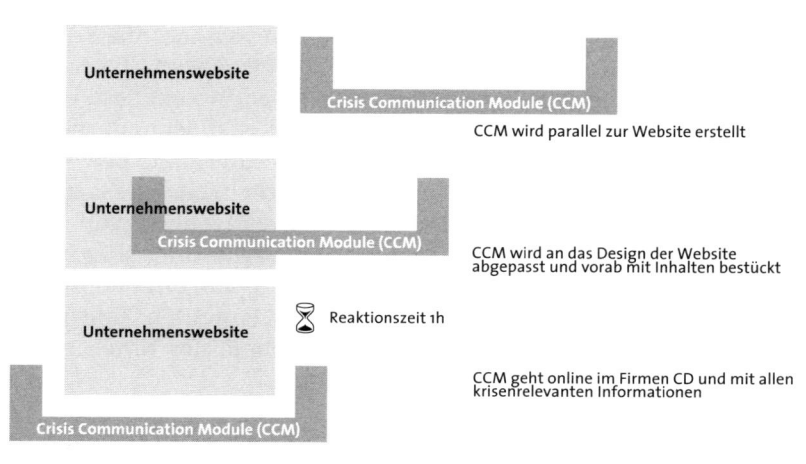

Abbildung 4: Prozess der kurzfristigen Implementierung eines Crisis Communication Moduls

Mit dem Crisis Communication Module, einer „Ready to use"-Darksite-Lösung für den schnellen Einsatz im Krisenfall, können Unternehmen innerhalb weniger Stunden mit allen relevanten Informationen im Internet vertreten sein. In der Regel wird die – mit der Hauptseite verlinkte – Website mit einem CMS (Content Management System) versehen. Das erlaubt, die Site schnell mit aktuellen Informationen zu bestücken.

Mit Basisinformationen und Links zum Unternehmen, zum Sachverhalt, Pressemitteilungen, Statements und Q&As wird die Darksite zum zentralen Informationsinstrument. Um wertvolle Zeit zu sparen, ist es sinnvoll, im Vorfeld wesentliche Inhalte zu den identifizierten Risiken vorzubereiten. Im Krisenfall werden die dem Thema entsprechenden Basisinhalte um aktuelle Informationen ergänzt und die Seite innerhalb weniger Stunden freigeschaltet.

Zusätzliche Optionen, zum Beispiel ein Extranetbereich für vorher definierte Zielgruppen, ein Newsticker zum Abonnieren oder ähnliches, machen das Crisis-Communication-Module zu einer wirkungsvollen Online-Plattform der Krisenkommunikation.

Darüber hinaus stehen gezielte Maßnahmen zur Verfügung, um ein umfangreiches Online-Campaigning aufzulegen. Eine zusätzliche Einbuchung in Suchmaschinen gewährleistet, dass die Seite sehr weit oben in den Suchergebnissen gelistet ist – und somit schnell aufgefunden wird.

Das Krisenmanual

Im Krisenmanual sind alle Dokumente, Abläufe, Instrumente, Personen, Adressen und Verhaltensregeln für den Krisenfall zusammengefasst. Bei komplexen Sachverhalten, besonders in großen Unternehmen, neigen solche Manuals zur Dickleibigkeit. Doch kein Mensch hat ein hundert Seiten starkes Druckwerk in all seinen Facetten präsent. Deshalb sollte das Manual möglichst konzentriert und komprimiert die wichtigsten Informationen und Verhaltensmaßregeln beinhalten. Das ist eine Anforderung auch an die redaktionelle und grafische Gestaltung – ein Aspekt, der häufig vernachlässigt wird.

So kann es bei komplexen Sachverhalten sehr sinnvoll sein, das eigentliche Manual relativ knapp zu halten und an den Stellen, die einer Vertiefung der Anweisungen und Informationen bedürfen, auf ausführliche Anhänge und Module zu verweisen, es also von vornherein modular aufzubauen. So bleibt die Gesamtlogik des Krisenmanagementmanuals zusammenhängend nachvollziehbar, ohne wichtige Details außen vor zu lassen. Bei der Erstellung solcher Dokumente muss immer berücksichtigt werden, dass selbst bei gutem Training in der Regel unter Zeitdruck stehende Menschen schnell die wesentlichen Dinge erfassen und umsetzen müssen, um die Krise nicht noch durch kommunikatives Fehlverhalten zu verschärfen. Manche so genannten Krisenhandbücher machen ob ihrer Komplexität zwar im Bücherregal schwer was her, in der Krise jedoch erweisen sie sich dann als untauglich, weil sie viel zu überladen, zu unübersichtlich und damit krisenuntauglich sind.

Wie eingangs schon erwähnt, erlaubt ein modularer Aufbau des Krisenmanuals die Steuerung der Information: Nicht jeder Mitarbeiter darf und kann in alle internen Vorbereitungen einbezogen sein, dennoch muss jeder wissen, wie er sich während einer Krise zu verhalten hat und wer zu benachrichtigen ist. Jedem sollten die Informationen und Regeln schnell zugänglich sein, die er benötigt. Nicht weniger und nicht mehr.

Und noch ein kleiner Hinweis: Viele Unternehmen gehen dazu über, die Informationen elektronisch bereitzustellen. Zur Sicherheit sollten jedoch zusätzlich immer Ausdrucke greifbar sein. Alle Pläne sind wertlos, wenn zum Beispiel durch einen Brand oder Stromausfall nicht auf das System zugegriffen werden kann.

Die Verankerung im Kommunikationsalltag

Checklisten und Festlegung von Abläufen werden nur dann zu einem sinnvollen Instrument, wenn sie stets aktuell und vor allem jedem betroffenen Mitarbeiter bekannt sind.

Krisenprävention ist eine Managementaufgabe, die konsequent und langfristig verfolgt werden muss. Instrumente und Strukturen werden in der Regel federführend mit der Geschäftsleitung und der Unternehmenskommunikation erarbeitet, die Implementierung im Unternehmen ist eine klassische „Top-down-Aufgabe".

Wie der Prozess im Einzelnen zu gestalten ist, hängt stark von den personellen und strukturellen Voraussetzung der jeweiligen Organisation ab. Welche Voraussetzungen im Sinne von Prozessstrukturen und Instrumenten gibt es bereits? Wie ist der Kenntnis- und Erfahrungsstand der zu involvierenden Mitarbeiter und des Managements? Im Folgenden sind einige Kernelemente beschrieben, die in keinem Implementierungsprozess fehlen sollten.

Der Kick-off-Präventionsworkshop

In einem Workshop mit verantwortlichen Managern und Mitarbeitern aller Unternehmensbereiche und Standorte geht es darum, die erstellten Krisenkommunikationspläne abzustimmen und einzutrainieren. Vorbereitete Szenarien, Kommunikationspläne und Prozessabläufe, Teambesetzungen und Instrumente werden vorgestellt und auf ihre Praktikabilität gemeinsam überprüft. Ebenso ist ein Abgleich der Strukturen mit bestehenden Notfall- und Krisenplänen notwendig, um die Durchführbarkeit und Kompatibilität mit den eingespielten Abläufen sicherzustellen. Eine Einbeziehung verantwortlicher Mitarbeiter ist nicht nur wegen des erwünschten „Schneeballeffekts" wichtig, sondern auch für die Akzeptanz des gesamten Prozesses. Je höher die Einsicht in die Notwendigkeit ist, desto leichter gelingt die breite Verankerung im Unternehmen.

Dafür ist es notwendig, die erarbeiteten Prozesse auf einzelne Standorte und Abteilungen auszuweiten, das heißt, Abläufe und Prozesse auf die spezifischen regionalen oder organisatorischen Gegebenheiten anzupassen. Das reicht von der Festlegung von Verantwortlichkeiten und Reporting-Strukturen bis hin zur Erstellung standortbezogener Telefonlisten und zu klaren Handlungsanweisungen, wie alle Mitarbeiter einbezogen werden können.

In jährlichen Qualitäts-Audits muss die Verankerung der Prozesse der Krisenkommunikation regelmäßig überprüft und aktualisiert werden, um ihre Wirkung im Ernstfall entfalten zu können.

Inhalte der Workshops sind:

- vorbereitete Szenarien,
- Kommunikationspläne und Prozessabläufe,
- Teambesetzungen,
- Instrumente,
- intranetgestütze Workgroup-Organisation etc.

Crisis Communication Lab – intensive Übung für den Ernstfall

Krisentrainings sind Ernstfallübungen für die Praxis. Sie tragen wesentlich dazu bei, die Teilnehmer für die besonderen Anforderungen der Krisenkommunikation zu schulen – und vor allem zu sensibilisieren.

Das Intensivtraining Crisis Communication Lab ist nicht auf die Sprecher und Kommunikatoren des Unternehmens beschränkt. Sinnvoll ist es, das gesamte Krisenteam zu schulen, um so die erforderlichen Abläufe gemeinsam zu üben.

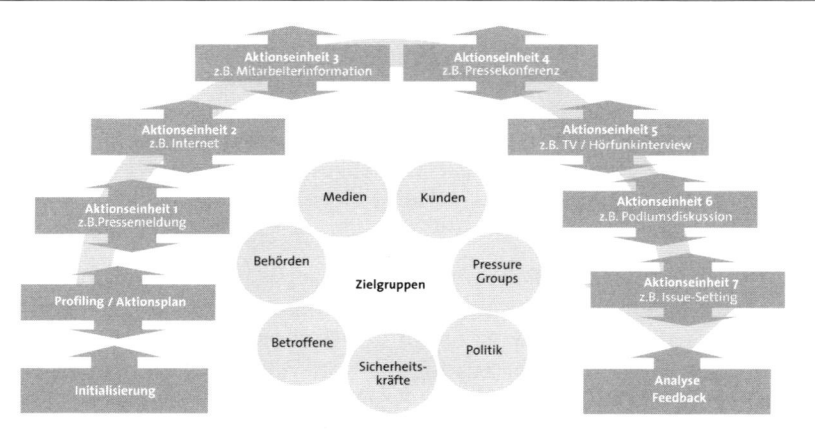

Abbildung 5: Crisis Communication Lab – Krisenintensivtraining

Das Crisis Communication Lab ist ein Modell für ein Krisentraining, das in verschiedenen inhaltlichen wie instrumentellen Gewichtungen durchgeführt werden kann. Je nach Bedarfssituation kann das Training als eine durchgehende Simulation umgesetzt oder durch gezielte Reflexionseinheiten dramaturgisch strukturiert werden.

Im Crisis Communication Lab wird in ein- bis zweitägigen Intensivtrainings ein auf das Unternehmen zugeschnittener „Ernstfall" realitätsnah simuliert. Den Regieplan bilden die Krisenszenarien, die um die Richtlinien des Krisenkommunikationsplans erweitert werden. Damit kann bereits im Training überprüft werden, ob sie hinreichend bekannt und verankert sind.

Die Teilnehmer agieren und reagieren unter Echtzeitbedingungen. In Aktionseinheiten legen sie Botschaften fest, verfassen Pressemeldungen, geben Telefon- und TV-Interviews, bereiten Betriebsversammlungen vor etc. Unterschiedliche Informationsbedürfnisse von Kunden, Behörden, Verbraucherverbänden müssen sie dabei ebenso berücksichtigen wie Gerüchte, Falschmeldungen und widersprüchliche Expertenmeinungen.

Simulierte Agenturmeldungen und Hörfunkbeiträge verarbeiten die Informationen und Botschaften, die die Teilnehmer herausgeben – die Wirkung kann also unmittelbar nachvollzogen werden. Eingeladene Journalisten, die in Echtzeit die Presseseite „spielen", vermitteln einen realistischen Eindruck von der Arbeit der Medien.

In separaten Reflexionseinheiten erhalten die Teilnehmer Feedbacks und wenn nötig die erforderliche Hilfestellung, um die Erfahrungen aus dem Training zu vertiefen. Eine solche Veranstaltung sollte mindestens einmal im Jahr durchgeführt und an die möglicherweise veränderten Rahmenbedingungen angepasst werden.

Training, Simulation, Krisencoaching

Die Erfahrung bestätigt: Krisenkommunikationstraining und -simulationen während des laufenden Betriebs sind effizienter und haben einen größeren Lerneffekt als künstliche Laborsituationen. In der Regel nehmen – nach anfänglichem Zögern – die Beteiligten ihre Rollen sehr schnell an, auch wenn sie wissen: Es ist nur eine Übung, es ist nur Spiel. Der Grad der Ernsthaftigkeit entsteht vor allem durch die möglichst echten Medienresonanzen.

Ein gut geschriebener „Spiegelartikel", der am montagmorgendlichen Managementboard-Meeting auf dem Tisch liegt, verfehlt seine Wirkung nicht. Der „echte" TV-Beitrag in der Abendschau eines großen Regionalsenders, mit Interviews von „Betroffenen" und der Pressesprecherin oder dem Geschäftsführer, beeindruckt sehr viel stärker als Powerpointfolien mit den gleichen Inhalten. Ergänzt um die echten Auswertungen der Call-Center-Reaktionen auf besorgte „Verbraucheranfragen" entsteht dann sehr schnell eine sehr viel ernsthafte und intensive Auseinandersetzung über den Umgang mit kritischen bis krisenhaften Themen und Vorfällen als in jeder seminaristischen Diskussionsform.

Eine wichtige Erfahrung für die Teilnehmer solch realitätsnaher Simulationen ist die laufende Reflexion, Beratung und das individuelle Coaching durch die Trainer. Selbst gestandene Profis neigen dazu, in der akuten Krisensituation zunächst möglichst selbst alle Fäden in der Hand zu halten. Ein verständlicher Reflex, der gerade in der Krise gefährlich werden kann – der berühmte Nadelöhreffekt. Je größer der Druck und damit auch die Belastung der Einzelnen wird, desto mehr kommt es auf kluge Arbeitsteilung an, auf das effiziente Verteilen der Aufgaben und auf die nötige Zeit zur Reflexion, zur Folgenabschätzung und zur Vorbereit des eigenen Handelns. Da Zeit aber zu den knappen Ressourcen in der Krise gehört, kann in der Situation die Krisenberaterin, der Coach zur extrem hilfreichen Instanz werden. Das Live-Training vermittelt auch hier sehr unmittelbar die nützliche Rolle, die Krisen-Coaches spielen können, wenn die Betroffenen es zulassen.

Krisencoaching hat zum Ziel, den Beteiligten ihre Rolle zu lassen und sie bei deren Ausübung zu unterstützen. Da ist also weniger die schnelle Eingreiftruppe gefragt, die mit dem Hubschrauber kommt und für eine Weile die Kontrolle übernimmt. Berater und Coaches benötigen in Krisensituationen neben der Fähigkeit, die Krise als solche zu verstehen, vor allem hohes Einfühlungsvermögen in die Personen und deren Umfeld. Wenn so ein Zusammenspiel trainiert ist oder zumindest schon einmal real als positiv erlebt wurde, nehmen die Menschen im Ernstfall die Hilfe auch leichter und konstruktiver an.

Das realitätsnahe Kommunikationstraining im Rahmen einer in den Alltag integrierten Krisensimulation berührt viele Anforderungsfacetten und macht sie plastisch erfahrbar. Vor allem, mit den heute verfügbaren medientechnischen Mitteln ist das völlig problemlos und mit überschaubarem Aufwand zu bewerkstelligen, auch als regelmäßige „Refresher“-Routine in kleineren Formaten.

Medientrainings

Medientrainings haben eine spezielle Bedeutung im Kontext von Krisentrainings. Sie üben die Situation vor der Kamera, dem Mikrofon, im Interview oder am Telefon. Eine Situation, die auch für gestandene Kommunikationsprofis immer wieder zur Herausforderung wird (siehe hierzu auch Seite 211ff.).

Dauerhafte Krisenprävention und Frühwarnsystem

Jeden Tag nach vorne schauen, Risiken einschätzen und soweit wie möglich neutralisieren – kurz gefasst sind das die Aufgaben für eine dauerhafte und erfolgreiche Krisenprävention.

Bestehende Krisenkommunikationspläne und -instrumente müssen – um jederzeit einsatzbereit zu sein – ständig aktualisiert werden. Prävention ist nicht mit einmaligen Aktionen zu leisten. Wiederholte Trainings, Audits oder Workshops sind notwendig, um Abläufe bei den Mitarbeitern nachhaltig zu verankern. Nur mit regelmäßiger Pflege können die einmal geschaffenen Instrumente und Infrastrukturen im Krisenfall voll eingesetzt werden.

Doch, wie eingangs ausgeführt, kann Krisenprävention mehr: Sie kann ein Frühwarnsystem bilden, das krisenhafte Situationen im Vorfeld erkennt und somit genügend Zeit für eine rechtzeitige Intervention einräumt.

Issues Checks

Voraussetzung für die Früherkennung potenzieller Krisenherde ist ein regelmäßiges, fokussiertes Monitoring auf verschiedenen Plattformen mit nationaler und internationaler Ausrichtung. In diesen qualitativen Issues Checks werden Medienberichte und relevante Diskussionen beobachtet und ausgewertet. Auch neue Entwicklungen im Unternehmen sollten auf ihr Krisenpotenzial hin analysiert werden. Issues Checks sind die Fortschreibung des anfangs erstellten Krisenprofils: Gesellschaftliche Diskussionen und Entwicklungen, Themen der Konkurrenten und unterschiedlicher Interessengruppen und Medien werden auf ihre individuelle Bedeutung für das Unternehmen hin untersucht.

Ein so identifiziertes potenzielles Krisenthema muss zeitnah mit Botschaften, Hintergrundinformationen und Q&As vorbereitet werden. Je nach Issue sollten Unterstützer, z.B. Gutachter und Fürsprecher, bereits jetzt eingebunden werden. Solche „Schubladenpläne" sichern im Krisenfall die schnelle Handlungsfähigkeit.

Als selbstverständlicher Teil der Unternehmenskommunikation tragen regelmäßige Issues Checks dazu bei, Risiken frühzeitig zu erkennen.

Darüber hinaus bilden sie eine gute Grundlage für ein proaktives Issues- und Reputation-Management, mit dem es oftmals gelingen kann, Krisenthemen bereits im Vorfeld zu neutralisieren oder niedrig zu halten.

Proaktives Issues- und Reputation-Management

Krisen gefährden immer das Image und die Reputation eines Unternehmens. Sind aber Kunden und Öffentlichkeit von der Glaubwürdigkeit, Zuverlässigkeit, Verantwortung und Vertrauenswürdigkeit eines Unternehmens überzeugt, verfügt es also über eine starke Reputation, kann es Krisen leichter bewältigen. Die unternehmenseigenen Aussagen haben eine höhere Chance, bei den Zielgruppen richtig anzukommen, der gute Ruf kann im Krisenfall – überspitzt gesagt – wie Vorschusslorbeer wirken. Issues-Management ist also nicht nur im „Friedensfall" ein wichtiger strategischer Erfolgsfaktor.

Unternehmen, die Reputation-Mangagement als Schlüsselfaktor für den unternehmerischen Erfolg erkannt haben, setzen auf ein ausgefeiltes und professionelles Issues-Management[2]. Sich diese „Königsdisziplin" der Unternehmenskommunikation für die Krisenprävention zu Nutze zu machen heißt, die im Issues Monitoring identifizierten Themen gezielt in der Kommunikations- und Unternehmensstrategie einzusetzen und in der Öffentlichkeit mit eigenen Botschaften zu besetzen. So wie man ein Glas als halb voll oder halb leer betrachten kann, so können die meisten Themen mit positiven oder negativen Botschaften belegt werden – entscheidend dabei ist, wer in der Öffentlichkeit damit die Nase vorne hat. Aus Krisenpotenzialen können so Chancen für die gesamte Strategie und Positionierung des Unternehmens erwachsen.

Die Herausforderung besteht darin, potenzielle Issues zu erkennen und zu antizipieren – und das mit vorausschauendem Blick. Themen, die im Monitoring identifiziert wurden, müssen eingehend darauf überprüft werden, welches Krisen- oder Chancenpotenzial sie heute oder in Zukunft für das Unternehmen haben. Ist das Thema relevant für Stakeholder und Öffentlichkeit? Wie hoch ist das mediale Potenzial? Könnte es sich zum Skandal auswachsen? Wann wird es an Relevanz gewinnen, wohin geht der Trend? Gibt es führende Experten oder Persönlichkeiten, die diese Entwicklung begrüßen? Oder überwiegen die Gefahren?

Professionelle Kommunikationsagenturen bieten unterschiedliche Systeme und Instrumente zum wirksamen Issues Tracking und Issues-Management an. Der Vorteil hier: Mit der Anwendung der erprobten Instrumente ist in der Regel auch die notwendige Beratungskompetenz verbunden. Letztlich hängt davon ganz entscheidend die Beurteilung einer Situation ab.

Für die Bewertung eines Issues sollten neben den internen und externen Kommunikationsexperten immer auch die entsprechenden Fachleute mit zu Rate gezogen werden. Deren Einschätzungen gehören zum Basismaterial für die kommunikative Risikoeinschätzung.

In diesem Rahmen kann es zum Beispiel auch sinnvoll sein, in regelmäßigen Workshops mit Journalisten, aber auch Stakeholdern und Fachleuten aus der Branche und dem Markt anstehende Themen zu besprechen, Informationen auszutauschen und Meinungen kennen zu lernen. Jeder Joghurthersteller lässt in regelmäßigen Abständen die Akzeptanz seiner Produkte testen. Im Bereich des Issues- und Themenmanagements ist diese Gepflogenheit noch eher selten. Solche Maßnahmen tragen nicht nur zur Früherkennung und zur Verbesserung der täglichen Kommunikation bei, sie helfen auch, persönliche Kontakte zu den Medien, Multiplikatoren und Zielgruppen zu pflegen – und im Ernstfall als offener Ansprechpartner ernst genommen zu werden.

Ob ein Thema mit einer proaktiven Besetzungsstrategie bearbeitet wird oder darauf zugeschnittene Krisenpläne für den Ernstfall vorbereitet werden, hängt wesentlich von der Gesamtanalyse ab. Jedoch spätestens, wenn ein Issue erkannt wird, das sich zur Krise und damit zur Beschädigung mindestens der Reputation ausweiten könnte, sollte das Issue auch professionell gemanagt werden. Die ganze Arbeit war umsonst, wenn sie als „Geheimsache" unter Verschluss bleibt und nicht damit gearbeitet wird.

Große, internationale Unternehmen verfügen mittlerweile über zum Teil hoch entwickelte Issues-Management-Systeme. Ganz selbstverständlich werden sie zum unverzichtbaren Teil der Kommunikationsroutine. Eine Herausforderung, der sich nicht nur Global Player stellen müssen. Wer heute öffentlich agiert und die Währung Kommunikation als relevantes Mittel zu Steigerung der Wertschöpfung im monetären wie ideellen Sinne versteht, wird über kurz oder lang nicht umhin kommen, Issues-Management zu betreiben. Um einem möglichen Missverständnis vorzubeugen: Dazu bedarf es nicht immer hoch komplexer Systeme. Konzentriert auf die tatsächliche relevanten Aspekte und Themenfelder gibt es dafür auch schlanke Lösungen, die ihren Zweck tun.

Es gibt unter den Kommunikationsfachleuten durchaus unterschiedliche Ansichten darüber, ob Issues-Management und Krisenmanagement zusammengehören oder als getrennte Kommunikationssysteme zu betrachten sind. Allerdings scheint sich die Einsicht durchzusetzen, dass Krisen- und Issues-Management als Teil einer übergeordneten Reputation-Management-Strategie ein integriertes System darstellen und auch darstellen müssen. Denn nur so kann verhindert werden, was der ehemalige US-Außenminister Henry Kissinger auf den Punkt brachte: „An issue ignored is a crisis invited"[3].

Fußnoten

1 Peer Brockhöfer: Krisenkommunikation: In jedem Fall handlungsfähig. PR-Report, Mai 2003.
2 Erste europäische Excellence Studie zum strategischen Issues Management der Universität St. Gallen in Zusammenarbeit mit ECC Kohtes Klewes, 2003.
3 Gernot Brauer: Mit Issue Management Organisationen in der Öffentlichkeit führen: Das Haus in Ordnung bringen – und das auch sagen. PR-Guide August 2002.

Krisenintervention: Wenn Gefahr droht – Schnelle Vorbereitung auf den Ernstfall

Hartwin Möhrle

Es ist noch gar nicht so lange her, da unterwiesen meist ältere Herren des Zivilschutzes in den Schulen die Kinder dieser Republik in Verhaltensmaßregeln für den Fall eines drohenden Atomkriegs. Eine der zentralen Aussagen war: Keine Panik! Angesichts der Wirkung einer Nuklearwaffe war das ungefähr so, als riete man einem vom Pferd gefallenen Cowboy, sich bei einer heranstürmenden Herde wildgewordener Büffel nur ja nicht hektisch zu bewegen, um die Tiere nicht noch wütender zu machen.

Wenn Gefahr droht, liegt die Lösung sicher nicht darin, in panikartigen Aktionismus zu verfallen. Allerdings ist die häufigere Reaktion, nämlich zunächst mal gar nichts zu machen, die meist schlechtere Lösung. Wenn die Frühwarnsysteme Gefahr in Verzug melden, dann kommt die eigentliche Bewährungsstunde für Krisenmanagementsysteme und Krisenmanager. Vielfach sind es nicht mehr als Gerüchte, scheinbar nebensächliche Beobachtungen oder auch nur das ungute Gefühl im Bauch, dass da was nicht stimmen könnte. Ein besonders intelligenter oder bösartiger Kommentar in der Presse, eine scharfe Attacke eines Konkurrenten oder die miese Stimmung im Vertrieb und auf den Fluren des Unternehmens, all das könnten Anzeichen eines Krisen-Issue sein.

Viele Experten sprechen von der klassischen „Gelbphase" einer Krise. Über Wohl und Wehe des weiteren Verlaufs entscheidet in dieser Phase die Aufmerksamkeit, mit der die Krisenanzeichen registriert und bewertet werden. Neben der Wahrnehmung von Krisenindikatoren als solcher kommt es darauf an, dass die Verantwortlichen die vorhandenen Krisenmanagement-Routinen in Gang setzen oder wenigstens beginnen, den Sachverhalt als potenziell krisentauglich zu verstehen. Nicht wenige Krisen haben ihre spätere Dramatik erst dadurch entwickeln können, weil in der Vorphase durch zu langes Abwarten oder Verdrängen wertvolle Zeit verspielt wurde.

Lieber einmal zu viel Aufmerksamkeit aufgewendet als einmal zu wenig. Die A-Klassen-Krise von Daimler-Benz begann damit, dass die ersten Anzeichen für das Problem von den Beteiligten nicht richtig eingeschätzt wurden. Gewollt oder ungewollt wurde der Eindruck vermittelt, der umgefallene neue Star des Automobilherstellers produziere gar kein Problem. Spätestens als der Stopp der Produktion verfügt wurde und der Vorstandsvorsitzende höchstpersönlich Stellung bezog, war auch dem letzten der Verantwortlichen klar: Wir haben ein Problem. Und von da an ging es in dem Fall wieder bergauf. Heute verbinden Fachleute und Kunden die Einführung der A-Klasse nicht nur mit dem so genannten Elchtests in Testverfahren für neue Automobile. Das Fahrzeug steht auch als Beispiel dafür, wie ein Unternehmen mit einer echten Krise umgeht und daraus in letzter Konsequenz noch einen Imagegewinn verbucht. Freilich hat Letzteres sehr viel mit dem späteren Erfolg des Automodells zu tun. Wäre dieser ausgeblieben, hätten die Fehler der ersten Stunde noch deutlich länger negativ auf dem Automobilhersteller gelastet.

Die Anerkennung eines Problems und der damit verbundene kommunizierbare Schritt hin zur Problemlösung hat enorme Bedeutung für die Auswirkungen einer Krise. Dies gilt für die akute Krise und noch viel mehr dann, wenn man deren Ausbruch kommen sieht – wenn also noch die Chance besteht, die eigene Agenda zu formulieren und aufzulegen, bevor es die anderen tun.

In den folgenden Ausführungen konzentriere ich mich auf die Besonderheiten, die es in der Vorphase der Krise zu beachten gilt. Die Vorgehensweise für akute Krisensituationen wird im Abschnitt „Wissen, was zu tun ist" behandelt.

Krisenprofiling – der erste Schritt zur Krisenbewältigung

Das Profiling der potenziellen Krisen beginnt zunächst mit der Auswertung der vorhandenen Informationen und Indizien und der genauen Recherche nach neuen Fakten. Dazu gehört auch das Erstellen von Profilen der schon identifizierten und potenziellen Akteure, wie im ersten Teil des Kapitels beschrieben.

Dies sollte, wenn möglich, von einer erfahrenen und geschulten Person oder einem entsprechend kompetenten Team vorgenommen werden. In der Frühphase der Erkennung spielt die Selektion, die Aufbereitung und

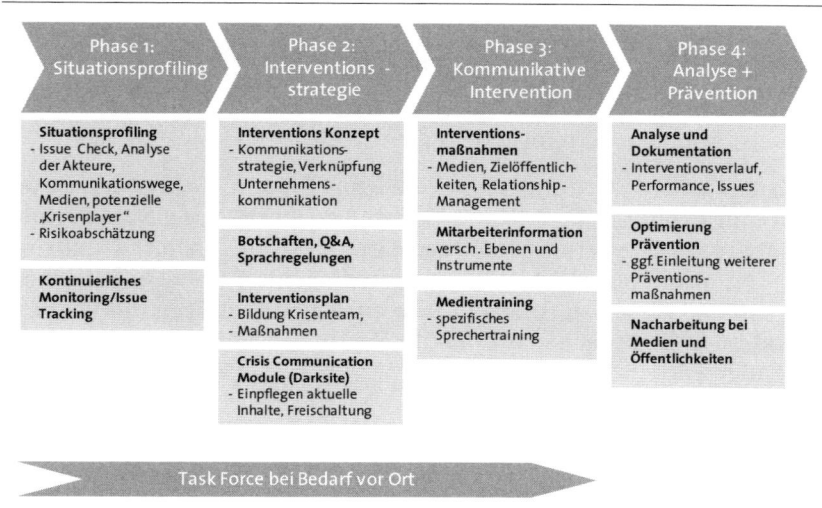

Phase 1: Situationsprofiling	Phase 2: Interventions-strategie	Phase 3: Kommunikative Intervention	Phase 4: Analyse + Prävention
Situationsprofiling - Issue Check, Analyse der Akteure, Kommunikationswege, Medien, potenzielle „Krisenplayer" - Risikoabschätzung **Kontinuierliches Monitoring/Issue Tracking**	**Interventions Konzept** - Kommunikations-strategie, Verknüpfung Unternehmens-kommunikation **Botschaften, Q&A, Sprachregelungen** **Interventionsplan** - Bildung Krisenteam, - Maßnahmen **Crisis Communication Module (Darksite)** - Einpflegen aktuelle Inhalte, Freischaltung	**Interventions-maßnahmen** - Medien, Zielöffentlich-keiten, Relationship-Management **Mitarbeiterinformation** - versch. Ebenen und Instrumente **Medientraining** - spezifisches Sprechertraining	**Analyse und Dokumentation** - Interventionsverlauf, Performance, Issues **Optimierung Prävention** - ggf. Einleitung weiterer Präventions-maßnahmen **Nacharbeitung bei Medien und Öffentlichkeiten**

Task Force bei Bedarf vor Ort

Abbildung 1: Die Phasen der Interventions PR

die Bewertung der Informationen eine entscheidende Rolle. Und nun kommt ein Phänomen ins Spiel, das vielfach verantwortlich dafür ist, dass Krisen zu spät oder nicht in ihrem ganzen Umfang erkannt wurden: Derjenige, der ein Problem kommen sieht, traut sich nicht, es auszusprechen. Ein Krisen-Issue zu erkennen, ist die eine Aufgabe; daraus die notwendigen Konsequenzen zu ziehen, eine andere. Der schon zum geflügelten Wort gewordene Satz: „Houston, wir haben ein Problem" aus dem Drama um das havarierte Raumfahrzeug Apollo 13 steht für den Moment, von dem an ein anderer Film abläuft und die Routinen der Normalität von anderen Abläufen abgelöst werden. Ein psychologisch grundsätzlich schwieriger Schritt. Schließlich könnte man sich ja irren. Und die Angst, sowohl als Untergebener, mehr noch aber als Führungskraft, einer offensichtlichen Fehleinschätzung erlegen zu sein, führt immer wieder dazu, dass erst gar keine vorgenommen wird.

Viel hängt dabei von der vorherrschenden Managementkultur ab. Deshalb entstehen Krisen dort besonders gerne, wo Kommunikation eher angstgeleitet und weniger sachorientiert und offen betrieben wird. Der Marketingvorstand einer großen europäischen Fluggesellschaft hat einmal gesagt, er verbringe einen Großteil seiner Zeit vor einer Vorstandssitzung damit herauszufinden, was in den Vorstandsvorlagen alles gelogen ist und was der Wahrheit entspricht. In einer solchen Kultur besteht automatisch ein höheres Krisenrisiko als in einer kommunikativen Atmosphäre, in der nicht derjenige getadelt wird, der auf ein Problem hinweist, sondern derjenige, der es nicht tut.

Auch das andere Extrem ist freilich ein Problem. Neben der Unterschätzung droht immer auch die Gefahr der Überhöhung, zum Beispiel in Umfeldern, die bereits für krisenhafte Vorgänge hoch sensibilisiert sind. Kommunikative Überreaktionen können mitunter genau so schädlich sein wie nichts zu tun, wenn Sie ein Thema selbst in die Welt setzen oder gar befördern, das ohne Ihr Zutun gar keines geworden oder versandet wäre.

Issues Checks und If-then-Szenarien

Deshalb hängt soviel von der Vorbeurteilung einer Situation ab: von der Genauigkeit der vorliegenden Informationen, der Präzision der Bewertung und der Souveränität der handelnden Personen in der Beurteilung des Sachverhalts und seiner Eskalationspotenziale. Das Vorfeld der Krise bietet die Chance, ihre drohende Qualität mittels systematischer Issues Checks aktiv zu überprüfen. Hier leistet die Checkliste zur Einschätzung der Krisenpotenziale und der Krisendynamik, wie auf Seite 157 beschrieben, ihren Dienst. Denn ein blinder Aktionismus ist genauso gefährlich, wie den Kopf in den Sand zu stecken. Schnell sein ist gut und nötig, es nutzt jedoch nichts, wenn man dabei nicht das Richtige tut. Solange noch ein kleiner zeitlicher Spielraum bleibt, sollten systematische Issues Checks zur besseren Beurteilung der Situation durchgeführt werden. Dazu gehören auch gezielte Gespräche, etwa mit nahestehenden Personen aus der Branche oder mit vertrauenswürdigen Journalisten. Der kompetente, externe Blick ist gerade dann nötiger denn je, wenn sich der eigene zu verengen droht. Krisenerfahrene Kommunikationsberater können just in solchen Momenten einen wesentlichen Beitrag zur Beurteilung der Lage leisten. Dabei gilt es, die Rollen klar zu definieren (siehe Seite 105).

Die Qualität der Vorbereitung auf eine mögliche Zuspitzung der Situation hängt unter anderem von der Überprüfung der unterschiedlichen Interventionsstrategien ab. Lutz Golsch und Ivo Lingnau weisen in ihrem Beitrag auf das Instrument der „If-then"-Szenarien hin, welche die Möglichkeiten eröffnen, unterschiedliche Szenarien kompakt und konzentriert zu formulieren und vor allem zu überprüfen. Das geschieht selbstverständlich „on the fly", also mittendrin und während des Geschehens. Genauso selbstverständlich kann es passieren, dass dabei nicht mit der nötigen Konsequenz vorgegangen wird. Unter steigendem Handlungsdruck geraten auch die besten Szenarien und Strategievorschläge schnell unter den Tisch, weil vermeintlicher oder tatsächlicher Handlungsbedarf keine Reflexion mehr zulässt. Ein Fehler, der sich mitunter bitter rächt, und zwar spätestens dann, wenn sich die Kriterien des eigenen Handelns und damit verbunden auch die handelnden Personen verselbstständigen und mehr und mehr aus dem Bauch und der Situation heraus agieren. In der Analyse von Krisenabläufen ist immer wieder festzustellen, dass die Beteiligten irgendwann ihre strategischen Annahmen, ihre Szenarien und Handlungskriterien im wahrsten Wortsinne verloren haben.

Ein einzig typisches Szenario gibt es nicht, es gibt viele, die alle etwas Typisches in sich tragen. Das Folgende könnte sich schon einmal zugetragen haben: Das Management bekommt im Vorfeld einer drohenden Krise erste Szenarien und Strategievorschläge seitens der Kommunikationsabteilung vorgelegt. Die Vorschläge werden mehr oder weniger konzentriert zur Kenntnis genommen. Der Blick ist starr auf das unmittelbar Drohende gerichtet und verlangt nach einer unmittelbar wirksamen Gegenmedizin. Die freilich gibt es in diesem Moment noch nicht, weil man ja noch nicht genau weiß, was wirklich droht. Etwa eine Woche später erhält die Krise ein Gesicht. Jetzt klagt das Management lautstark darüber, warum seitens der Kommunikation nicht schon längst geprüfte Handlungsstrategien und -alternativen vorliegen würden. Worauf die Kommunikationsverantwortlichen mit gequälten Gesichtern die Papiere wieder hervorziehen, die schon vor einigen Tagen zur Abstimmung und Diskussion auf dem Tisch des „War room" lagen – und dort liegenblieben, weil alle hektisch aus dem Raum gestürmt sind, um sich zunächst um das jeweils naheliegendste Problem zu kümmern.

Das Zeitinvestment in möglichst komprimiert und einfach formulierte „If-then"-Szenarien als permanentes Prüfraster zur Bewertung des Krisenverlaufs lohnt in den meisten Fällen, selbst dann, wenn das Gegenteil einer vorab erstellten Annahme eintritt. In der richtigen Dosierung zwischen Reflexion und unmittelbarer Aktion verschaffen If-then-Szenarien ein höheres Maß an Handlungssicherheit, just für die Situation, in der man kaum oder gar keine Zeit mehr zum Nachdenken hat. Findet rechtzeitig eine qualifizierte und valide Einschätzung der möglichen Krisenszenarien statt, so bilden sie den Boden für eigene, proaktive Maßnahmen.

Proaktives Medien- und Relationship-Management

Die zentralen Fragen, die sich immer wieder stellen, lauten: Sind wir in der Lage, die Krise durch eigeninitiierte Maßnahmen gänzlich zu verhindern? Oder geht es darum, das unvermeidliche Issue möglichst von Beginn an so zu begleiten und zu managen, dass die zu befürchtenden Negativauswirkungen so gering wie möglich bleiben? Also: Schadensvermeidung oder nur noch Schadensbegrenzung? Je nach dem, für was man sich entscheidet, hat das erhebliche Konsequenzen für die eigene Handlungsstrategie.

In beiden Fällen ist das die Stunde des proaktiven Medien- und Multiplikatorenmanagements. Im Idealfall existiert bereits eine Liste der Personen aus Branche, Medien, Politik oder Verbraucheröffentlichkeit, die im Falle einer drohenden Krise kontaktiert werden können oder müssen.

Dass dies ein mitunter heikler Vorgang ist, braucht nicht betont zu werden. Letztlich gilt es, das Risiko abzuwägen: zwischen der Chance, das Heft des Handelns selbst in die Hand zu nehmen – das Issue also zu managen, bevor es einen selbst managet –, und der Gefahr, das Issue durch die eigene Aktivität erst richtig loszutreten. Wenn es jedoch gelingt, die eigene Agenda zu setzen und damit Handlungssouveränität zu erlangen, ist das ein unschätzbarer Vorteil.

Die Mechanismen, die dafür angewendet werden können, sind wiederum vergleichsweise einfach. Es gilt, im Kreis der ausgewählten Multiplikatorenzielgruppe zunächst Kenntnis und Verständnis für die jeweilige Problemlage herzustellen. Besonders die Medien neigen dann zu Zuspitzungen und Übertreibungen, wenn die Informationen für das Thema lückenhaft sind und damit das Verständnis etwa für die Handlungen der Betroffenen fehlt. Ein gut informierter Journalist kann gefährlich werden, ein schlecht informierter ist es schon.

Die probatesten Mittel hierfür können Hintergrundgespräche sein, einzeln oder auch mit mehreren Teilnehmern. Oder man lädt Journalisten zu internen Workshops ein, in denen man dezidiert und detailliert, wenn dies der Gegenstand zulässt, über das Themenfeld, aus dem die Krise zu entstehen droht, informiert. Eine weitere Variante ist die gezielte One-on-one-Strategie: Darin werden mit relevanten Medien und Journalisten Einzelgespräche geführt, in denen diese, und das ist der Preis der Strategie, qualifiziert über den jeweiligen Sachverhalt informiert und mit der eigenen Bewertung der Situation vertraut gemacht werden. Der mediale Erstschlag erfolgt zunächst auf der informellen Informations- und Arbeitsebene. Der Interpretationskorridor wird vorbereitet, in den dann nachfolgende offizielle öffentliche Statements hinein plaziert werden können – mit dem Vorteil, dass das bereits vorhandene Verständnis des Themas die Gefahr von Verzerrungen durch Fehl- oder Halbinformation verringert. Ob die Medien die eigene Sicht der Dinge dann teilen oder zu anderen Schlussfolgerungen und Interpretationen kommen, das liegt in ihrer Souveränität. Häufig sind kommunikationsunerfahrene Akteure enttäuscht darüber, dass trotz der intensiven und offenen Vorabinformation nicht auch die eigenen Bewertungen übernommen werden. Wer hier, womöglich noch dazu mit beleidigtem Unterton, nachkartet, begeht einen Kardinalsfehler und zerstört nicht selten das zuvor aufgebaute Vertrauen nachhaltig.

Proaktives Agenda- und Issue Setting

Eine andere Alternative ist die kurzfristige Initiierung einer Fachgruppe (Competence Task Force) aus internen und externen Koryphäen, die sich des Themas annimmt. Eine solche Gruppe hat zwei Funktionen. Erstens: Sie dient der fachlichen Beratung des Managements und der Kommunikation. Zweitens: Sie ist eine schnell einzusetzende PR-Waffe für den Fall, dass die Krise ausbricht oder auszubrechen droht.

Erkenntnisse und Einschätzungen von Fachleuten sind jedoch kein Garant für kommunikativen Erfolg. Zu groß ist das Misstrauen bei Medien und Bevölkerung gegenüber Fachleuten, die als nicht ausreichend unabhängig wahrgenommen werden. Abgesehen davon reicht in einer bereits aufgeheizten Atmosphäre die rein technische Information in den meisten Fällen nicht oder zumindest nicht gleich aus, um die Eskalation von Befürchtungen, Ahnungen und Verdächtigungen zu verhindern oder einzudämmen. Öffentliche Krisenverläufe entwickeln eine eigene Macht des Faktischen, gegen die Fakten mitunter machtlos ist. Es hilft schon viel, diese Tatsache anzuerkennen. Wenn die Möglichkeit besteht, überzeugende fachliche Informationen als Waffe einzusetzen, dann funktioniert das nur mit einer sorgfältigen Übersetzung in für die anvisierten Zielgruppen verständliche Botschaften. Was bedeutet ein Grenzwert? Welche Schadstoffklasse ist wie gefährlich? Warum sind bestimmte technische Abläufe wie sie sind? Erst wenn das Fachchinesisch in situationsadäquater Weise, also nicht nur geschönt und frisiert, sondern substanziell und kommunizierbar, aufbereitet wurde, kann damit auch kommunikativ erfolgreich agiert werden.

Im Vorfeld einer erwarteten Krise ist die zielgruppen- und situationsspezifische Übersetzung von Sachverhalten und Fachkompetenz von strategisch entscheidender Bedeutung. Im Kern geht es beim proaktiven Einsatz der eigenen Fachkompetenz, der Kompetenzträger und der entsprechenden Trägerthemen um drei Ziele:

1. Die richtigen Themen setzen und besetzen.

2. Die Dramaturgie der Ereignisse bestimmen.

3. Die Kompetenzführerschaft übernehmen und/oder behaupten.

Während man in der akuten Krise zumeist aus der Defensive kommend mühsam darum kämpfen muss, besteht mit etwas Zeit die Möglichkeit, mithilfe glaubwürdiger Multiplikatoren die eigene Position in der Öffentlichkeit zu etablieren.

Das kann, wie gesagt, mit offenem Visier geschehen oder auch verdeckt über öffentliche Kommentare und Statements von Personen, die qua Autorität und Position bestimmte Themen setzen können, ohne dass sie als unmittelbar Beteiligte erkennbar werden. Die Veröffentlichung bereits vorliegender Erkenntnisse, zum Beispiel in Form von Studien oder rasch erstellter Umfragen, kann dazu genutzt werden, die eigenen Interpretationen öffentlich zu positionieren. Das strategische Ziel lautet hier: Gegendruck aufbauen und das oder die Issues so zu setzen, dass sie möglichst unabhängig vom Absender ihre mediale Wirkung im Selbstläufereffekt erzeugen.

Kommunikation mit Pressure Groups

Von besonderer Bedeutung und zugleich hoch sensibel ist die präventive Kommunikation mit Interessengruppen wie Verbraucherschutzverbänden, Bürgerinitiativen und Pressure Groups. Dafür allgemeingültige

Regeln aufzustellen, ist schwer, unterscheiden sich doch die potenziellen Gesprächpartner situations- und themenbedingt zum Teil deutlich voneinander. Neben regionalen und lokalen Gruppierungen hat sich zu den etablierten NGOs wie Greenpeace, WWF und Amnesty International vor allem Attac gesellt. Für zahlreiche Unternehmen, wie bespielsweise Shell, gehört die Kommunikation mit solchen Gruppen zum kontinuierlichen Issues-Management. Das Ergebnis des beständigen Austauschs: Die betreffenden Personen, die besonders kritischen Themen, aber auch die Ebenen, auf denen eine offene Kommunikation funktioniert, sind bereits bekannt – für den Krisenfall in der Regel eher von Vorteil als von Nachteil.

Für Unternehmen und Institutionen, die weder Erfahrung mit noch Kontakte zu solchen Gruppen haben, fällt der erste Schritt, die erste Kontaktaufnahme schwer. Zwar hat man es nicht mit Wesen der dritten Art zu tun, aber auch auf deren Seite gibt es genügend Personen mit ausgeprägten Vorurteilen und Berührungsängsten. In solchen Situationen führen oft genug schlichte Missverständnisse zu ersten Kommunikationskatastrophen. Der dringende Rat lautet: Im Umgang mit NGOs erfahrene Berater in den Prozess der Kontaktaufnahme einbinden, bis die Beziehungen stabil genug sind und selbst gepflegt werden können. Externe können mitunter sehr viel besser den Charakter der einzelnen Gruppen profilieren.

Die Vorfeldkommunikation mit Interessengruppen, die im Kontext eines Krisenthemas agieren, kann wichtige Auswirkung auf deren Verhalten haben. Gelingt es, einen rational führbaren Diskurs zu etablieren, bevor die Akteure ihr mediales Spiel inszenieren, können dessen Auswirkungen zumindest beeinflusst werden. Allein schon die bessere Kenntnis der Gegenargumente kann von Vorteil für die öffentliche Auseinandersetzung sein, erst recht, wenn die Entscheidung für eine eigene, proaktive Medienoffensive fällt.

Themenregie als inhaltlich-strategisches Steuerungsinstrument

Eine klar priorisierende Kommunikation mit den potenziell involvierten Öffentlichkeiten im Kontext einer dräuenden Krise gehört zu den strategisch wichtigsten Instrumenten. Sie zielt darauf ab, die Themen in der öffentlichen Kommunikation zu bespielen, die die eigene Positionen am besten transportieren. Dazu müssen nicht nur die eigenen Themenressourcen auf ihre Tauglichkeit oder mögliche Störwirkung geprüft werden. Um eine möglichst wirksame Themeninszenierung durchsetzen zu können, bedarf es auch einer genauen Kenntnis der Themeninteressen der Zielgruppen.

Die Situation der bevorstehenden Krise gibt etwas mehr Raum und Zeit, mit den eigenen Positionen und Themen, der eigenen Agenda den öffentlichen oder auch nur halböffentlichen Gang der Dinge zu beeinflussen, wenn nicht gar zu dominieren. Wer in einer solchen Situation interventionsfähig ist, hat eine sehr viel größere Chance, selbst bei einem krisenhaften weiteren Verlauf den Kopf über Wasser zu halten. Das gilt auch dann, wenn die Entscheidung gegen eine proaktive Angriffsstrategie und für eine kontrollierte Verteidigung fällt. Auch der gezielte Aufbau einer strategischen Verteidigungslinie mit klaren inhaltlichen Positionen und einem vorbereiteten Set an Instrumenten und Maßnahmen entscheidet im Moment der Wahrheit darüber, ob man nun Spielball wird oder von vornherein das Geschehen mitgestalten kann.

Wissen, was zu tun ist –
Handeln im akuten Krisenfall

Hartwin Möhrle

Im überraschenden Krisenfall herrscht für einen gewissen Zeitraum Chaos oder zumindest Ungewissheit. Das gilt für sämtliche Beteiligten, auch für die Medien. In der zunächst für alle gleichermaßen unübersichtlichen Situation kommt es entscheidend darauf an, wer am schnellsten seine Abläufe und Verhaltensweisen strukturiert und damit in der Lage ist, als verlässliche „Source of Information" nicht nur zu reagieren, sondern auch zu agieren. Das ist Chance und Herausforderung zugleich.

„Die wissen nicht, was Sache ist". Diese über die Medien verbreitete Botschaft kann ein Unternehmen/eine Institution in der ersten Phase einer Überraschungskrise immer treffen. Es gibt Situationen – nehmen wir mal den Zusammenstoß zweier mit unterschiedlichen Chemikalien beladener Tanklastzüge von zwei unterschiedlichen Unternehmen an –, in dem es eine Zeit lang ein Informationsvakuum gibt – in diesem Fall beispielsweise bezüglich möglicher chemischer Reaktionen, der Anzahl der Verletzten, der Folgen für das Grundwasser etc. In einer solchen, oft unvermeidbaren Phase, geht es in allererster Linie darum, nicht noch durch Kommunikationsfehler oder schlicht ungeschicktes Kommunikationsverhalten zusätzliche, die Situation verschlimmernde Reaktionen auszulösen. Gefährlicher noch als die temporäre Ungewissheit über die Faktoren und Folgen eines Unfalls ist es aus Sicht der Medien und der Öffentlichkeit, wenn die Botschaft vermittelt: „Die wissen nicht, was sie tun sollen". Das ist dann der kommunikative Gau.

Obwohl immer mehr Unternehmen Krisenprävention betreiben oder sie zumindest auf dem Papier stehen haben, hinken die vorhandenen Krisenkommunikationspläne für die Ad-hoc-Krise in ihrer Qualität doch vielfach denen der professionellen Krisenmanagement-Organisationen wie die Feuerwehr, der Katastrophenschutz, die Polizei und das Militär hinterher. Die wissen in der Regel auch nicht genau, was auf sie zukommt, aber sie wissen in der Regel immer, was sie zu tun haben.

Lediglich in absoluten Risikoindustrien, also Betrieben, die unter die „Seveso II“ – Störfallverordnung (12. BImSchV) fallen, ist die Information der Bevölkerung über Sicherheitsrisiken und Verhaltensregeln in den gesetzlich vorgeschriebenen Katastrophenplänen und Ablaufszenarien verankert. Der bloße Ruf nach dem Gesetzgeber ist hier sicher der falsche Weg. Die Fahrlässigkeit aber, mit der für viele denkbare Krisenfälle selbst minimale Voraussetzungen für eine adäquate Information von Medien und Bevölkerung außer Acht gelassen werden, sollte in Zukunft auch juristisch nicht gänzlich folgenlos bleiben.

Im Moment des Chaos ist die Vermittlung von Verhaltens- und Verfahrenssicherheit das höchste Gut. Die wird, ähnlich wie bei den genannten katastrophenerprobten Organisationen, nicht durch talentierte Einzelakteure hergestellt, sondern durch das Zusammenspiel möglichst erfahrener, wenigstens gut trainierter und in der „heißen“ Situation ausreichend „cooler“, sprich verhaltenssicherer Akteure.

In der schwierigsten Situation einer Krise gilt es zunächst, Fehler zu verhindern, die die Situation womöglich noch verschlimmern. Gleichzeitig geht es darum, die oft nur minimale Chance zu nutzen, die Situation so schnell wie möglich und Stück für Stück aktiv selbst zu gestalten. Das kann man gut oder schlecht machen, je nachdem, wie gut oder schlecht man auf derlei Situationen vorbereitet ist.

Widersprüchliche Meldungen, Vorwürfe, deren Wahrheitsgehalt geprüft werden muss, Unwissenheit um den genauen Sachverhalt, dazu drängende Fragen von Mitarbeitern, Journalisten und Behörden – das sind die üblichen Ingredenzien der Krise. Alles geschieht unter großem Zeitdruck. Vermeintlich bleibt kaum die Zeit, den Sachverhalt zu klären und eine Strategie zu entwickeln. Aber die Situation ist nicht verloren, wenn sofort das Richtige getan wird, und das, was getan wird, mit größtmöglichster Glaubwürdigkeit, Transparenz und Schnelligkeit. Wir unterscheiden dabei drei Hauptelemente:

• das Ad-hoc-Krisenprofiling,

• Aktionsstrategie und Ad-hoc-Intervention,

• Analyse und Prävention.

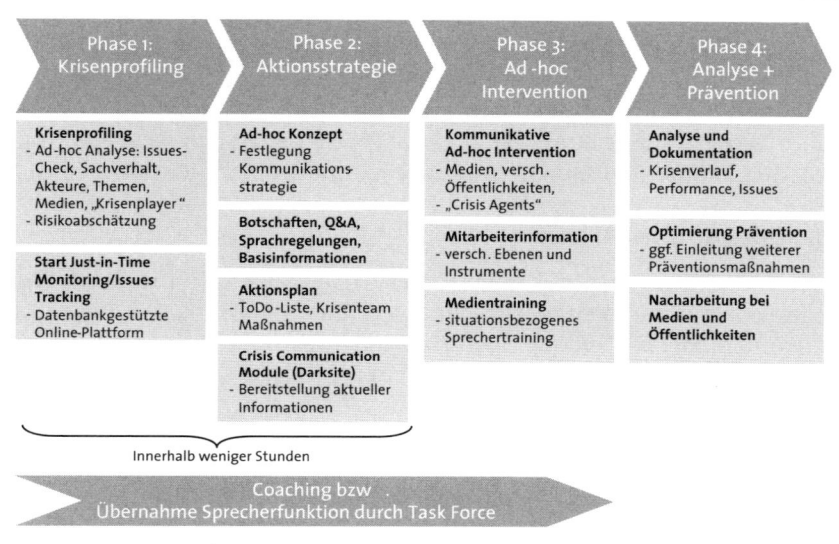

Phase 1: Krisenprofiling	Phase 2: Aktionsstrategie	Phase 3: Ad-hoc Intervention	Phase 4: Analyse + Prävention
Krisenprofiling - Ad-hoc Analyse: Issues-Check, Sachverhalt, Akteure, Themen, Medien, „Krisenplayer" - Risikoabschätzung	**Ad-hoc Konzept** - Festlegung Kommunikations-strategie	**Kommunikative Ad-hoc Intervention** - Medien, versch. Öffentlichkeiten, - „Crisis Agents"	**Analyse und Dokumentation** - Krisenverlauf, Performance, Issues
Start Just-in-Time Monitoring/Issues Tracking - Datenbankgestützte Online-Plattform	**Botschaften, Q&A, Sprachregelungen, Basisinformationen**	**Mitarbeiterinformation** - versch. Ebenen und Instrumente	**Optimierung Prävention** - ggf. Einleitung weiterer Präventionsmaßnahmen
	Aktionsplan - ToDo-Liste, Krisenteam Maßnahmen	**Medientraining** - situationsbezogenes Sprechertraining	**Nacharbeitung bei Medien und Öffentlichkeiten**
	Crisis Communication Module (Darksite) - Bereitstellung aktueller Informationen		

Innerhalb weniger Stunden

Coaching bzw.
Übernahme Sprecherfunktion durch Task Force

Abbildung 1: Die Phasen der Ad-hoc-Krisenkommunikation

Klarheit schaffen: Ad-hoc-Krisenprofiling

Der erste Schritt ist, sich selbst schnell und umfassend ein Bild von der Situation und entsprechende Klarheit zu verschaffen: Was genau ist wann und wo passiert? Und wer sind die Akteure innerhalb und außerhalb der Organisation? Nicht selten laufen die internen Kommunikationsströme zwischen Fachleuten, Management und Kommunikation aneinander vorbei, und im schlimmsten Fall kommunizieren alle auf unterschiedlichen Ebenen nach innen und außen. Idealerweise vollziehen sich die einzelnen Schritte nahezu parallel. Insofern ist die gewählte Reihenfolge nur bedingt auch eine Aussage über die Priorität der Schritte.

Identifizierung des Krisenkerns

Die Identifizierung des Krisenkerns steht an erster Stelle: Wie gefährlich sind die Stoffe, die freigesetzt wurden? Kann am Vorwurf der Insider-Geschäfte wirklich etwas dran sein? Sind tatsächlich grenzwertüberschreitende Mengen von Antibiotika-Schadstoffmengen im Putenfleisch? Ist der Farbstoff in den Babywindeln gesundheitsgefährdend oder nicht? Hat der Chef allen Ernstes Gelder veruntreut?

Wenn der Krisenkern ad hoc nicht zu identifizieren ist, muss möglichst rasch ein Verfahren zur Klärung verabredet und eindeutig kommuniziert werden. Hier gilt es, die eigene Agenda verlässlich zu setzen und von dem Moment an möglichst konsequent durchzuziehen.

Identifizierung der Akteure

Parallel dazu müssen die Akteure der Krise identifiziert werden. Wer agiert von außen: Verbraucherschutzverbände, Behörden, Kirchen, Konkurrenten, Medien, einzelne Journalisten, Pressure Groups oder Einzelpersonen aus der Branche, dem Umfeld der Organisation? Welche Verbindungen und Kontakte gibt es zu den Akteuren? Welche sind informell nutzbar, welche nicht? Bei Krisen, die durch Vorwürfe und Gerüchte ausgelöst werden, ist es wichtig, den Urheber herauszufinden. Schließlich gilt es, das Thema und das Themenumfeld zu analysieren, um potenzielle Handlungsspielräume auszuloten.

Wer agiert innerhalb der Organisation: Management, Mitarbeiter, Gewerkschaften? Wie ist deren Kenntnisstand? Was ist möglich, was notwendig zu kommunizieren? Wenn Mitarbeiter und Teile des Managements auch nur das Gefühl haben, sie erfahren die entscheidenden Dinge – ob wahr oder unwahr – zuerst aus den Medien, vermittelt das immer auch die Botschaft: „Die da oben" lassen uns bewusst im Unklaren.

Permanentes Issues Monitoring und Situationsanalyse

Wer in einer Krise agiert, muss ständig auf dem aktuellen Stand der Berichterstattung sein. Das Monitoring der Medien und deren Rezeption des Krisenfalls ist von entscheidender Bedeutung für die Beurteilungsfähigkeit des Eskalationspotenzials eines Krisen-Issue. Wohl dem, der die dafür nötigen Instrumente bereits etabliert hat oder gar ein dauerhaftes Issues Monitoring und -Management als kommunikative Routine betreibt.

Ein umfassendes Bild kann nur entstehen, wenn die Berichte verschiedener Medien – TV, Hörfunk, Print und Online – zeitnah das Krisenteam erreichen. Denn ist eine Meldung erst mal erschienen, wird sie von anderen Medien immer wieder aufgegriffen – so lange, bis neue Informationen oder Richtigstellungen eintreffen. Der schnelle Aufbau einer dauerhaften Beobachtung und Bewertung der Medienberichterstattung ist eine Pflicht der ersten Stunde.

Die Masse der Berichte ist jedoch häufig kaum von den Akteuren selbst zu bewältigen. Eine qualitative Auswertung und Summary hingegen versetzen die Akteure in die Lage, schnell zu reagieren. Es empfiehlt sich, ein dafür geeignetes Monitoring-Team zusammenzustellen.

In der unmittelbaren Krise kommt es vor allem auf die Identifizierung und Priorisierung der relevanten Medien und Zielgruppen an, sowohl was Betroffene als auch interessierte Meinungsführer, Initiativen, Multiplikatoren und Akteure betrifft. Eine entsprechende Liste sollte permanent aktualisiert werden.

Deren Rezeption in den klassischen Medien ist ein Teil der Beobachtungsaufgabe. Die Aktivitäten der relevanten Gruppen und Personen im Internet, in Weblogs, in Chatrooms, Foren und auf themen- oder gar anlassbezogenen Seiten zu erfassen, ist ein anderer, dem in bestimmten Situationen und Umständen eine sehr hohe Bedeutung zugemessen werden muss. Für das Monitoring, besser: das Issues Tracking, bedeutet das unter Umständen eine Beobachtung der Netzaktivitäten rund um die Uhr. Von Bedeutung ist zudem die Tatsache, dass die meisten klassischen Medien auch über eine entsprechende Online-Präsenz verfügen. Sie produzieren eigene oder duplizieren die bereits vorhandenen Informationen und halten diese 24 Stunden am Tag vor. Sowohl Journalisten als auch die Internetöffentlichkeit nutzen die Online-Medien verstärkt als Orientierungs- und Informationsquelle.

Mittlerweile bieten professionelle Monitoring- und Medienbeobachtungsdienste spezielle Services an, die auf Krisen oder krisenähnliche Situationen zugeschnitten werden. Cision Deutschland GmbH zum Beispiel hat einen so genannten „First"-Service für Medien- und Issues-Beobachtung in Echtzeit rund um die Uhr. Solche Dienste können sehr nützlich sein, wenn es um die Konzentration der eigenen Kräfte auf das Krisenmanagement ankommt – ein entsprechendes Briefing und Controlling vorausgesetzt.

Die Analyse und letztlich die Bewertung kann allerdings kein Monitoring-Service leisten, schon gar nicht in extrem sensiblen Situation.

Selbstverständlich müssen die Informationen aus dem Monitoring-Team direkt und stetig das Krisenteam erreichen. Dennoch empfiehlt es sich, je nach Sachlage und Aktualitätsdruck, ein bestimmtes Intervall zur Bewertung der Situation festzulegen, damit nicht eine Meldung, eine Meinung allein zu möglicherweise vorschnellen Aktionen verführt und der Überblick gewahrt bleibt.

Bei der Nutzung dieser Dienste ist eine individuelle Abstimmung über die qualitative und quantitative Selektion des Monitoring und des Timing unabdingbar. Es nutzt wenig, wenn morgens früh eine Masse an Informationen hereinbricht und die inhaltliche Vorsortierung wertvolle Zeit kostet. Flexibilität und Qualität der geforderten Leistung entscheiden in dem Fall letztlich über die Qualität des externen Dienstleiters. Ein regelmäßiger Test in Friedenszeiten erspart in Zeiten der Krise den Nebenkriegsschauplatz „Organisation der Medienbeobachtung".

Die Leistungen des externen Dienstleisters bringen jedoch nur dann einen Gewinn, wenn befähigte Inhouse-Teams mit qualifizierten Personen den Input von außen auf die zentralen inhaltlichen Punkte hin auswerten und als Grundlage schnell zu treffender Entscheidungen aufbereiten.

Je nach Voraussetzung und Aufwand geschieht die Aufbereitung der Informationen in den meisten Unternehmen und Institutionen auf der Basis selbst entwickelter oder gekaufter Softwaresysteme. Für die Nutzung in der akuten Krisensituation ist die präzise Verknappung der Information auf die wirklich essenziellen Inhalte und Informationen das Maß aller Dinge, und hier leisten nicht alle Medienmanagement und -monitoringsysteme das, was in einer solchen Stunde erforderlich ist.

Riskiobewertung durch Issues-Profile

Bei der Erstellung eines Issue- oder Krisenthemenprofils wird eine Rangliste der Themen und Aspekte nach ihren Risikopotenzialen festgehalten. Als nützlich hat sich erwiesen, eine möglichst einfache Bewertungsskala für die Issues mit dem höchsten Krisenauslöser- und -beschleunigungspotenzial zu erstellen. Das kann im Notfall allen Beteiligten helfen, in Minutenschnelle eine Priorisierung der nächsten Schritte vorzunehmen. Dessen genaue Struktur hängt selbstverständlich sehr stark von den jeweiligen Gegebenheiten der Organisation, dem Umfeld und dem Charakter der Krise ab.

Beispiel für ein Bewertungsraster:

1	= rot	= sehr kritisch
2	= gelb	= kritisch
3	= grün	= unkritisch

Ein weiteres Beurteilungsraster sollte eine Bewertung der Medien, Multiplikatoren oder Akteure beinhalten, und zwar ebenfalls nach der Qualität ihrer Krisenbeschleunigungs- oder Entdramatisierungspotenziale. Ein Beispiel hierzu könnte so aussehen:

	Position zum Thema (rot / gelb / grün)	Informationsbedarf (groß / mittel / klein)	Interventionsbedarf (groß / mittel / klein)
Medium			
Institution			
Person			

Wichtig bei allen diesen Tools ist es, dass sie

- möglichst einfach zu handhaben sind,
- möglichst gut und schnell aktualisierbar sind (technisch wie händisch),
- möglichst genau an die tatsächlichen inhaltlichen und situationsbezogenen Anforderungen angepasst werden können,
- möglichst einsetzbar auf den bestehenden technologischen Arbeits- und Kommunikationsplattformen sind.

Für die heiße Phase einer Krisenintervention sind hoch komplexe oder starre Systeme zur Medien- und Issues-Beobachtung und -Analyse nicht brauchbar.

Handlungsfähig werden – vom Krisenteam zum One-Voice-Prinzip

Von zentraler Bedeutung ist die Kontrolle der Kommunikationskanäle, was meist gleichbedeutend ist mit der Klärung der Frage: Wer kommuniziert aus dem Unternehmen heraus und wer soll von nun an für die Organisation exklusiv sprechen? Der oder diejenigen müssen schnell bestimmt werden, damit a) möglichst mit einer Stimme nach außen gesprochen, und b) der gesamte Informations- und Kommunikationsfluss auf die betreffende Person und ihren Stab konzentriert wird.

Damit einher geht die Zusammenstellung des Krisenkommunikationsteams. Aus der Runde müssen die Mitglieder benannt werden, die, wenn es denn so etwas gibt, Mitglieder des übergeordneten Krisenteams sind. Das sollte der Sprecher, die Sprecherin sein und mindestens ein weiteres Mitglied der Kommunikation als deren Assistenz.

Ein heikler Vorgang in dieser Situation ist die Fokussierung der Sprecherrollen auf wenige, dafür geeignete Personen. Das bedeutet mitunter, bestimmten Personen ihre bislang ausgeübte Aufgabe, etwa als Pressesprecher, zumindest temporär zu entziehen. Es zeigt sich immer wieder, dass nicht jeder in „normalen" Zeiten gut agierende Öffentlichkeitsarbeiter auch mit den spezifischen Kommunikationsanforderungen einer akuten Krise genau so gut zurechtkommt. Solche Konsequenzen müssen quer durch alle Hierarchien durchgehalten werden, sonst ist vielstimmiges Chaos programmiert. Eine Maßnahme, deren Konsequenzen zur Abwendung von unbedachten, aus der Kränkung heraus induzierten Handlungen sorgfältig abgewogen werden muss. Als Faustregel kann folgende Rollenverteilung für eine sinnvolle Kommunikatorenstruktur dienen:

- auf der Arbeitsebene Medien: Pressesprecher, Kommunikationsverantwortliche,

- auf der übergeordneten Eben der Repräsentanz für Öffentlichkeit, Branche, Politik: Vorstand, Sprecher des Vorstandes, CEO, Geschäftsführer, Inhaber,

- auf der fachlichen Ebene: autorisierte Personen mit glaubwürdigen, der Sache dienlichen Kompetenzen und Positionen.

Mitunter empfiehlt es sich aus Gründen der Effizienz, der Vertraulichkeit und Konzentration, ein echtes Krisenzentrum einzurichten. Der englische Begriff des „War room" unterstreicht noch drastischer dessen Funktion: Hier wird zentral entschieden oder zumindest qualifiziert vorentschieden, was und wie gehandelt wird. Hier laufen alle Drähte der Informationen zusammen. Hier werden die Einschätzungen der Situation gebündelt diskutiert und formuliert. Wer hier arbeitet, muss sich der Disziplin des Krisenteams anpassen.

„War rooms" haben noch einen Vorteil: Sie erhöhen die Konzentrationsfähigkeit der Beteiligten auf die eine Sache, das wesentliche Thema und die zentralen Ziele, die es in einer mitunter kriegsähnlichen Krisensituation zu erreichen gilt.

Aktionsstrategie und Ad-hoc-Intervention

Das Ziel im Blick: Die Aktionsstrategie

Gerade in einer akuten Krise muss das Ziel immer vor Augen bleiben. Die vorderste Aufgabe lautet, den Schaden für das Unternehmen möglichst klein zu halten. Mit welchen Schritten, Botschaften und Maßnahmen dieses Ziel in dieser Situation erreicht werden kann, wird in einem Ad-hoc-Kommunikationskonzept definiert. Darunter sollte man sich keine seitenlange Abhandlung vorstellen. Trotz des Zeitdrucks in einer akuten Krisensituation ist es äußerst wichtig, eine Strategie für das Vorgehen zu formulieren und alle Akteure darauf einzuschwören. Die Gefahr, auf Grund der Drucksituation nur situativ und aus dem Moment heraus zu agieren, ist groß und kann dazu führen, dass noch mehr Schaden angerichtet wird. Wenn es den an der Kommunikationsfront Handelnden in einer solchen Situation nicht gelingt, das strategische Vorgehen zu formulieren, dann sollte parallel dazu ein kleines Team daran arbeiten. Eine noch so kurze, aber dafür um so klarer formulierte strategische Handlungsanweisung hilft, auch das Management und andere involvierte Personen zu einem konsistenten Kommunikationsverhalten zu verpflichten.

Die Regie: der Aktionsplan

Ein Aktionsplan hält die notwendigen Schritte praxisorientiert in To-do-Listen fest, definiert die Zuständigkeiten der Krisenstabsmitglieder und weist Ihnen feste Aufgaben zu. Dieser Regieplan hilft einerseits, Ordnung in die Abläufe zu bringen, und gibt den Mitarbeitern wertvolle Orientierungshilfen.

Die strategischen Vorgaben werden in Botschaften, Q&As, Sprachregelungen und Basisinformationen umgesetzt – und möglichst schnell
kommuniziert. Idealerweise hat das Unternehmen die Möglichkeit, die
Inhalte schnell ins Internet einzustellen (siehe dazu auch den Text von
Malte Hasse zum „Krisenraum Internet", Seite 136ff.) und eine Darksite
freizuschalten – eine souveräne Möglichkeit, die relevanten Zielgruppen schnell und ungefiltert mit den eigenen Informationen zu erreichen. Innerhalb weniger Stunden kann so die kommunikative Handlungsfähigkeit des Unternehmens wiederhergestellt werden.

Die ersten Schritte: Zur „Source of Informationen" werden

In der Regel herrscht in einer akuten Krisensituationen nicht nur bei
den unmittelbar Betroffenen mehr oder minder große Verwirrung, sondern auch bei den Medien. Sie stellen sich die gleichen Fragen: Was ist
das Problem? Welche Konsequenzen und Auswirkungen sind zu
befürchten? Wen betrifft das? Wer ist der Verursacher? Wie geht's weiter? Wird alles noch schlimmer?

Um diese Fragen beantwortet zu bekommen, nutzen die Medien selbstverständlich alle nur erreichbaren Quellen: On- und Offline-Medien,
Archive, Unternehmensdarstellungen, aber auch Mitarbeiter, Konkurrenten, Feuerwehr, Augenzeugen etc.

Der Druck, in kürzester Zeit „News" zu generieren, ist extrem hoch, auch
wenn sie nur den Status von Spekulationen haben und bestenfalls Halbwahrheiten transportieren. In diesen Krisenphasen wird für einen
bestimmten Zeitraum mit den verbreiteten Informationen also nicht
mehr Klarheit erzeugt, sondern die Verwirrung stündlich auf ein höheres Niveau getrieben. Ein Vorgang, der sich in nahezu jeder krisenhaften
Situation mit einer gewissen Öffentlichkeitswahrnehmung wiederholt.

Das Internet als schnellstes und rund um die Uhr verfügbares Medium, als
Informationsquelle und Instrument der Krisenkommunikation erhält
gerade in der beschriebenen Phase eine herausragende Bedeutung. An
anderen Stellen dieses Buches wird darüber ausführlich gesprochen. Hier
sei deshalb nur der Hinweis gegeben, dass Ad-hoc-Intervention heute zwingend mit dem Einsatz der modernen Kommunikationstechnologie einhergehen muss. Sämtliche in der Folge beschriebenen Empfehlungen müssen grundsätzlich darauf überprüft werden, inwieweit sie nicht durch entsprechend internetgestütze Maßnahmen ergänzt und begleitet werden.

Die kurze Krisenperiode, in der die Zahl der Informationen für alle Beteiligten – ob für die allgemeine Öffentlichkeit, die Medien, andere Multiplikatoren oder die direkt am Geschehen Beteiligten – zunächst zunimmt und gleichzeitig weder zur Klärung oder Beruhigung beiträgt, ist für die eigene Aktionsstrategie von entscheidender Bedeutung: Gerade jetzt muss es dem betroffenen Unternehmen darum gehen, sich aktiv als wichtige „Source of Information" zu positionieren. Jede auch nur kleinste Chance, im Moment der Wirrnis mit klärenden Informationen zu wirken, muss schnell genutzt werden. Das kann mithilfe von grundsätzlichen Erläuterungen oder Unterlagen geschehen, die etwa den Journalisten schnell helfen, den Gegenstand des Problems, der Krise zu verstehen. Das können Recherchehilfen sein, die zur Verfügung gestellt werden. Das kann ein kurz getakteter Newsflash oder eine E-Mail-Pressemeldung sein. Das können aber auch intensive persönliche Kontakte sein, die aufgebaut oder aktiviert werden.

Oft führt die Tatsache, dass man sich in der Rolle des Hauptverdächtigen wiederfindet, zur Lähmung. Dabei ermöglicht just der Moment der größten Verunsicherung auch eine relativ große Chance, selbst aus einem geringen Informationsvorsprung entscheidendes Kapital im Wettbewerb um die führende Position als Orientierungsinstanz zu schlagen. Je schneller und vertrauenswürdiger man als Hauptakteur in der ersten, heißen Phase der Krise agiert, desto schneller wird man – wieder – zur Hauptinformationsquelle. Sonst verbreitet sich so schlicht wie gnadenlos das, was alle anderen erzählen.

Die Ad-hoc-Intervention muss dabei auf die relevanten Zielgruppen fokussieren, die den höchsten kommunikativen Multiplikationsgrad der eigenen Botschaften versprechen. Dabei gilt es, die Medien auf den entsprechenden Kanälen zeitnah mit aktuellen Informationen zu bedienen. Mit Formulierungen wie „Wir prüfen das" lässt sich durchaus Verständnis dafür erreichen, dass komplizierte Sachverhalte und Ursachen nicht sofort kommuniziert werden können. Voraussetzung ist, dass die Zwischenergebnisse verlässlich rüberkommen. Es ist allemal besser, die Situation so zu schildern, wie sie ist, als vorschnelle Aussagen zu treffen, die die Situation möglicherweise zu einem späteren Zeitpunkt eher zuspitzen als entschärfen.

Eine offene, verantwortungsvolle Kommunikation wird positiver bewertet als die berühmte „Salamitaktik", bei der nur scheibchenweise die

Informationen auf drängende Nachfragen herausgegeben werden. So entsteht schnell der Eindruck, das Unternehmen habe etwas zu verbergen. Was wiederum Recherchen aus anderen Quellen und Misstrauen provoziert.

Ängste und Unsicherheit erfassen auch die Mitarbeiter eines Unternehmens. Besonders ihnen gegenüber muss die Position der Hauptinformationsquelle behauptet und gesichert werden. Indem sie schnell darüber informiert sind, was geschehen ist und welche Maßnahmen eingeleitet wurden, gelingt es nicht nur, sie einzubinden, sondern Ihnen auch klare Verhaltensregeln an die Hand zu geben. Gerade bei standortbezogenen Krisen werden Mitarbeiter von Journalisten gerne um ein Interview gebeten. Abgesehen davon befindet man sich auch bei den Mitarbeitern mit den Medien im Rennen um die schnellste und glaubwürdigste Information.

Hier sollten neben den existierenden Medien und Kommunikationskanälen Intranet, Newsletter on- wie offline, Schwarze Bretter und Auslagen vor allem auch personale Angebote wie Abteilungsmeetings oder Ad-hoc-Gesprächsangebote in Teams und Bereichen mit den jeweiligen Vorgesetzten in die Kommunikationsstrategie miteinbezogen werden. In der Regel ist es besser, selbst möglichst schnell zu kommunizieren, dass und wie man das Problem sieht und daran arbeitet, als zu warten, bis andere das tun. In vielen Organisationen haben Mitarbeiter Zugang zum Internet. Wenn dort in Krisenfällen mehr passiert als im eigenen Intranet ist das schon ein Nachteil. Die schnelle Reaktionsmöglichkeit im Intranet ermöglicht jedoch in kürzester Zeit, Bewertungen der Medienberichterstattung vorzunehmen und gegebenenfalls mit Richtigstellungen zu kontern. Es empfiehlt sich, im Krisenteam dafür eine oder mehrere Personen zu bestimmen, die eine Just-in-time-Redaktion für das eigene Intranet betreiben.

Vertrauen schaffen, Beziehungen aufbauen

In der Kommunikation nach außen ist die Vertrauensbildung gegenüber den Medien von entscheidender Bedeutung. Das Minimalziel der Ad-hoc-Kommunikation heißt: Auch wenn sie selbst noch nicht genau wissen, was passiert ist und wie es dazu kommen konnte, sie wissen doch ziemlich genau, was sie tun müssen, um das Problem in den Griff zu bekommen. Prozesssicherheit ist das A und O im Krisenmanagement. Das gilt erst recht für die Kommunikation und die Vermittlung von Sicherheit im

Kommunikationsprozess. Denn die Beteiligten repräsentieren damit genau das, was im Hintergrund und der Öffentlichkeit noch verborgen in den Krisenstäben und Projektgruppen der Spezialisten abläuft, um das eigentliche Problem zu bearbeiten und zu lösen. Wer hier ein schlechtes Bild abgibt, nährt unmittelbar den Verdacht, dass es in der Organisation selbst ebenso zugeht, auch wenn das gar nicht stimmt. Unprofessionelles Kommunikationsverhalten wirkt immer als Krisenverstärker. Dies zu verhindern, erfordert einige wenige, aber wichtige Aktivitäten.

Dazu zählen zum Beispiel:

- Ad-hoc-Briefings der Medien

Dabei geht es weniger um die ganze Wahrheit, sondern vielmehr darum, wie glaubwürdig und verlässlich man daran arbeitet, ihr auf die Spur zu kommen. Wichtig ist dabei, die Zeitrhythmen in der journalistischen Arbeit zu berücksichtigen. Auf der Basis sollte jedoch dann ein eigenes Zeitraster gesetzt werden.

- Online-Newsticker für die Medien

Damit erreicht man auch diejenigen direkt, die nicht vor Ort sind. Das kann entweder über die „Darksite" oder die entsprechende Rubrik auf der Website laufen. Das Internet als schnellste und gleichzeitig ausführlichste Informationsplattform eignet sich hierfür besonders gut.

- Kurzinterviews in TV und Hörfunk

Damit können aufkommende Falschinformationen und Gerüchte bekämpft werden, ohne dass man gleich zu umfassenden Statements und Gesamteinschätzungen gezwungen wird. Art und Inhalt kann mit den meisten Journalisten und Medien vorab geklärt werden. Achtung: Nur geschulte Leute vor Mikrofon und Kamera lassen.

- Statement-Service

Die Medien benötigen O-Töne: kurze sende- und zitierfähige Statements als Text-, Ton- oder auch Video-„footage" für die laufende Berichterstattung. Entsprechendes Material sollte download-fähig über die Website bereitgestellt werden. Damit erhöht man die Chance, dass die eigenen Statements anderen gegenüber gestellt werden.

- Hintergrundgespräche mit ausgewählten Journalisten

Je besser die Beziehungen zu einzelnen Medien schon im Vorfeld sind, desto einfacher lassen sich mit ausgewählten Journalisten bereits in der heißen Phase möglicherweise erste Hintergründe vermitteln und diskutieren. Das schärft und verbessert die eigene Wahrnehmung der Ereignisse durch die Medien und bereitet den Boden für die eigenen Informationsmaßnahmen und Botschaften.

- Ad-hoc Medientraining und/oder individuelles Coaching
In der Krise will die Öffentlichkeit die Topverantwortlichen sehen und hören. Als CEO, Direktor, Werksleiter oder Topmanager erwirbt man das Talent zum Kommunikationsstar nicht qua Funktion. Die Krisensituation erfordert jedoch ein Höchstmaß an kommunikativem Geschick, wenigstens aber die Fähigkeit, die eigenen Botschaften vor laufenden Kameras, angeschalteten Mikrofonen, bei Pressekonferenzen oder am Telefon glaubwürdig und verständlich rüberzubringen.

Unbeholfene Reaktionen, nicht kontrollierte Emotionen oder schlicht die persönliche Anspannung der Protagonisten in der kritischen Situation verleiten hier schnell zu Fehlern. Deshalb gehören Medientrainings zur Pflichtübung. Selbst erfahrene Profis lassen sich vor öffentlichen Auftritten immer wieder coachen und trainieren, um just dann souverän zu agieren, wenn es darauf ankommt.

Das gilt erst recht für Menschen, die wenig oder keine Routine als Kommunikatoren auf dem öffentlichen Parkett haben.

- Networking
Selbst wenn die Zeit extrem knapp ist, sollten die Aktivierung und Nutzung der bestehenden Beziehungsnetze zu wichtigen Institutionen und Personen der Branche, zu wichtigen Multiplikatoren und relevanten Freunden des Hauses nicht vergessen werden. Neutrale Akteure besitzen einen extrem hohen Wirkungsgrad. Ein erklärendes, möglicherweise entdramatisierendes Statement einer hoch reputierten Person oder Institution kann in einer Situation relativer Konfusion von eminenter Bedeutung sein. In dem Zusammenhang können auch so genannte „Crisis Agents" eine Rolle spielen. Was damit gemeint ist, wurde bereits im Kapitel Krisenprävention beschrieben.

Zusammenfassend sei gesagt: In der Ad-hoc-Krisenkommunikation geht es nicht nur um das Überleben selbst, sondern auch darum, wie gut man überlebt. Damit verbunden ist die Frage, mit welchem Glaubwürdigkeitskapital man in einem zunehmend ruhiger werdenden Umfeld eigenständig aktive Akzente setzen kann, um die Folgeschäden möglichst klein zu halten. Richtiges Verhalten in der akuten Situation kann die öffentliche Krise möglicherweise nicht verhindern. Aber sie kann die eigenen Handlungsmöglichkeiten in der nachfolgenden Phase der Krisenbearbeitung beträchtlich verbessern helfen. Auf keinen Fall sollte die Chance vergeben werden, durch Nacharbeitung bei Medien und Betroffenen möglicherweise verlorengegangenes Vertrauen wiederherzustellen. Eine Entschuldigung bei den Geschädigten ist nicht zwangsläufig ein Eingeständnis von Schuld und Versagen – es zeugt vielmehr von Verantwortung und trägt stärker zu einer Vertrauensbildung bei als Abwiegeln und Beschwichtigen – oder das vielsagende Schweigen nach einer leidlich überstandenen Krise.

Unverzichtbar: Der analytische Blick zurück

Jeglicher Krisenverlauf sollte nach der akuten Phase analysiert und dokumentiert werden. Das kann auch einige Tage später geschehen – früh genug, um sich an alles genau zu erinnern, und spät genug, um wieder mit klarem Urteilsvermögen an die Sache zu gehen. Wenn es auch schwer fällt, die oft belastenden Ereignisse Revue passieren zu lassen: Ohne den schonungslosen Blick zurück verpuffen die Erfahrungen nur zu schnell, um die eigene Handlungsfähigkeit für die Zukunft optimieren zu können. Auch hierbei gilt: Aus Fehlern lässt sich nachhaltiger lernen als aus Triumphen. Dafür müssen die Aktionen ehrlich betrachtet werden. In die Analyse sollten einbezogen sein: Krisen-Issues, Akteure und Aktionen, das interne Zusammenspiel, Beziehungen zu externen Krisenbeteiligten und natürlich die Medienberichte. Eine gründliche Medieninhaltsanalyse zum Beispiel lässt sehr schnell die Reaktion auf die eigenen Verlautbarungen erkennen: Sind die Botschaften angekommen und transportiert worden? Und haben sich Akteure hervorgetan, die man bei der nächsten Krise sehr genau beobachten sollte oder – im positiven Fall – als „Crisis Agent" ins Auge fassen könnte? Haben sich Nebenkriegsschauplätze gezeigt, die das Potenzial haben, sich zu einer weiteren Krise auszuwachsen – oder eine solche zumindest zu stützen? Hat das interne Zusammenspiel im Krisenteam und mit den einzelnen Abteilungen funktioniert? Und wie war die eigene Performance?

Analyse und Dokumentation machen deutlich und nachvollziehbar, wo Potenziale, aber auch dringende Notwendigkeiten liegen, Krisenpräventionsmaßnahmen einzuleiten oder zu optimieren. Außerdem geht es darum, die individuellen Erfahrungen soweit wie möglich zum personenunabhängigen Organisationswissen zu machen – bevor der Schleier des Vergessens fällt oder die handelnden Personen nicht mehr greifbar sind.

Vorbereitet sein ist alles –
Zur Bedeutung von Medientrainings

Bernhard Messer

„Eigentlich dachte ich, die Zeit der öffentlichen Hinrichtungen sei vorbei", so kommentierte jüngst ein Manager sein Fernsehinterview nach einem schweren Störfall. Staatsanwaltliche Ermittlungen wegen Eingeständnis einer Umweltstraftat, Ärger mit dem Betriebsrat, wütende Proteste der Anwohner, Irritationen mit der Lokalpolitik – so analysierten wir die Konsequenzen. Dennoch hatte sein Auftritt vor Mikrofon und Kamera keine gravierenden Folgen für den Mann und sein Unternehmen. Es handelte sich lediglich um ein Medientraining. Wenn das vorgegebene Szenario realitätsnah ist, sind die meisten Teilnehmer anfangs überrascht, wie schnell man sich unter dem hohen Druck eines Interviews um Kopf und Kragen reden kann, egal ob es sich um Standortschließungen, Korruption oder Produktrücknahmen handelt. Allerdings bleibt ein Trost: Wer gut trainiert ist, hat gute Chancen, kritische Situationen sicher zu beherrschen.

Wer sind die Kandidaten für Medientrainings? Häufig fragen in den Trainings vor allem Manager: „Muss ich eigentlich im Ernstfall vor die Medien treten? Machen das nicht unsere Pressesprecher?" Wenn die Glaubwürdigkeit eines Unternehmens oder der Wert einer Marke unter Druck gerät, sind die Führungskräfte gefragt. Das Management muss schnell, offen und umfassend kommunizieren. Wer durch Training darauf vorbereitet ist, kann erheblichen Schaden von sich und seinem Unternehmen abwenden. Denn die zentrale Frage, die Kunden, Aktionäre, Mitarbeiter und die Öffentlichkeit stellen, lautet im Kern sehr persönlich: Können wir den Verantwortlichen noch trauen? Das bedeutet nicht unbedingt, dass bei jeder Krise das Topmanagement vor die Mikrofone treten muss. Bei lokalen Problemen sollte die Standortleitung die Kommunikationstechniken beherrschen, um ein Übergreifen der Krise auf das Gesamtunternehmen zu verhindern. Handelt es sich bei latenten Krisenthemen um schwierige Fragen zu komplexen Themen wie Produkten oder Verfahren, sollten Wissenschaftler oder Ingenieure überzeugend begründen können, warum ihr Unternehmen richtig handelt.

Pressesprecher bewältigen in der Krise zusätzlich zu den Interviews ein weiteres Aufgabenspektrum. Denn in den entscheidenden Situationen werden sie die Verantwortlichen vor und während des Medienauftritts coachen. Im Medientraining und in der Praxis zeigt sich: Wenn erfahrenen Pressesprecher betreuen, halten sich Interviewpartner konsequenter an ihre Kommunikationsziele, antworten überzeugender und finden bei Aufzeichnungen schneller ein Ende. Interviews sind eine Teamleistung, daher müssen Pressesprecher im Krisentraining unter anderem das Coaching üben.

Eine Gruppe, deren Schulungsbedarf häufig übersehen wird, sind diejenigen Mitarbeiter, die Medien gegenüber nicht auskunftsberechtigt sind, deren Firmenzugehörigkeit aber klar erkennbar ist. Sie müssen lernen, wie sie Journalisten gegenüber einen freundlichen, offenen Eindruck vermitteln, auch wenn sie nichts sagen dürfen. Wer die Techniken nicht gelernt hat, um Reporterfragen abzublocken, kann schnell in ein Interview darüber verwickelt werden, warum der Krisenstab allen Bediensteten einen Maulkorb verpasst hat. Für das Management kann es höchst unangenehm sein, in späteren Interviews darauf angesprochen zu werden.

Medienwelt

„Jede Krise läuft anders, und wenn wir einmal drinstecken, dann haben wir gegen die Medien doch sowieso keine Chance", so lauten vielfach die Vorbehalte. Im Medientraining lässt sich leicht das Gegenteil beweisen. Die Reaktionsmechanismen der Medien sind vorhersehbar. Deshalb ist es sinnvoll, sich darauf vorzubereiten. Wer nicht geübt ist, hat kaum eine Chance. Denn in der Krise ticken die Uhren anders. Das größte Problem für Unternehmen liegt darin, dass die elektronischen Medien unter Live-Bedingungen arbeiten können. Im Kampf um die Zuschauerquote beweist sich die einfache Formel: Nah dran und sofort auf den Sender. Auf diese Weise ergibt sich für die Zuschauer das Gefühl, unmittelbar dabei zu sein. Falls sich die Berichterstattung nicht verhindern lässt, gilt das Prinzip der Gleichzeitigkeit von Ereignis und Information auch für die Unternehmenskommunikation. Ein Unternehmen kann also mit der Kommunikation nicht warten, bis alle Ergebnisse vorliegen, sonst wird das Kommunikationsvakuum mit Spekulationen, Gerüchten und Vorwürfen gegen die Firma gefüllt. Da bei spektakulären Themen mit einer hohen Intensität berichtet wird, gewinnt das Schweigen einen hohen Multiplikationsfaktor.

Denn zu dem Prinzip der Live-Berichterstattung gehört nahezu zwangsläufig die Kontinuität: Neue Informationen und Spekulationen kommen hinzu. Mit Berichten und Interviews wird fortlaufend aktualisiert, egal ob sich die Firma zu den Beschuldigungen äußert oder nicht. Zeitverzögerungen oder Widersprüche in der Unternehmenskommunikation können die verpasste Chance bedeuten, Falschinformationen frühzeitig zu korrigieren. Wer die Regeln der Medienwelt kennt und beherrscht, kann das Image seiner Firma oder den Wert seiner Marke schützen. So betrachtet gehört ein Medientraining zu den Versicherungen für die weichen Werte des Unternehmens.

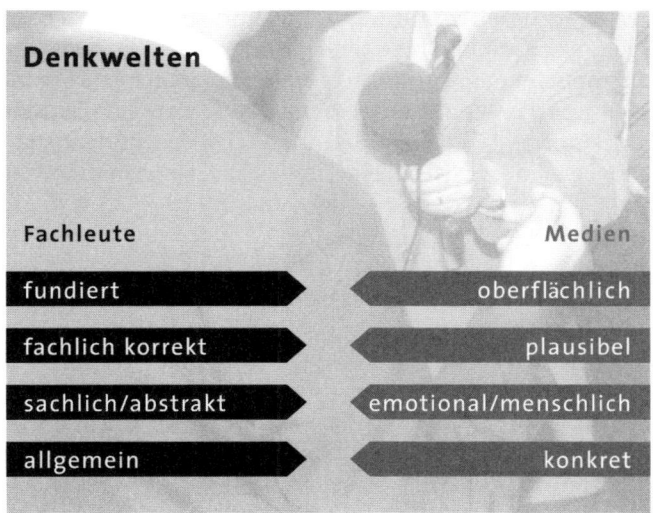

Abbildung 1: Denkwelten

Unternehmen und Medien – Der produktive Konflikt

Selbst wenn Sie in der Krise rein theoretisch sofort alle Fakten sachlich richtig vorliegen hätten, könnten Kontakte mit Journalisten unangenehm enden. Häufig scheitern untrainierte Fachleute bereits in normalen Interviews an dem Paradox, dass sie zuviel wissen. Sie haben viele Fakten im Kopf, erklären zu kompliziert, zu abstrakt und finden kein Ende. Medienkontakte in Krisensituationen sind noch schwieriger. Deshalb muss man das sichere Verhalten in Extremsituationen üben. Die Verantwortlichen fühlen sich unwohl, weil ihnen wesentliche Fakten fehlen; ihr Handlungsspielraum ist gering, und sie fühlen sich persönlich unter erheblichen Druck gesetzt. Für die Journalisten dagegen bilden viele Fakten nicht zwingend eine gute Reportage – im Gegenteil. Sie suchen die Story: Action, Gefühle, Gerüchte. Dieser Ansatz muss nicht zwangsläufig zu negativer Berichterstattung über eine Firma führen. Voraussetzung ist, das Unternehmen kann zügig interessante Themen anbieten. Diese müssen rechtzeitig erarbeitet sein und von den Sprechern, Fachleuten und Sprechern entsprechend trainiert werden. Umsichtiges Krisenmanagement, engagierte Koordination, hohe Sicherheitsstandards – auch das können die Bestandteile einer attraktiven Medienstory sein. Diese Themen kann ein Unternehmen identifizieren und mediengerecht vorbereiten, bevor der Ernstfall eintritt, sonst verliert man wertvolle Zeit.

Fragen zwischen Sinn und Unsinn

Findet man sich mit der Vorstellung ab, dass ein Interview kein Examen ist, in dem reines Wissen abgefragt und benotet wird, kann man sich auf die Situation einstellen. Vorbereitung ist alles. Denn die Hektik der Live-Berichterstattung bietet den meisten Journalisten in der Regel wenig Raum für ausgeprägte Kreativität. Deshalb stellen sie in vergleichbaren Situationen ähnliche Fragen, die sich in drei Kategorien unterteilen lassen:

1. die nicht beantwortbaren Fragen.

2. die nicht gestellten Fragen.

3. die beantwortbaren Fragen.

Zu Unrecht gefürchtet sind die Fragen der Kategorie 1. Sie werden fast immer gestellt, egal ob es sich um eine Explosion, Korruption oder

Lebensmittelskandale handelt: Wo liegt die Ursache? Wie hoch ist der Schaden? Wo sind die Lücken in Ihrem Sicherheitssystem? Wie konnte das passieren? Warum haben Sie es nicht verhindert? Welche Konsequenzen ziehen Sie jetzt? Müssen Sie jetzt die Sicherheitsstandards erhöhen?

Es ist nachvollziehbar, dass es Managern unangenehm ist, auf Fragen keine abschließenden Antworten geben zu können. Wer nicht trainiert ist, lässt sich leicht von diesen Standardfragen überraschen. Das Ergebnis sind häufig folgenschwere Antworten nach diesem Muster: „Wir sind selber überrascht." „Wir können uns überhaupt nicht erklären, wie das passieren konnte." „Ich habe wirklich noch keine Ahnung." „Wir müssen einfach abwarten." Diese Antworten gelten deshalb als folgenschwer, weil sie negative Nachfragen provozieren und zu imageschädigenden Spekulationen verleiten.

In der Frühphase einer Krise erwartet niemand ernsthaft, dass das Management bereits alle Details weiß. Wer als Krisenmanager Kompetenz, Verantwortung und Engagement vermitteln will, kommuniziert positiv formulierte Botschaften nach folgendem Muster: „Das prüfen wir." „Das werden wir sehr genau untersuchen." „Genau diese Frage werden unsere Expertenteams klären."

Diese Hinweise sind legitim. Damit ist eine Antwort jedoch noch nicht komplett. Für diese Situationen bietet sich der Wechsel in die Kategorie 2 an. Nutzen Sie die Chance und beantworten Sie Fragen, die Ihnen in der Regel nicht gestellt werden, weil sie zu harmlos sind. Versierte Krisenmanager zeichnen sich dadurch aus, dass sie sich nicht auf die mediale Anklagebank begeben. Stattdessen nutzen sie jede Frage, um ihre Botschaften zu kommunizieren, und steuern die für sie und ihr Unternehmen positiven wichtigen Themen aktiv und frühzeitig an: Wie gut ist eigentlich Ihr Krisenmanagement? Haben Sie die richtigen Entscheidungen getroffen? Stimmen Sie sich mit allen Beteiligten ab? Welche Anteilnahme zeigen Sie gegenüber den Betroffenen? Seien Sie jedoch vorsichtig. Sie befinden sich in einer Situation, in der das Vertrauen in Ihr Unternehmen akut gefährdet ist. Wenn Sie in kritischen Situationen das Positive überstrapazieren, könnten Journalisten fragen, ob Sie den Ernst der Lage noch nicht erkannt haben. Deshalb müssen Ihre Antworten glaubwürdig formuliert sein und zu Ihrer Persönlichkeit passen, damit Sie kompetent und überzeugend auftreten können.

Die Kategorie 3 ist tückisch, weil die beantwortbaren Fragen nur scheinbar einfach sind. Dazu zählen: Um welche Produkte handelt es sich? Welche Anlage ist betroffen? Welche Vorsichtsmaßnahmen haben Sie getroffen? Wenn die Antworten bereits mediengerecht vorbereitet sind, können die Fachleute der Verlockung widerstehen, aus der Tiefe ihres Wissens zu schöpfen und alles kompliziert zu erklären. Im Ernstfall würde sich die Öffentlichkeit fragen, ob die Verantwortlichen eine Krise meistern können, wenn sie sich nicht einmal verständlich ausdrücken können.

Rein pragmatisch ergibt sich daraus folgende Konsequenz: Jede Frage bietet die Chance, aktiv die Leistungen des Unternehmens sowie die Glaubwürdigkeit der handelnden Personen zu kommunizieren. Wer die Risiken beherrscht, kann den Krisenverlauf mit beeinflussen.

Die 30-Sekunden-Antwort

Wer im Wettbewerb um die öffentliche Meinung vorn liegen will, muss wissen, wie man mit den Medien spricht. Einfach, klar und kurz formulieren, so lauten die Vorgaben. Nur was Ihre Zielgruppen verstehen, kann sie auch überzeugen. Radio und Fernsehen sind so genannte „Nebenbeimedien". Weil die Aufmerksamkeit eher gering sein wird, besteht eine mediengerechte Antwort aus etwa fünf Sätzen. Es gilt, die wesentlichen Themen in 30 Sekunden so zu kommunizieren, dass sie zehn- bis zwölfjährige Schüler verstehen. Vermeiden Sie Fachjargon und Fremdwörter.

Definieren Sie drei bis maximal fünf Botschaften. In der Regel beziehen sich diese Kernaussagen auf die Themen Kompetenz, Verantwortung, Offenheit und den persönlichen Bereich wie: Verständnis, Mitgefühl, Gesprächsbereitschaft. Bleiben Sie bei diesen Botschaften. Nutzen Sie jede Frage, um Ihre Botschaften zu kommunizieren. Auf diese Weise vermeiden Sie, dass Sie zu stark auf Nebenthemen abgleiten, denn die Kernaussagen bilden den inhaltlichen Orientierungsrahmen für Sie selbst und Ihr Publikum. Besonders wichtig ist diese Technik bei denjenigen Interviews, die später im Studio auf wenige Sekunden geschnitten werden. Deshalb sollten in Medientrainings die Technik der 30-Sekunden-Statements besonders geübt werden.

Heutzutage sind Vertrauen und Akzeptanz entscheidend für die Marktfähigkeit jedes Unternehmens. Daher ist es selbstverständlich, dass die

Antworten stimmen müssen. Vermeiden Sie Spekulationen und ungesicherte Prognosen. Schuldzuweisungen wirken krisenverschärfend.
Wiederholen Sie keine Reizwörter („Nein, es ist kein Skandal." „Nein,
von Katastrophe würde ich noch nicht sprechen".)

Das Bild ist die Botschaft

Die Öffentlichkeit will sich ein Bild von Ihnen und Ihrem Unternehmen
machen. Deshalb müssen Sie dafür Sorge tragen, dass Sie einen guten
Eindruck erzeugen. Das betrifft vor allem das persönliche Auftreten:
ruhiger Stand, sparsame Gestik, Blickkontakt mit den Journalisten halten. Häufig unterschätzt wird die Bedeutung der Umgebung. Meist hilft
ein kontrollierender Blick nach hinten, sonst steht man bei Streiks oder
Bürgerinitiativen als Unternehmensvertreter vor einem Plakat der Pro-
testbewegung. Oder man steht vor dem unpassenden Firmenlogo, wie
der Firmensprecher während der Thomy-Erpressung. Seine Stellungnahme vor dem Konzernschild Nestlé erweckte den irreführenden Eindruck, alle Nestlé-Marken seien betroffen.

Fazit

Aus den beschriebenen Aspekten der Krisenkommunikation lassen sich
die Qualitätskriterien für Medientrainings ableiten.

- Realistische Szenarien: Die Teilnehmer müssen im Training das
  Gefühl haben, sie könnten wirklich in die simulierte Situation geraten. Je exakter die Krisenpotenziale des Unternehmens getroffen und
  die Krisenverläufe abgebildet sind, desto schneller vergessen die Interviewpartner, dass es sich „nur" um eine Übung handelt.

- Gutes Briefing der Trainer: Sie müssen antizipieren können, mit welchen Fragen, Vorwürfen und Spekulationen lokale, regionale und
  nationale Medien das Unternehmen konfrontieren würden. Je präzi-
  ser ein Medientraining das Risikopotenzial des Unternehmens und
  mögliche Reaktionen des Unternehmensumfeldes abbildet, desto
  größer ist der Lerneffekt für die Unternehmensvertreter.

- Echter Mediendruck: Trainer müssen journalistische Erfahrung
  haben, um die Härte der Fragen und die Eigenheiten im Umgang per-
  fekt zu simulieren. Zu Beginn einer Krise schlägt die Stunde der

Reporter. Sie recherchieren vor Ort. Deshalb hilft es wenig, in Sende-studios zu proben. Die Kamerateams drehen draußen. Anfangs wirkt der massive Einsatz von Licht und Kameras einschüchternd. Man muss die echte Technik kennen, damit sie ihren Schrecken verliert.

- Viele Übungen vor der Kamera: Sicherheit bekommt man nicht durch Theorie. Trotz intensiver Erläuterungen der Übungen unterlaufen den meisten Ungeübten im Training gravierende Fehler. Das ist normal und heilsam. Je häufiger die Teilnehmer im Medientraining vor der Kamera stehen, desto größer ist die nachhaltige Erfolgsbilanz. Qualitativ müssen die Übungen die Standardsituationen für Medien-auftritte simulieren. Neben Live-Interviews am Übertragungswagen zählen dazu auch Statements und aufgezeichnete Interviews.

- Wenige Teilnehmer: Erst durch die Betrachtung der Übungsinter-views und -statements, durch das direkte Erleben der Fehler, ändert sich das Kommunikationsverhalten der Teilnehmer. Der Lerneffekt stellt sich durch direktes Feedback ein: Welche Fehler sind unterlau-fen? Wie kann man sie vermeiden? Die Trainer müssen in der Lage sein, neben den kommunikativen Aspekten auch die juristischen Konsequenzen von Aussagen zu beurteilen.

- Mittelfristige Wiederholungen mindestens alle zwei Jahre: Beim Medientraining verhält es sich ähnlich wie mit dem Sport: Man lernt durch Üben und man muss sich durch regelmäßiges Training fit hal-ten. Vorbereitet sein, so lautet die goldene Regel. Und dann wundert sich im Krisenfall keiner der Firmenvertreter, dass ihnen die Fragen der Journalisten irgendwie bekannt vorkommen.

Ausblick –
Reputationsmanagement und Krisentraining

Hartwin Möhrle

Jedes präventiv erkannte Issue ist eine Krise weniger. Heute fängt Krisenkommunikation lange vor einer möglichen Krise an. Eingebettet in die Routinen der täglichen Unternehmenskommunikation werden alle Sensoren für potenzielle Risikothemen aktiviert, der Meinungsmarkt on- und offline gescannt, die Manuals regelmäßig aktualisiert und die Menschen trainiert. Krisenkommunikation ist selbstverständlicher Teil des Qualitätsmanagements, integriert in das Risikomanagement des Unternehmens, der Institution.

Schön wär's.

Noch immer werden Investitionen in präventive Maßnahmen zur Vermeidung von Krisen oder zumindest deren unkontrollierter Eskalation, wenn überhaupt, nur halbherzig getätigt. Dabei geht es nicht nur um Geld. Vielmehr geht es um die Befähigung der handelnden Personen, auf Krisen mental vorbereitet und trainiert zu sein. Das sind sie nicht mit seitenlangen Alibimanuals, die in der akuten Krisensituation nicht nutzbar sind. Da bleibt auch das bloße Medientraining nur eine beruhigende Hilfsmaßnahme, damit man vor der Kamera weniger stottert, wenn es ungemütlich wird.

Weil es dann doch die Inhalte einer Krise sind, die über deren Tragweite entscheiden – wohl wissend um die vielen Krisenthemen, die keine geworden sind, weil sie bereits im Keim als solche erkannt und am „going public" vorbei gemanagt wurden – gehört zu einer wirksamen Krisenprävention ein proaktives Issues Management. Wer darauf verzichtet, die Themen zu erforschen, die die nahe und ferne Zukunft eines Unternehmens, einer Institution oder Organisation positiv wie negativ beeinflussen könnten, hat entweder zu viel Geld oder zu wenig Verständnis für die Schnelligkeit, mit der die Sicherheit von heute zur Krise von morgen werden kann. In diesem Sinne gehört Issues Management zum umfassenden Zukunftsmanagement insgesamt. Krisenprävention braucht den mittel- und langfristigen Blick auf kritische oder potenziell kritische Issues. Zu kurz greift allerdings, wer dabei nur auf sein unmittelbares Marktumfeld schaut. Die Beurteilungsfähigkeit der eigenen Rolle im Markt hängt elementar vom Verständnis des Marktes in Wirtschaft und Gesellschaft insgesamt ab. Zukunftsforschung ist immer Teil eines erweiterten Verständnisses von Krisenprävention.

Nehmen wir als Beispiel die Entwicklung in der Musikbranche. Offensichtlich hat es zu lange gedauert, bis die Medienunternehmen die Entwicklung des Internets und seine Auswirkungen auf den Musikkonsum und die Art der Materialbeschaffung erkannt hatten. Das betrifft den eigentlichen Transformationsprozess vom dinglichen Tonträger als zentralem Kaufmedium für die Musikrezeption hin zur Datei als virtuellem Gut mit beliebiger Verfügbarkeit an nahezu jedem Ort der Welt – wobei der Tonträger, ob PC, Smartphone oder Apple-iPod, sich nach den Hörsituationen der Konsumenten zu richten hat und nicht umgekehrt. Die Konsumenten bedienen sich skrupellos auf dem Markt der technischen Möglichkeiten, um die ihnen genehme Art und Weise des Musikgenusses zu realisieren. Eine ganze Industrie hat derweil den Trend verschlafen und ist offensichtlich nur schwer in der Lage, schnell und flexibel auf die neue Art des Musikkonsums zu reagieren.

Die in die Defensive geratenen Unternehmen haben, gewollt oder ungewollt, in ihrem öffentlichen Umgang mit diesem Phänomen vor allem eine Botschaft ausgesendet: Wir schützen uns selbst und in erster Linie gegen die wild gewordenen Konsumenten. So legitim der Schutz ihrer und der Künstler Werke inklusive der damit verbundenen kommerziellen Interessen ist: unfreiwillig, aber in gewissem Maße auch selbstverschuldet geraten die Beteiligten in doppelter Hinsicht unter Argumentationsdruck: Einerseits erhält die propagierte Bestimmung zur konsequenten Konsumentenorientierung eine seltsame Schlagseite, andererseits geraten die Protagonisten immer tiefer in den Strudel einer globalen Auseinanderssetzung zwischen dem Digital Rights Management (DRM) und der globalen Diskussion um informationelle Selbstbestimmung in der digitalen Weltgesellschaft. Auf eine Menschenrechtsdebatte waren die Labelmanager nicht vorbereitet. Mittlerweile gehört sie, ob berechtigt oder nicht, zum Teil der Kommunikationsschlacht.

Zum Erkennen und Managen kritischer Themen als Basisanforderung jeder modernen Kommunikation kommen als notwendiges Grundgerüst jeder Krisenkommunikation die organisatorisch-instrumentellen Voraussetzungen, die wetterfeste Ausrüstung sozusagen, hinzu. Doch was hilft es, wenn die Menschen, die drinstecken, entweder vor Angst schlottern oder glauben, nur weil den Krisenmanagementroutinen regelmäßig ihre sachliche Richtigkeit bestätigt wurde, könnten sie nun jeden Sturm unbeschadet überstehen. Die Sicherheit bleibt so lange eine vermeintliche, so lange die Routinen mehr oder minder nur auf dem Papier stehen. Bei den Krisentrainings der Zukunft wird es darum gehen, die Krisenmanager, aber auch Vorstände, Geschäftsführer und Manager mithilfe von Live-Übungen und Krisensimulationen mitten im Alltagsgeschehen an die Dynamik, die Risiken, aber auch die Gestaltungspotenziale von Kommunikationskrisen heranzuführen und zu trainieren.

Solche Übungen sind nur am Anfang lästig. Die Erfahrung zeigt, dass sie effizienter und praxistauglicher sind als das ausschließliche Gottvertrauen in noch so harte Medientrainings oder künstliche Laborkrisenveranstaltungen, bei denen wochenendweise den Leuten das Fürchten gelehrt wird. Ein gewollter Nebeneffekt dabei: für die Nicht-Profis in Sachen Kommunikation wird deren Bedeutung als Managementinstrument nicht nur zur Bewältigung von Krisen nachdrücklich vermittelt. Damit einher geht in der Regel auch ein besseres Verständnis für die Anforderungen und Aufgaben der Kommunikationsmanager – und deren Positionierung im Unternehmen insgesamt. Das wiederum zahlt auf eine zentrale Aufgaben der Kommunikation und der für sie Verantwortlichen ein: dem Aufbau von Reputationskapital in Friedenszeiten als eine der besten Voraussetzungen für die Bewältigung von Krisen, den leichten wie den schweren.

Literatur

Baumgärtner, Norbert: Risiko- und Krisenkommunikation. Rahmenbedingungen, Herausforderungen und Erfolgsfaktoren, dargestellt am Beispiel der chemischen Industrie. Dr. Hut Verlag, München 2005

Bazil, Vazrik: Reputation Management – Die Werte aufrechterhalten. November 2001, www.pr-guide.de

Beck, Ulrich: Risikogesellschaft. Auf dem Weg in eine andere Moderne. Frankfurt 1986

Bentele, Günter; Rolke, Lothar (Hg.): Konflikte, Krisen und Kommunikationschancen in der Mediengesellschaft: Casestudies aus der PR-Praxis. Berlin 1998

Blum, Ulrich; Greipl, Erich; Müller, Stefan; Uhr, Wolfgang (Hg.): Krisenkommunikation – 5. Dresdner Kolloquium an der Fakultät Wirtschaftswissenschaften der Technischen Universität Dresden. Wiesbaden, 2003

Boelter, Dietrich; Zerfaß, Ansgar: Die neuen Meinungsmacher – Weblogs als Herausforderung für Kampagnen, Marketing, PR und Medien, Graz 2005

Brockhöfer, Peer: Krisenkommunikation – In jedem Fall handlungsfähig. PR-Report, Mai 2003. (1.05.2003)

Bühler, Heike: Krisenmanagement für Unternehmen durch PR. Regensburg 2000

Brauer, Gernot: Mit Issue Management Organisationen in der Öffentlichkeit führen: Das Haus in Ordnung bringen – und das auch sagen. www.pr-guide.de, August 2002

Breuß, Cornelia: Die eCrisis Matrix als Hilfsmittel zur systematischen Internet-Krisenkommunikation. Mag. Arb. Universität Wien 2002

Caplan, Gerald: Principles of preventive psychiatry. New York 1964

Die Deutsche Bahn AG und ihr Medienimage. Eine Studie anhand ausgewählter Publikationen im Zeitraum Januar 2002 bis Mai 2003. Landau Media AG, Berlin 2003

Erste europäische Excellence-Studie zum strategischen Issues Management der Universität St. Gallen in Zusammenarbeit mit ECC Kohtes Klewes. 2003

Grünewald, Stephan; Strätling, Thomas: Psychologische Ansätze zur Krisenkommunikation. Vortrag am 15. Mai 2002 vor der Mitgliederversammlung des BSI in Hamburg. rheingold – Institut für qualitative Markt- und Medienanalysen.

Guterman, Siegfried; Helbig, Michael: Konkurrenz oder Ergänzung – wie die Internet-Öffentlichkeit die Kommunikation verändert! Neue Chancen für die Öffentlichkeitsarbeit einer Bank – der doppelt integrierte Ansatz! In: Rolke, Lothar; Wolf, Volker: Der Kampf um die Öffentlichkeit. Kiel 2002

Habermas, Jürgen: Strukturwandel der Öffentlichkeit: Untersuchungen zu einer Kategorie der bürgerlichen Gesellschaft, Frankfurt am Main 1990; Erste Auflage, Neuwied 1962

Haebler, Elisabeth (Hg.): Risiko – Krise – Kommunikation. Ästhetik & Kommunikation; H. 116. Jg. 33. Berlin 2002

Hauschka, Christoph E., Corporate Compliance, Handbuch der Haftungsvermeidung im Unternehmen, München 2007.

Hauser, Thomas: Krisen-PR von Unternehmen: Analyse von Kommunikationsstrategien anhand ausgewählter Krisenfälle. München 1994

Herbst, Dieter: Krisen meistern durch PR: Ein Leitfaden für Kommunikationspraktiker. Neuwied, Kriftel 1999

Homuth, Sebastian: Wirksame Krisenkommunikation. Theorie und Praxis der Public Relations in Imagekrisen. Diplomarbeit Berufsakademie Berlin 1997

Kalt, Gero: Issues Management in der Medienarbeit – Zur Identifizierung und Steuerung von Krisen- und Chancenthemen durch praxisnahe Begleitforschung. In Kuhn; Kalt; Kinter (Hg.): Chefsache Issues Management, Frankfurt 2003

Klenk, Volker: Krisen-PR mit Hilfe von Krisenmodellen. PR-Report 2/1989

Klimke, Robert; Schott, Barbara: Die Kunst der Krisen-PR. Paderborn 1993

Kommunikation und Krisenmanagement. Zur Bewältigung kritischer Situationen. K&K Kohtes & Klewes Kommunikation GmbH, Düsseldorf 1997

Konken, Michael: Krisenkommunikation: Kommunikation als Mittel der Krisenbewältigung. Limburgerhof 2002

Krisenprävention in Deutschland. Vergleichende Studie über Vorhandensein und Anwendung von Krisen-Instrumenten in Unternehmen, Behörden und Verbänden. 12Cylinders Corporate Strategies GmbH, Berlin 2003

Laumer, Ralf; Pütz, Jürgen (Hg.): Krisen-PR in der Praxis – Wie Kommunikations-Profis mit Krisen umgehen, Münster 2006

Marcuse, Herbert: Der eindimensionale Mensch: Studien zur Ideologie der fortgeschrittenen Industriegesellschaft. Darmstadt, Neuwied 1979, 1967, Boston, Mass. 1964

Martini, Bernd-Jürgen: Krisenkommunikation II. In: Martini, Bernd-Jürgen (Hg.): Handbuch PR. 1998

Pine, B. Joseph; Gilmore, James H.: The Experience Economy. Work is Theatre & Every Business a Stage. Boston, Mass. 1999

Reineke, Wolfgang; Pfeffer, Gerhard R.: Krisenmanagement: richtiger Umgang mit den Medien in Krisensituationen, Ursachen – Verhalten – Strategien – Techniken. Essen 1997

Roselieb, Frank: Frühwarnsysteme in der Unternehmenskommunikation, Manuskripte aus den Instituten für Betriebswirtschaftslehre der Universität Kiel, Nummer 512, Kiel 1999

Rother, Anja: Krisenkommunikation in der Automobilindustrie: Eine inhaltsanalytische Studie am Beispiel der Mercedes-Benz A-Klasse. Tübingen, Univ., Diss., 2002

Schmidt, Oliver: Grundlagen erfolgreicher Mitarbeiterkommunikation im Krisenfall. PR-Guide, Oktober 2003

Schulz, Jürgen: Management von Risiko- und Krisenkommunikation zur Bestandserhaltung und Anschlussfähigkeit von Kommunikationssystemen. Berlin 2001

Schweer, Dieter: Fakten und Emotionen. Krisenmanagement von Unternehmen. In: Rolke, Lothar; Wolff, Volker (Hg.): Wie die Medien die Wirklichkeit steuern und selbst gesteuert werden. Wiesbaden 1999

Seul, Heinrich; Mansfeld, Hasso: Skandale sind das große Fressen für die Medien. Lebensmittel-Zeitung, 26.5.2000

Stolzenberg, Kathrin: Krisenkommunikation im Internet, Magisterarbeit., Westfälische Wilhelms Universität Münster 2002

Töpfer, Armin: Die A-Klasse: Elchtest, Krisenmanagement, Kommunikationsstrategie, Neuwied, Kriftel 1999

Trauboth, Jörg Helmut: Krisenmanagement bei Unternehmensbedrohungen – Präventions- und Bewältigungsstrategien, Stuttgart 2002

Ury, William L.; Brett, Jeanne M.; Goldberg, Stephen B.: Konfliktmanagement. Wirksame Strategien für den sachgerechten Interessensausgleich. Frankfurt am Main, New York 1991

Watzlawick, Paul; Beavin, Janet H.; Jackson, Don D.: Menschliche Kommunikation, Formen, Störungen, Paradoxien, Bern, Stuttgart, Wien 1974

Wiedemann, Peter M. (Hg. im Auftrag des VDI): Risikokommunikation für Unternehmen. Düsseldorf 2000

Zweite Untersuchung zur unternehmerischen Bedeutung von PR. Universität Siegen; wbpr; Capital 2002.

Internetquellen zum Thema Krisenkommunikation

http://www.a-b-krisenportal.de

http://www.ciao.de

http://www.crisisexperts.com

http://www.dgfkm.de (Deutsche Gesellschaft für Krisenmanagement)

http://www.drudgereport.com

http://www.factiva.com/de/issues-management.html

http://www.gridpatrol.de

http://www.IhateMicrosoft.com

http://www.krisennavigator.de

http://www.observer.de

http://www.presswatch.de

http://www.pr-guide.de

http://www.pr-journal.de

http://www.risknet.de

Die Autoren

Rupert Ahrens (Jahrgang 1957) ist geschäftsführender Gesellschafter und Vorsitzender der Geschäftsführung der Holding A&B COMMUNI-CATIONS GROUP und der A&B ONE Kommunikationsagentur. Nach seinem Studium der Volkswirtschaft und Soziologie in Frankfurt am Main, Abschluss als Diplomvolkswirt, begann Ahrens 1985 seine berufliche Laufbahn als PR-Berater bei der Leipziger & Partner GmbH, Frankfurt. Ab 1989 zeichnete er als Geschäftsführer der agentur für dialogkommunikation GmbH, adk, verantwortlich. Ahrens war 1991 bis 1993 Geschäftsführer von Leipziger & Partner. Rupert Ahrens gründete gemeinsam mit Michael Behrent und Hartwin Möhrle im April 1993 Ahrens & Behrent Agentur für Kommunikation GmbH. Ahrens nahm in den letzten Jahren mehrere Lehraufträge an und veröffentlichte verschiedene Fachbeiträge. Von 1998 bis 2004 war er Präsident der GPRA, dem Verband führender PR-Agenturen Deutschlands. Zahlreiche Veröffentlichungen zu den Themenbereichen Kommunikationsmanagement und Public Relations.

Marco Alfter ist seit 2001 Leiter der Presse- und Öffentlichkeitsarbeit bei Haribo.

Ulrich Bieger (Jahrgang 1955) war mehrere Jahre als Reporter bei der Neuen Ruhr Zeitung, fünf Jahre als Ressortleiter bei der Welt und 14 Jahre als Ressortleiter und Korrespondent beim Spiegel tätig. Vom Spiegel wechselte er als Kommunikationschef zur Salzgitter AG, gründete 1999 die Agentur Bieger PR. Von Anfang 2002 bis Anfang 2007 arbeitete er exklusiv als Kommunikationsdirektor für den weltweit größten Schienenverkehrstechnik-Konzern Bombardier Transportation.

Lutz Golsch, Dr., (Jahrgang 1967) ist Geschäftsführer von A&B Financial Dynamics, einer Beratungsgesellschaft für Kapitalmarktkommunikation, die Teil des internationalen Agenturnetzwerks FD International ist.

Er verfügt über langjährige Erfahrung in der Kommunikation von M&A-Transaktionen sowie von Börsengängen und Sekundärplatzierungen. Darüber hinaus berät er Unternehmen bei dem Entwurf und bei der Implementierung von Investor Relations-Strategien.

Siegfried Guterman, Dipl. Volkswirt, (Jahrgang 1950) ist Leiter der Unternehmenskommunikation der Eurohypo AG (Eschborn). Von 1970 bis 1976 absolvierte Guterman zunächst ein Studium der Volkswirtschaftslehre an der Georg-August-Universität Göttingen und war dort Assistent am Lehrstuhl für Theoretische Volkswirtschaftslehre, bevor er 1977 als Vorstandsassistent bei der Landeszentralbank Niedersachsen tätig wurde. 1979 trat Guterman in die Deutsche Bundesbank in Frankfurt am Main ein und arbeitete dort zuletzt als Leiter der Abteilung Presse und Information. 1991 wechselte er als stellvertretender Pressesprecher zur Deutsche Bank AG, bevor er 1996 dort die Interne Kommunikation verantwortete. 2000 übernahm Guterman die Leitung der Unternehmenskommunikation der Dresdner Bank AG. 2004 wechselte er zur Eurohypo AG.

Malte Hasse (Jahrgang 1972) ist seit 2005 stellvertretender Geschäftsführer bei der A&B FACE2NET Agentur für Online-Kommunikation GmbH, Berlin. Der Kommunikationswissenschaftler, M. A., hat an der Freien Universität Berlin Publizistik- und Kommunikationswissenschaften studiert. In seiner Abschlussarbeit beschäftigte er sich mit den inhaltlichen und wirtschaftlichen Chancen und Problemen virtueller Studentengemeinschaften. Hasse ist vorwiegend in den Bereichen Marken-Kommunikation und Public Issues tätig. Nach und während seines Studiums arbeitete er in verschiedenen PR-Agenturen, bevor er im April 2001 zu A&B FACE2NET kam. Zurzeit ist er Leiter des Arbeitskreises Zukunftstrends in der Fachgruppe Agenturen des Bundesverbandes Digitale Wirtschaft BVDW.

Michael Helbig, Dr. rer. soc. (Jahrgang 1971) ist Leiter der Unternehmenskommunikation der KfW Bankengruppe (Frankfurt a. M.). Nach dem Studium der Sozialwissenschaft an der Ruhr-Universität Bochum und seiner Promotion startete er 1999 als Assistent des stellvertretenden Aufsichtsratsvorsitzenden bei der DaimlerChrysler Services AG (debis). Ende 2000 wechselte er in die Unternehmenskommunikation der Dresdner Bank AG, wo er zuletzt Mitglied des Executive Board Communication war. 2006 trat Helbig in die KfW Bankengruppe ein. Michael Helbig hat einen Lehrauftrag für Strategische Kommunikationsplanung an der Universität der Künste (UdK) in Berlin.

Petra Hoffmann (Jahrgang 1961) ist Seniorberaterin bei A&B ONE Kommunikationsagentur GmbH. Nach dem Studium der Europäischen Ethnologie, Pädagogik und Germanistik in Marburg war Hoffmann einige Jahre in kulturhistorischen Museen für die Konzeption und Umsetzung von Dauerausstellungen, Publikationen und Öffentlichkeitsarbeit zuständig. Seit 1997 arbeitet sie in der Beratung, seit 2001 bei A&B. Ihre fachlichen Schwerpunkte liegen auf Public Affairs, Finanzkommunikation, Verbandswesen, Corporate Communications und Krisenprävention.

Ivo Lingnau (Jahrgang 1969) ist seit Oktober 2002 Geschäftsführer von A&B Financial Dynamics – einem auf Kapitalmarktkommunikation im deutschsprachigen Raum spezialisierten Beratungsunternehmen. Zuvor war er Partner bei dem internationalen Agenturnetzwerk FD International, London. Er hat sich vor allem auf M&A-Kommunikation und Krisenkommunikation spezialisiert und berät Unternehmen darüber hinaus in der laufenden Investor Relations-Arbeit. Ivo Lingnau begann seine Laufbahn in der Unternehmenskommunikation der Hoechst AG (heute Aventis SA). Vor seinem Wechsel zu FD im Juni 2000 war er Investor Relations und PR Manager bei der SGL Carbon AG. Er ist CEFA-Investmentanalyst/DVFA.

Bernhard Messer (Jahrgang 1958), Medientrainer und Journalist, Preisträger beim Deutschen PR-Preis 2002, Kategorie Krisenkommunikation, elf Jahre Redakteur beim Westdeutschen Rundfunk Köln. Reporter und Moderator, Medientrainer und PR-Berater. Arbeitsfelder: Entwicklung von Kommunikationsstrategien, Coaching im Bereich Issues-Management. Projekte u. a. Training und Coaching der Polizei für den Castortransport ins Zwischenlager Ahaus, Medientrainings für verschiedene Großkonzerne.

Hartwin Möhrle (Jahrgang 1956) ist geschäftsführender Gesellschafter der Holding A&B COMMUNICATIONS GROUP GmbH und der A&B ONE Kommunikationsagentur GmbH. Nach dem Studium der Diplompädagogik, Germanistik und Musik war Hartwin Möhrle lange Jahre tätig als freier Journalist für Agenturen, Magazine, Tageszeitungen, Hörfunk und Fernsehen (dpa, GEO, Zeit-Magazin, Merian, Frankfurter Rundschau, Hessischer Rundfunk). Anschließend leitete er über zwei Jahre als

Chefredakteur das „Journal Frankfurt". Gemeinsam mit Rupert Ahrens und Michael Behrent gründete er 1993 als Teilhaber die Ahrens & Behrent Agentur für Kommunikation GmbH. Seit 1997 ist er geschäftsführender Gesellschafter und zuständig für die Bereiche Corporate Media, Neue Medien, Online-Relations, Krisenkommunikation sowie Human Resources und Organisationsentwicklung. Seit Oktober 2000 ist er Mitgeschäftsführer der A&B FACE2NET Agentur für Online-Kommunikation, Berlin. Zahlreiche Veröffentlichungen zu den Themenbereichen Krisenkommunikation, Online-Kommunikation, Organisationsentwicklung und Wissensmanagement. Hartwin Möhrle ist Gastdozent am Schweizerischen PR-Institut, SPRI, in Zürich.

Ulrich Ott, Dr., (Jahrgang 1960) ist seit August 1998 Leiter der Unternehmenskommunikation und Pressesprecher der ING-DiBa AG in Frankfurt am Main. Von 1995 bis 1998 war er als Berater bei mehreren Spezialagenturen für Finanzkommunikation tätig, zuletzt als Senior Consultant beim IPO-Marktführer B&L GolinHarris in Frankfurt am Main. Zuvor arbeitete er zunächst im Vertrieb eines führenden deutschen Finanzdienstleisters, nachdem er sein Komparatistikstudium mit einer Promotion und sein Zweitstudium im Fach Marketing abgeschlossen hatte. Ulrich Ott war vom April 2001 bis Ende 2006 im Vorstand der DPRG. Ott wurde 2004 mit dem Deutschen PR-Preis in Gold in der Kategorie „Vertriebsunterstützende PR" ausgezeichnet.

Martin Riecken (Jahrgang 1966) ist seit Anfang 2007 Director Corporate Communications The Americas der Deutschen Lufthansa AG, mit Sitz in New York. Zuvor hatte er seit 2000 unterschiedliche Funktionen im Lufthansa Konzern inne, u.a. als Leiter der Online-Kommunikation und als Pressesprecher für die Cateringtochter LSG Sky Chefs. Seit 2003 ist er zudem verantwortlich für das Management der weltweiten Krisenkommunikation des Aviationkonzerns. Von 1995 bis 2000 war Martin Riecken als Manager Public Relations der E.ON AG in Düsseldorf tätig, im Anschluss an sein Studium der Kommunikations- und Wirtschaftswissenschaften an der Ruhr-Universität in Bochum. Martin Riecken ist Mitglied im Arbeitskreis Krisen- und Issuemanagement des DPRG.

Klaus-Peter Schmidt-Deguelle (Jahrgang 1950). Nach dem Studium der Volkswirtschaft, Geschichte, Germanistik und Politologie in Köln, Freiburg und Marburg und dem Staatsexamen und Diplom begann er seine journalistische Laufbahn beim SFB in Berlin. 1980 wechselte er nach

Frankfurt a. M. zum Hessischen Rundfunk, wo er zuletzt Leiter der ARD-Aktuell (Tagesschau) Redaktion war. 1993 und 1994 gehörte er als Nachrichtenchef und Chefredakteur zum Aufbau-Team des Senders Vox. Nach den Umstrukturierungen von Vox zum Unterhaltungssender wechselte er 1993 als Staatssekretär zur Hessischen Landesregierung unter der Führung von Ministerpräsident Hans Eichel, wo er bis zur Abwahl der rot-grünen Landesregierung deren Sprecher war. 1999 bis 2000 beriet er das Bundesfinanzministerium unter Hans Eichel und das Bundesarbeitsministerium. Seit August 2000 arbeitet er als selbstständiger Medien- und PR-Berater in Berlin und Frankfurt a. M. für Banken, Unternehmens- und Personalberatungsfirmen. Von 2001 bis Ende 2005 war er zusätzlich erneut persönlicher Berater des Bundesfinanzministers und in dieser Funktion ständiger Teilnehmer an allen internationalen Konferenzen (G7/G8, IWF- und Weltbank-Tagungen, EU-Finanzminister, bilateralen Regierungskonsultationen etc.). Seit April 2006 ist er assoziierter Partner der Beratungsgesellschaft WMP-EuroCom-AG in Berlin.

Knut Schulte, Dr., (Jahrgang 1963) ist Partner der Beiten Burkhardt Rechtsanwaltsgesellschaft mbH und leitet das Düsseldorfer Büro dieser international operierenden deutschen Anwaltssozietät. Er ist auf M&A-Beratung, die rechtliche Begleitung von Krisenfällen und das Agenturrecht spezialisiert. Er begleitet Konzerne und mittelständische Unternehmen bei der Dispute Resolution (Prozessführung und Mediation), auch und gerade in öffentlichkeitswirksamen Fällen. Knut Schulte war nach seinem Studium an der Universität Heidelberg für Anwaltskanzleien in Heidelberg, New York und Frankfurt tätig. Er ist Lehrbeauftragter für Gesellschaftsrecht der Düsseldorfer Heinrich-Heine-Universität.

Jürgen Seidel (Jahrgang 1968) ist als Legal Manager bei der Control Risks Deutschland GmbH in Berlin seit 2000 verantwortlich für Compliance im Rahmen der weltweiten Risikoberatung. Er leitete über sieben Jahre das kontinuierliche interne Risiko-Audit der in London basierten Control Risks Group für den deutschsprachigen Raum. Innerhalb der Gruppe initiierte und prägte er die Integration der Beratungsleistungen im operationalen Risiko- und Krisenmanagement mit denen des strategischen Risikomanagements und des Compliance Managements. Dabei entwickelte er neuartige integrative Verfahren und Instrumente für das operative Governance- und Compliance-Risikomanagement sowie für entsprechende Audits und bildete sie in Projekten für DAX-Unternehmen kontinuierlich fort. Jürgen Seidel ist Co-Autor des Corporate Compliance Handbuchs im Beck-Verlag und veröffentlicht Fachbeiträge zum Thema Compliance-Risikomanagement in internationalen Unternehmen. Er studierte Jura in Konstanz, Regensburg, Lausanne, Genf und London und absolvierte nach dem Staatsexamen ein rechtswissenschaftliches Master-Studium in den USA und einen betriebswirtschaftlichen Master in Paris.

Shlomo Shpiro, Dr., ist Direktor des Zentrums für Internationale Kommunikation und Politik (CICP) an der Bar-Ilan Universität in Tel-Aviv, Israel. Er ist seit acht Jahren für die Europäische Kommission beratend tätig. Er forscht für die NATO und verschiedene andere Organisationen auf den Gebieten Terrorismus und Nachrichtendienste. Als Terrorismusexperte ist er ein international gefragter Gesprächspartner für TV- und Printmedien. Er ist unter sshpiro@mail.biu.ac.il erreichbar.

Hans Jürgen Stephan (Jahrgang 1963) ist seit Anfang September 2003 Deputy Managing Director des Berliner Büros der Control Risks Group. Als Rechtsanwalt und früherer Leiter der Finanzermittlungen des Bundeskriminalamts (BKA) zum Anschlag vom 11. September verfügt er über umfassende Kompetenzen in den Bereichen Wirtschaftskriminalität und Rückgewinnungshilfe. Aufgrund seiner umfangreichen operativen Erfahrung durch den Aufbau und die Leitung des Referates Finanzermittlungen in der Abteilung Staatsschutz des BKA sowie seine fünfzehnjährige polizeiliche Tätigkeit kann Hans Jürgen Stephan auf eine besondere Expertise auch in den Bereichen Produkt- und Markenpiraterie, Security Management allgemeiner Kriminalitätsbekämpfung verweisen. Über seine Dozententätigkeit an verschiedenen Hochschulen bringt er aktuelle wissenschaftliche Grundlagen aktiv in seine Arbeit ein.

Thomas Strätling (Jahrgang 1954) ist seit 2004 geschäftsführender Gesellschafter von A&B FRAMEWORK Gesellschaft für Kommunikationsforschung GmbH. Der Politologe war zuvor in leitenden Funktionen in der Unternehmenskommunikation tätig, unter anderem als Pressesprecher und Leiter der Öffentlichkeitsarbeit des SFB, Leiter Zuschauer-Marketing und Pressesprecher der Westdeutschen Rundfunk-Werbung GmbH und als Leiter Unternehmenskommunikation rheingold-Institut für qualitative Markt- und Medienanalysen. Thomas Strätling arbeitete darüber hinaus als Coach und Kommunikationstrainer und ist Dozent an der Universität Leipzig und am PR Kolleg Berlin. Er veröffentlichte zahlreiche Fachbeiträge.

Norbert Schulz-Bruhdoel

Die PR- und Pressefibel

Zielgerichtete Medienarbeit.
Ein Praxislehrbuch für Ein- und
Aufsteiger

2007. 3., akt. Aufl. 352 Seiten.
Hardcover mit Schutzumschlag.
29,90 € (D), 52,00 CHF*
ISBN 978-3-934191-48-8

Renée Hansen/Stephanie Schmidt

Konzeptionspraxis

Eine Einführung für PR- und
Kommunikationsfachleute.
Mit einleuchtenden Betrachtungen
über den Gartenzwerg

2006. 3., akt. Aufl. 200 Seiten.
Hardcover mit Schutzumschlag.
25,90 € (D), 45,50 CHF*
ISBN 978-3-934191-59-4

Hans-Peter Förster

Texten wie ein Profi

Ob 5-Minuten-Text oder überzeugen-
de Kommunikationsstrategie – ein
Buch für Einsteiger und Könner.
Mit über 5000 Wort-Ideen zum
Nachschlagen!

2006. 8. Aufl. 280 Seiten.
Hardcover mit Schutzumschlag.
25,90 € (D), 45,50 CHF*
ISBN 978-3-927282-90-2

Viola Falkenberg

Pressemitteilungen schreiben

Zielführend mit der Presse
kommunizieren. Zu Form und
Inhalt von Pressetexten.
Mit Checklisten und Übungen zur
Kontrolle

2006. 4., akt. Aufl. 224 Seiten.
Hardcover mit Schutzumschlag.
20,90 € (D), 36,00 CHF*
ISBN 978-3-927282-98-8

* zzgl. ca. 3,– € Versandkosten bei Einzelversand im Inland.
Sämtliche Titel auch im Buchhandel erhältlich!

Frankfurter Allgemeine Buch